高等职业教育交通运输大类专业系列教材

工程地质与水文

王彬谕　严世涛　兰素恋　主编
李文勇　张红日　主审

中国建筑工业出版社

图书在版编目（CIP）数据

工程地质与水文 / 王彬谕，严世涛，兰素恋主编.
北京：中国建筑工业出版社，2025. 7. --（高等职业教
育交通运输大类专业系列教材）. -- ISBN 978-7-112
-31266-5

Ⅰ. P642；P33

中国国家版本馆 CIP 数据核字第 2025GE4985 号

本教材为职业教育国家在线精品课程《工程地质与水文》的配套教材，内含丰富的数字化教学资源。同时，本教材及时将工程地质勘察领域的新技术、新工艺、新规范融入其中，保持了内容的时效性和先进性。

本教材以探究人与自然和谐共生的关系为核心理念，遵循读者"认识问题—分析问题—解决问题"的能力发展路径，精心构建了认识自然、剖析自然、和谐共生三大教学模块。其中，认识自然模块包括地质基础认知、矿物岩石辨识、地貌特征剖析；剖析自然模块则涵盖地质构造识读、水文地质探究；和谐共生模块聚焦于工程地质勘察、地质灾害防治。

本教材不仅适用于学习交通运输大类专业的中等职业教育、高等职业教育以及高等职业教育本科学生使用，同样也非常适合作为学历继续教育、非学历继续教育以及企业技术技能培训使用。

为方便教学，作者自制课件资源，索取方式为：1. 邮箱：jckj@cabp. com. cn；2. 电话：(010) 58337285。

责任编辑：王予芊　司　汉
责任校对：赵　菲

高等职业教育交通运输大类专业系列教材

工程地质与水文

王彬谕　严世涛　兰素恋　主编
李文勇　张红日　主审

*

中国建筑工业出版社出版、发行（北京海淀三里河路9号）
各地新华书店、建筑书店经销
北京鸿文瀚海文化传媒有限公司制版
廊坊市海涛印刷有限公司印刷

*

开本：787毫米×1092毫米　1/16　印张：18　字数：445千字
2025年8月第一版　2025年8月第一次印刷
定价：**49.00**元（赠教师课件）
ISBN 978-7-112-31266-5
（45236）

本书编审委员会

主　编
王彬谕　广西交通职业技术学院
严世涛　广西交通职业技术学院
兰素恋　广西交通职业技术学院

副主编
朱志广　广西交通职业技术学院
荣文涛　山东交通职业学院
杨　静　广西交通职业技术学院
袁金秀　河北交通职业技术学院
覃思尧　广西交通职业技术学院

参　编
巩　磊　云南交通职业技术学院
马世军　广西城市建设学校
查　俊　广西交通职业技术学院
戴自立　上海大学
蒋茗韬　上海大学
顾恩凯　舟山市港航事业发展中心
陈　维　浙江海洋大学
谢健健　浙江海洋大学
唐　妹　广西交通职业技术学院

主　审
李文勇　广西交通职业技术学院
张红日　广西交科集团有限公司

前　言

随着交通强国战略的深入实施和西部陆海新通道建设的加速推进，工程技术领域正迎来前所未有的发展机遇与严峻挑战。为积极响应国家教学标准和人才培养方案的最新要求，紧跟行业技术发展的前沿趋势，特别是数字化教材建设的政策导向，以及"公铁水"等基础设施建设对高素质技术技能人才的迫切需求，我们精心编写了这本职业教育国家在线精品课程《工程地质与水文》的配套教材。

我国幅员辽阔，地貌多样，从喀斯特地区的独特地貌，到膨胀土地区的特殊土质，再到地震带上滑坡泥石流频发的严峻挑战，地质条件千差万别，工程地质评价难度大、要求高、技术新。"公铁水"建设在新时代背景下，提出了更高的安全标准、更严格的环保要求、更智能化的建设手段以及更可持续的发展理念，这对工程技术人才培养提出了更高的要求。传统的教学方式已难以满足行业对具备实践能力和创新思维的高素质人才的需求。因此，我们联合行业龙头施工企业，共同开展教材建设工作，旨在培养能够适应复杂多变地质条件，并满足"公铁水"建设最新要求的工程技术人才。

本教材以模块化、项目-任务式的结构精心组织内容，旨在全面提升学生的工程地质素养和实践能力。模块一"认识自然"通过系统介绍地质学基础知识，引领学生逐步踏入地质学的殿堂，为后续学习奠定坚实基础；模块二"剖析自然"则深入剖析地质构造和水文地质的奥秘，使学生掌握地质构造的识别方法和水文地质的实践技能，为工程实践提供有力支撑；模块三"和谐共生"更加注重实践应用和创新能力的培养，不仅引导学生掌握工程地质勘察的基本方法和技能，还针对常见的地质灾害类型，深入阐述防治原理和技术措施，培养学生的灾害防治意识和应急处理能力。

本教材的特色如下：

（一）教材内容同步技术发展，实施"能力项目＋岗位任务"结构化建设

本教材紧跟行业技术发展的前沿趋势，开展了"能力项目＋岗位任务"的资源结构化建设。我们结合现场工程师的培养需求，以合作企业在建工程为载体，紧密对接公路、隧道、桥梁、港口等施工岗位（群），确保教材内容与这些岗位的实际能力要求相契合。教材内容不仅全面融入工程地质勘察与灾害防治领域的最新技术、新工艺和新规范，还精心开发了微课、地质实训课程、混合式教学示范等多种形式的教学资源。特别是我们设置的工程地质勘查新技术模块，该模块内容丰富，包括地质实训教学微课、虚拟仿真案例资源包以及校企合作项目成果等，旨在确保教学内容与实际生产过程紧密相连，有效提升学生的实践操作能力和创新思维能力。

（二）寓价值引领于知识传授，进行"科学思维＋职业道德"思政设计

本教材在传授专业知识的同时，注重价值引领和思想道德教育。以探究人与自然的关系为出发点，我们立足我国幅员辽阔、地貌多样、自然环境复杂的特点，在教材中融入"整体与部分、量变与质变、具体问题具体分析"的科学思维。同时，基于真实的工程地

质灾害实例，挖掘其中的思政元素，形成典型思政育人案例，并贯穿课程始终。这样不仅能隐性培养学生的生态意识、安全意识，还能增强他们的工程伦理意识，使他们成为既有专业技能又有良好职业道德的技能人才。

（三）融产业需求于人才培养，构建"技能训练＋创新实践"双元育人模式

我们携手行业龙头施工企业，共同设计工程地质技能训练营和贴近实际的工程实践环节，广泛融入工程地质工作一线的真实问题，并引入企业宝贵一手资料。同时融入最新技术与创新理念，强化创新实践环节，与企业共育创新人才，并构建开放式的创新学习平台。通过校企联合编写，确保教材内容的实用性和前瞻性，为学生提供丰富的实践机会和广阔的就业渠道，全面培养学生的实践能力和创新思维，以适应工程地质领域的发展需求。

本教材由王彬谕、严世涛、兰素恋任主编，王彬谕负责统稿；朱志广、荣文涛、杨静、袁金秀、覃思尧任副主编；李文勇和张红日主审。具体编写分工如下：

具体任务	参编人员	所在院校（单位）
项目一：任务一、任务二	荣文涛	山东交通职业学院
项目一：任务三、任务四	陈维	浙江海洋大学
项目二：任务一	巩磊	云南交通职业技术学院
项目二：任务二、任务三、任务四；项目四：任务一、任务二	王彬谕	广西交通职业技术学院
项目三：任务一、任务二	袁金秀	河北交通职业技术学院
项目三：任务三	杨静	广西交通职业技术学院
项目四：任务三	戴自立	上海大学
项目四：任务四	蒋茗韬	上海大学
项目四：任务五、任务六	严世涛	广西交通职业技术学院
项目五：任务一	顾恩凯	舟山市港航事业发展中心
项目五：任务二	覃思尧	广西交通职业技术学院
项目六：任务一、任务二	朱志广	广西交通职业技术学院
项目七：任务一、任务二、任务三、任务七	兰素恋	广西交通职业技术学院
项目七：任务四	马世军	广西城市建设学校
项目七：任务五	谢健健	浙江海洋大学
项目七：任务六	查俊	广西交通职业技术学院
数字资源制作	唐妹	广西交通职业技术学院

在编写过程中，我们广泛征求了高等职业教育院校以及勘察、设计、施工等一线同行的宝贵意见，并深感荣幸地获得了众多工程地质一线企业提供的丰富案例素材。同时，我

们也得到了相关领导和部门的悉心指导和无私帮助。此外，本教材未列入的参考文献作者们对本教材的完成给予的莫大支持，在此我们一并向他们表示最诚挚的感谢。

由于编写时间有限及编者水平所限，书中难免存在不足之处，恳请广大读者不吝批评指正，以便我们在再版修订时加以完善。

目　录

模块三　和谐共生

模块一　认识自然

- 模块一 认识自然
  - 项目一 地质基础认知
    - 任务一 工程地质学的概念
      - 地质学定义
      - 工程地质学定义
      - 地质环境和人类工程活动的矛盾
    - 任务二 地球的圈层结构
      - 地球外部圈层结构
      - 地球内部圈层结构
      - 板块构造学说
    - 任务三 地质年代
      - 绝对地质年代
      - 相对地质年代
    - 任务四 地质作用
      - 内动力地质作用
      - 外动力地质作用
      - 内外地质作用的关系
  - 项目二 矿物岩石辨识
    - 任务一 造岩矿物
      - 造岩矿物的定义
      - 造岩矿物肉眼鉴定特征
      - 常见造岩矿物物理性质对比
    - 任务二 岩浆岩
      - 岩浆岩的形成过程
      - 岩浆岩的分类
      - 岩浆岩的命名方法
      - 岩浆岩鉴别方法
      - 常见的岩浆岩
    - 任务三 沉积岩
      - 沉积岩的形成过程
      - 沉积岩的结构及分类
      - 沉积岩构造特征
      - 沉积岩的工程应用
      - 沉积岩鉴别方法
    - 任务四 变质岩
      - 变质岩的形成过程
      - 变质岩的特征矿物
      - 变质岩的结构
      - 变质岩的构造
      - 变质岩的命名及分类
      - 变质岩鉴别方法
      - 三大岩石转化关系
  - 项目三 地貌特征剖析
    - 任务一 地貌概述
      - 地貌演变的驱动力
      - 地貌演变阶段
      - 地貌演变经典模式
    - 任务二 地貌类型
      - 地貌的规模分类
      - 地貌的形态分类
      - 地貌的成因分类
    - 任务三 中国地貌特征
      - 西北地区地貌特征
      - 华北地区地貌特征
      - 东北地区地貌特征
      - 华东地区地貌特征
      - 中南地区地貌特征
      - 西南地区地貌特征

项目一　地质基础认知（技能点★）

【案例导入】

在浩瀚的宇宙中，地球如同一叶扁舟，承载着万物生灵，默默旋转在银河的一隅。它的故事，跨越了 46 亿年的漫长岁月，见证了从混沌初开到生命盎然的壮丽篇章。今天，让我们搭乘一艘名为"时间飞船"的想象之舟，将地球这漫长的历史旅程压缩到短短 24 小时之中，一起体验这场前所未有的时空穿梭之旅。

凌晨 0 点，地球还是一颗炽热的火球，在宇宙尘埃中缓缓凝聚；4 点，最早的海洋出现，蓝色的波纹开始在这颗星球上荡漾；8 点，生命初现，微生物在海洋深处悄然萌芽；16 点，多细胞生物兴起，海洋变得生机勃勃；20 点，恐龙登上历史舞台，成为地球霸主；直到深夜 23 点 59 分，人类才姗姗来迟，点亮了文明的火花。

在这漫长的过程中，地球的内部构造如何变化？外部环境又经历了哪些沧桑巨变？这些变化与人类的活动，特别是我们的工程建造，有着怎样千丝万缕的联系？在本章节中，我们将逐步揭开这一谜团。

任务一　工程地质学的概念

任务精讲（微课）
1-1 工程地质学的概念
与地球圈层结构

问题一　什么是地质学？

地质学（geology）是研究地球的科学，这一术语由瑞士地质学家索绪尔在 1779 年首次提出。它专注于探索地球的组成物质、内部结构、形成过程以及演化规律。地球勘测技术作为探究地球内部构造和外部环境的关键手段，对于揭示地球奥秘、理解其演化历程以及预测未来变化趋势具有不可替代的作用。这些技术为人类社会的可持续发展提供了坚实的科学依据和技术支撑。随着科技的进步，地质学的研究范畴已不断扩展，从大陆深入到海洋，从地表延伸至太空，甚至从地壳探索至地幔。

问题二　什么是工程地质学？

工程地质学——解决地质与工程矛盾的钥匙，是一门高度融合且实用性极强的边缘交叉学科。它不仅深深植根于地质学的深厚土壤之中，汲取着关于地球组成、结构、演化及地质作用的知识养分，同时紧密关联并服务于工程学领域，致力于解决在各类工程活动中遇到的地质条件问题。简而言之，工程地质学是地质学与工程学智慧碰撞的结晶，其核心目的在于调和与解决地质条件与人类工程活动之间可能存在的矛盾。

问题三 地质环境和人类工程活动究竟有何矛盾？

所有工程建设均植根于特定的地质环境之中，地质环境不可避免地会对人类工程活动构成一定制约，与此同时，人类工程活动也以多种方式反作用于地质环境，二者之间由此形成了既相互依存又充满矛盾的复杂关系，具体表现如下：

一、地质环境对人类工程活动的制约

（一）地震带限制工程布置

地震作为自然灾害中的"头号杀手"，其影响是核电站等关键工程选址时首要考虑的因素。以秦山核电站为例，该站选址于地震活动相对稳定、远离地震带的区域，确保了核电站的安全运行。类似的，田湾核电站和海阳核电站也均选在了地震活动较为平静的地带。

（二）断层、滑坡等地质灾害迫使工程迁址

地质灾害如断层活动、山体滑坡等，往往直接威胁工程的选址与建设。瓦马乡地质灾害紧急避让搬迁安置点建设项目是一个典型的工程地质学应用案例。瓦马乡位于云南省保山市隆阳区，由于地形坡度陡、山坡物质松散且地下水丰富，强降雨后发生了严重滑坡。为此，专家进行了详尽的勘测，并启动了整村异地搬迁安置工作，以确保人民群众的生命财产安全。

（三）不良地基影响工程稳定性

地基作为建筑物的"根基"，其稳定性直接关系工程的安危。意大利比萨斜塔就是一个因地基不良而导致倾斜的著名案例。由于地基土层复杂、地下水位浅且选址位于古代海岸线上，地基土壤沙化严重，导致斜塔倾斜角度逐渐加大。当地政府不得不投入大量资金进行修护，以保住这一世界文化遗产。

二、人类工程活动对地质环境的影响

（一）人类活动造成地面沉降

地面沉降，这一地质灾害在上海尤为显著。1921～1965年，上海地面累计沉降达1.69m，其主要祸根在于大量抽取地下水。这一现象，体现的是人与自然关系失衡。近年来，上海高层建筑如雨后春笋般涌现，但地面沉降的阴影仍挥之不去。这提醒我们，在追求城市发展的同时，必须兼顾地质环境的保护，实现人与自然和谐共生。

（二）过度开挖引发山体滑坡

矿产开采和公路建设等工程活动，往往伴随着大量的挖方作业。然而，过度开挖会破坏山体的自然平衡，诱发崩塌和滑坡等地质灾害。矿产资源的开采虽然促进了经济发展，但也可能对山体稳定造成威胁。同样，公路建设中的大量挖方也可能触发滑坡、泥石流等灾害。

（三）工程建设改变水动力条件

作为黄河干流首座大型水利枢纽，三门峡水库在1960年建成蓄水后，通过防洪、防

凌、灌溉等综合效益为黄河治理提供了重要支撑。然而，由于规划设计时对泥沙问题估计不足，水利部黄河水利委员会《三门峡水库泥沙淤积分析报告》记录，至 1964 年，库区已淤积泥沙 42.7 亿 m^3，占设计总库容的 44.3%，远超预期。持续淤积导致潼关断面河床高程在 1960～1964 年间抬升 3.5m（中国科学院地理研究所《潼关高程变化研究报告》），迫使渭河下游形成悬河，1966 年渭南地区因此出现"水浸农田、房倒屋塌"的灾情，约 30 万库区居民被迫迁移。

任务二　地球的圈层结构

地球是一个两极略扁、不太规则的椭圆球体，其半径约为 6371km，具体而言，赤道半径约为 6378.137km，而极半径则约为 6356.752km。它的质量庞大，达到了约 5.97×10^{24} kg，在太阳系中名列前茅。地球的密度也相当高，约为 $5.507g/cm^3$，是太阳系中密度最高的行星。

地球作为我们赖以生存的蓝色星球，是太阳系中一颗独特的行星。它拥有着丰富的自然资源和多样的生态环境，为万物生长提供了广阔的天地。地球不仅是一个复杂的球体，更是一个由多个圈层构成的动态系统，这些圈层相互关联、相互影响，共同维系着地球的生命与活力。

问题一　如何划分地球外部圈层结构？

地球的外部圈层主要由大气圈、水圈和生物圈三个主要部分构成。这三个圈层既各自独立又相互联系，共同构成了地球独特的外部环境。地球外部圈层结构如图 1-1 所示。

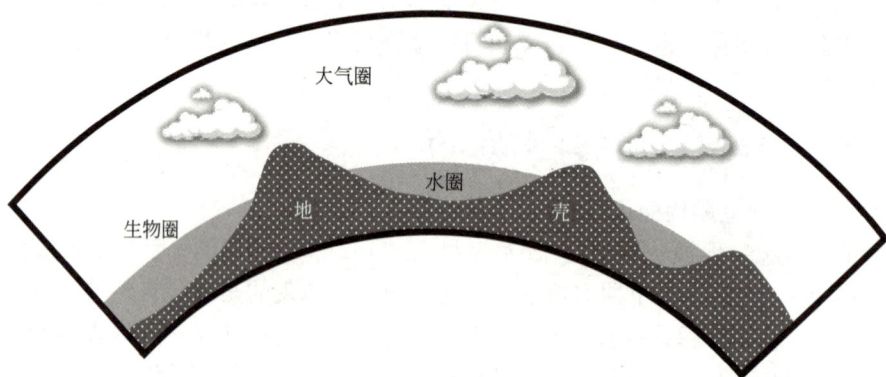

图 1-1　地球外部圈层结构

一、大气圈：地球的守护屏障

大气圈，作为地球最外层的圈层，是由气体和悬浮物共同组成的包围地球的巨大圈层。它像一层厚厚的毯子，紧紧包裹着地球，为地球提供了必要的保护。大气圈的主要成分是氮和氧，它们占据了大气总量的绝大部分。而大气圈几乎全部集中在离地面 100km

的高度范围内，这一区域被称为对流层，是天气现象发生的主要场所，也是人类生活与活动的重要空间。

二、水圈：生命的摇篮

水圈，由地球表层水体构成的连续但不规则的圈层，是地球上最为活跃的圈层之一。它包含了地表水、地下水、大气水以及生物体内的水等多种形态的水资源。地球表面约75%的面积被海洋、江河、湖泊、沼泽、冰川等水体所占据，这些水体不仅孕育了丰富的生物种群，也构成了地球生态系统的重要组成部分。水圈的存在，为地球上的生命提供了源源不断的滋养与滋润。

三、生物圈：生命的舞台

生物圈，是地球上所有生物（包括植物、动物、微生物等）生存和活动的圈层。它占据了岩石圈上层、大气圈下层以及水圈的全部，是地球上最为复杂且充满活力的圈层。在生物圈内，各种生物通过食物链和食物网相互依存、相互制约，共同维系着生态系统的平衡与稳定。生物圈的存在，不仅丰富了地球的生物多样性，也为人类提供了宝贵的自然资源和生存环境。

问题二 如何划分地球内部圈层结构？

地震波，如同地球内部的"信使"，携带着丰富的地球内部信息。科学家们通过在全球范围内精心布置地震观测站，能够精准捕捉并分析地震时产生的地震波信号。这些地震波在地球内部传播时，会遇到不同物质组成的界面，导致传播速度、方向等特性发生变化。其中，莫霍界面和古登堡界面是两个至关重要的分界面，它们将地球内部圈层结构清晰地划分为地壳、地幔和地核。

一、地壳与地幔的分界——莫霍界面

莫霍界面，位于地下平均约33km处，是地壳与地幔之间的分界。当地震波传播至此界面时，横波和纵波的传播速度都会发生显著变化，通常表现为突然增大。这一变化标志着地壳（主要由硅酸盐岩石构成，较硬且密度较小）与地幔（主要由硅酸镁岩石组成，具有较高的温度和流动性）之间在物质组成、密度和力学性质上的显著差异。

二、地幔与地核的分界——古登堡界面

当地震波继续向地球深处传播，到达约2900km的深度时，会遇到另一个重要的分界面——古登堡界面。在这里，横波会突然消失，而纵波的传播速度也会显著减小。这一现象表明，地幔与地核之间的物质状态发生了根本性的变化。地核主要由铁、镍等重金属元素组成，其密度极高，且可能处于部分熔融状态，与地幔的固态或半固态特征形成鲜明对比。古登堡界面的存在，为我们划分出了地幔与地核这两个截然不同的地球内部圈层。地球内部圈层结构如图1-2所示。

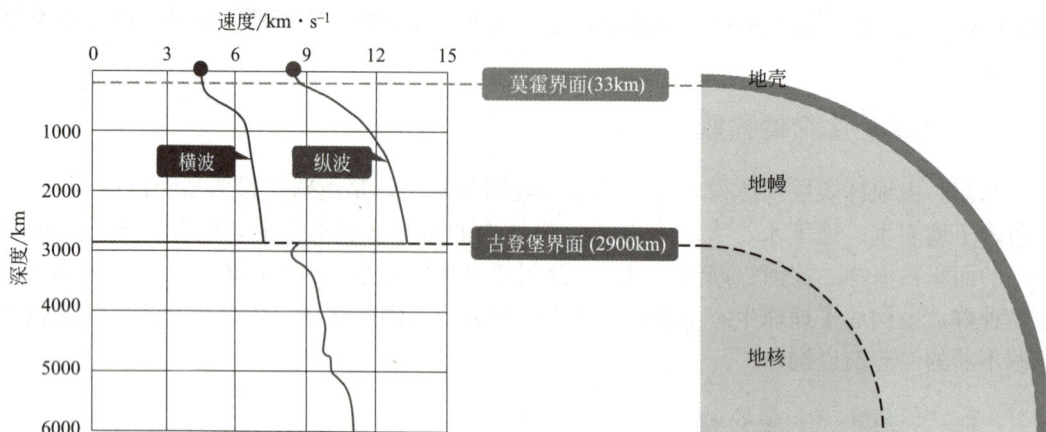

图1-2　地球内部圈层结构

图中标注：速度/km·s⁻¹，莫霍界面(33km)，地壳，地幔，古登堡界面(2900km)，地核，横波，纵波，深度/km

知识链接

地震波的传播与地球内部结构的探索

地震波主要分为横波（S波）和纵波（P波）。这两种波在地球内部传播时，会遇到不同物质组成的界面，导致传播速度、方向甚至波形的变化。正是这些变化，成为我们探索地球内部结构的"探针"。横波只能在固体中传播，具有剪切力，传播速度较纵波慢。当地震波遇到液态或气态物质时，横波会衰减甚至消失。纵波能在固体、液体和气体中传播，传播速度较快，但遇到不同介质界面时，其速度也会发生变化。

问题三　岩石圈是否等同于地壳？

软流层，也被广泛称为软流圈，是地球内部结构中一个极为关键且独特的组成部分，它位于上地幔的上部区域，是一个呈全球性分布的地内圈层。

软流层之所以得名，是因为其物质状态相对较为"柔软"或"流动"，与上覆的更为坚硬和稳定的地层形成鲜明对比。这种流动性主要源于其内部的高温以及岩浆的存在。事实上，软流层被广泛认为是岩浆的主要发源地。在这里，由于高温和高压的作用，岩石部分熔融形成岩浆，这些岩浆在软流层内部缓慢流动，并有可能向上侵入到更浅的地层中，甚至喷出地表形成火山活动。

软流圈之上的地幔顶层和地壳，这两部分共同构成了岩石圈。岩石圈是地球表面最坚硬的部分，包括了我们所居住的大陆和海底的岩石基底。它像一个巨大的"壳"一样包裹着地球，与软流层下的流动物质形成明显的分界。岩石圈的稳定性和坚硬度使得地球表面能够支撑起山脉、河流、城市等复杂的地理和地貌特征。

问题四　什么是板块构造学说？

板块构造学说阐述了地球岩石圈的结构与动态机制，1968年法国地质学家勒皮顺进一步系统化这一理论，他将岩石圈细分为欧亚板块、非洲板块、美洲板块、南极洲板块、太平洋板块和印度洋板块六大主要板块，这些庞然大物均漂浮于地球内部那层具有高度流动性的地幔软流层之上。随着软流层内部复杂的热对流运动，各大板块亦随之进行缓慢而持续的水平位移，这一过程构成了地球表面地质变迁与地貌演化的根本驱动力。

软流层，作为地球内部一个至关重要的圈层，不仅扮演着岩浆生成与迁移的温床角色，更通过与上方岩石圈的动态交互，深刻影响着地壳的稳定性与地形地貌的塑造。在板块相互作用的过程中，一系列壮观的地貌特征应运而生：

一、喜马拉雅山脉的崛起

亚欧板块与印度洋板块的碰撞挤压，孕育了地球上最为雄伟的山脉——喜马拉雅山脉，其巅峰珠穆朗玛峰更是以"世界之巅"著称，这一壮丽景观正是板块汇聚力量的直接见证。

二、马里亚纳海沟的幽深

在亚欧板块与太平洋板块的交界处，地球最深的海洋深渊——马里亚纳海沟悄然形成，它主要是由板块挤压和俯冲作用形成，海沟精确地勾勒出俯冲板块开始下插的位置。

三、洋中脊的诞生

在洋壳扩张的区域，随着板块分裂导致地壳变薄，下方的地幔物质上涌并产生丰富的岩浆，这些炽热的岩浆涌出海底裂隙，在冰冷海水的冷却作用下逐渐凝固，构筑起连绵不绝的海底山脉，即洋中脊。洋中脊不仅是海底扩张的直接产物，其顶部因地壳较薄而热量集中，成为地热释放的窗口，因此火山与地震活动在此频繁上演，展现了地球内部活力的另一面。

🔍 知识拓展

什么是消亡边界？什么是生长边界？

图1-3为地球六大板块示意图，它清晰地勾勒出了地球上各大板块之间的生长与消亡边界，为我们揭示了地壳动态变化的奥秘。蓝色边界如同地壳扩张的裂痕，标志

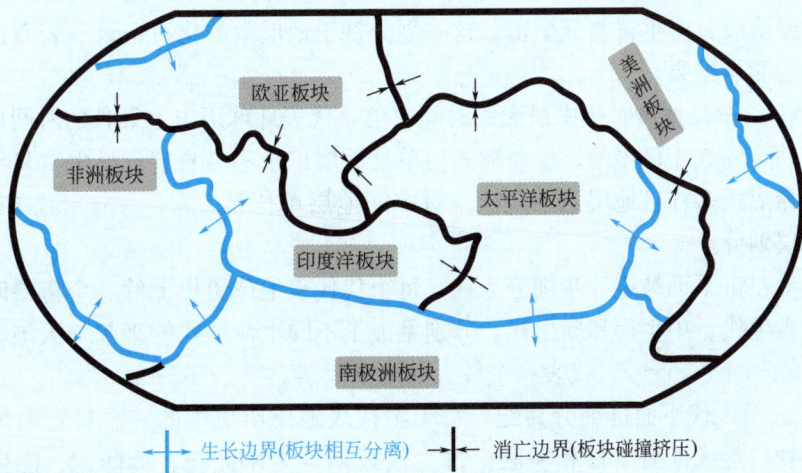

图 1-3 地球六大板块示意图

着两个板块正在相互分离，这一区域被形象地称为"生长边界"，在这里，地幔中的岩浆沿着板块张裂留下的空隙汹涌而出。当这些炽热的岩浆遭遇冰冷的海水时，便迅速冷却凝固，成为地壳新的组成部分，从而实现地壳的生长与扩张。黑色边界展示了板块碰撞的壮观场景，两大板块相互挤压，部分板块被迫深入软流圈并融化，形成"消亡边界"。这一过程导致地壳体积减小，是地壳物质循环与重塑的关键环节。

板块构造学说揭示了地壳生长与消亡的动态平衡，确保地球大小稳定。生长边界生成新地壳，消亡边界消融旧地壳，这一平衡维持地壳连续与完整，驱动地质活动与地貌演化。简而言之，生长与消亡边界是地壳活力与稳定的关键，塑造了地球丰富多样的景观。

任务三　地质年代

地球的发展历史是一部漫长而复杂的史诗，它可以被细分为若干个具有鲜明特征和重要事件的时间段落，这些时间段落被统称为地质年代。地质年代主要可分为两大类：绝对地质年代和相对地质年代。

任务精讲（微课）
1-2 地质年代

问题一 如何确定地球的绝对地质年代？

绝对地质年代是通过测定岩石中放射性元素的衰变等科学方法，直接确定岩石或地质事件的绝对年龄，它以具体的年数来表示，如亿年、百万年等，为地球历史的时间轴提供了精确的刻度。放射性同位素测年法的原理是：放射性元素如铀、钾、钍等会以稳定的速度衰变成其他元素，例如铀-238会衰变成铅-206；科学家通过测量岩石中这些放射性元素及其衰变产物的比例，根据比例的变化来推算岩石的形成时间。绝对地质年代表见表1-1。

地球约在46亿年前形成，经历短暂熔融的天文时期后冷却固化，其漫长演化史可划分为两大主要阶段：隐生宙与显生宙。这一划分基于地层中的化石记录、岩石性质以及放射性同位素的测年结果。

宙（Eon）：宙是地质时代中最大的时间单位，代表地球历史上最长的时间段。隐生宙涵盖地球初期至约5.4亿年前，生命形式简单且地层记录不易观察；显生宙从约5.4亿年前至今，生命形式多样且地层记录清晰。对应的地层单位是"宇"（Eonothem），表示最大规模的地层划分。

代（Era）：宙下面被进一步细分为代，每个代代表地球历史上的一个重要时期。显生宙被划分为古生代、中生代和新生代，分别见证了不同生命形式的兴起与灭绝。对应的地层单位是"界"（Erathem），代表一个较大的地层段落。

纪（Period）：代下面再细分为纪，每个纪代表地质历史中的一个特定时间段，通常与特定的生物群落或地质事件相关联。古生代被划分为寒武纪、奥陶纪、志留纪、泥盆纪、石炭纪和二叠纪等。对应的地层单位是"系"（System），由一系列具有相似特征的地层组成。

绝对地质年代表 表1-1

宙(字)	代(界)	纪(系)	世(统)	年龄(百万年)
显生宙(字)	新生代(界)Kz	第四纪(系)Q	Q_n、Q_p	2
		晚第三纪(系)N	N_2、N_1	25
		早第三纪(系)E	E_3、E_2、E_1	65
	中生代(界)Mz	白垩纪(系)K	K_2、K_1	130
		侏罗纪(系)J	J_3、J_2、J_1	190
		三叠纪(系)T	T_3、T_2、T_1	225
	古生代(界)Pz	二叠纪(系)P	P_3、P_2、P_1	280
		石炭纪(系)C	C_3、C_2、C_1	345
		泥盆纪(系)D	D_3、D_2、D_1	395
		志留纪(系)S	S_3、S_2、S_1	430
		奥陶纪(系)O	O_3、O_2、O_1	500
		寒武纪(系)E	E_3、E_2、E_1	540
隐生宙(字)	远古代(界)Pt	震旦纪(系)Z		800
				2500
	太古代(界)Ar			4000
	地球天文时期			4600

　　世（Epoch）：纪下面还可以进一步细分为世，这是地质时代中最小的时间单位，用于描述纪内更精细的地层划分和生物演化阶段。对应的地层单位是"统"（Series），是地层划分中最基本的单元。

案例解析

如何区分时代单位和地层单位？

　　"2百万年前至今"这段时间在地质时代上被称为第四纪，这是新生代中的一个纪。这一时期沉积下来的地层则被称为第四系地层。恐龙曾生活在侏罗纪；恐龙化石在侏罗系地层中找到。

问题二 如何确定地球的相对地质年代？

　　相对地质年代则侧重于描述地质事件之间的先后顺序和相互关系，不直接给出具体的年数。它依据地层叠置关系、化石分布规律、岩浆活动序列等地质现象，推断出不同地质事件发生的相对早晚，构建起地球历史的大致框架。地质工作中，一般应用相对地质年代为主。确定地层相对地质年代的基本方法有沉积顺序法、生物演化法和地质构造关系法。

一、沉积顺序法

　　沉积岩地层在形成时，通常是水平或近于水平地堆积在沉积环境中，如海底、湖泊等。这一原理为我们理解地层的原始状态提供了基础，在地质勘探中，通过观察地层的倾斜程度，可以初步判断该区域是否经历过强烈的构造运动。

在未受构造运动干扰的情况下，沉积岩地层遵循"下老上新"的规律，即下层地层比上层地层更老。通过地层剖面的观察和分析，可以推断出地层的相对年代顺序，为地质填图和资源勘探提供基础数据。

二、生物演化法

生物在地球历史上经历了漫长的演化过程，不同地质时期的地层中保存了不同的生物化石。通过对比不同地层中的化石组合，可以推断出地层的相对年代，并构建生物演化史。地层越老，所含生物化石往往越简单、越低级；地层越新，所含生物化石越复杂、越高级。含有相同化石的岩层，无论相距多远，都是在同一地质年代中形成的。不同地质年代对应的生物化石如图1-4所示。

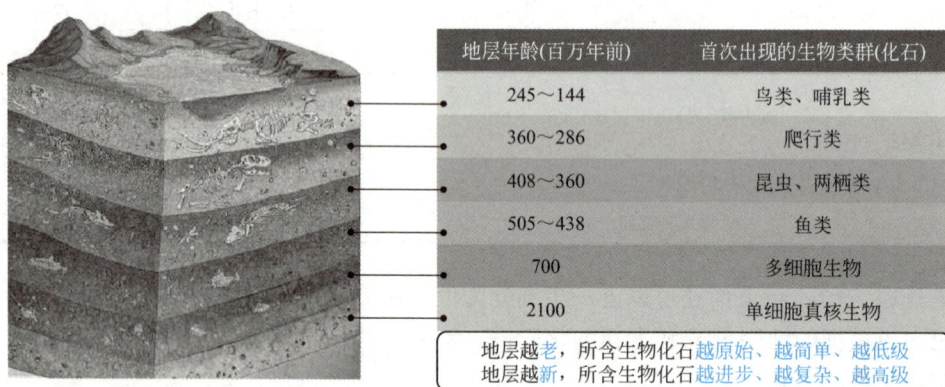

地层年龄(百万年前)	首次出现的生物类群(化石)
245～144	鸟类、哺乳类
360～286	爬行类
408～360	昆虫、两栖类
505～438	鱼类
700	多细胞生物
2100	单细胞真核生物

地层越老，所含生物化石越原始、越简单、越低级
地层越新，所含生物化石越进步、越复杂、越高级

图1-4　不同地质年代对应的生物化石

三、地质构造关系法

（一）沉积岩的接触关系

沉积岩的接触关系主要分为整合接触、平行不整合接触（假整合）和角度不整合接触（不整合）三种。

1. 整合接触

整合接触是指不同时代的沉积物地层一层层连续沉积，中间没有间断。在这种接触关系中，相邻的新老地层产状一致，岩石性质和生物演化连续而渐变，沉积作用没有间断。

> 新老关系判断依据：在正常层序情况下，先形成的岩层在下，后形成的岩层在上，即"下老上新"。

2. 平行不整合接触（假整合）

在地质学和构造地质学中，平行不整合接触通常用波浪线表示。平行不整合接触的形成过程通常涉及以下阶段：

（1）初始沉积：在某个地质时期，地壳下沉，接受沉积物沉积，形成连续的沉积岩层。

（2）地壳抬升与侵蚀：随后，地壳抬升，导致沉积作用停止。此时，已形成的沉积岩层可能遭受侵蚀作用，形成侵蚀面。

（3）再次沉积：经过一段时间后，地壳再次下沉，接受新的沉积物沉积，形成新的沉积岩层。这些新沉积的岩层与下伏的侵蚀面平行接触，但中间存在沉积间断。

平行不整合接触的形成过程如图 1-5 所示。

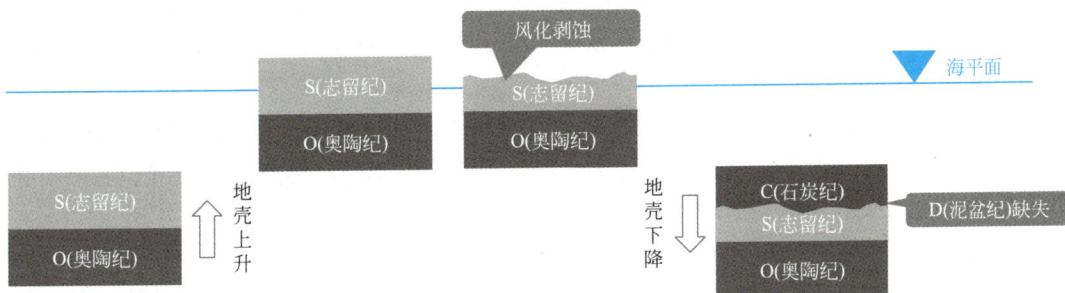

图 1-5 平行不整合接触的形成过程

新老关系判断依据：在平行不整合接触中，判断新老关系的关键在于识别侵蚀面。侵蚀面以上的岩层是新沉积的，而侵蚀面以下的岩层则经历了抬升和侵蚀过程，因此相对较老。此外，通过观察岩层的产状、岩石性质和生物化石的组合特征等，也可以辅助判断新老关系。

3. 角度不整合接触（不整合）

角度不整合接触的形成过程通常涉及以下阶段：

（1）初始沉积：在某个地质时期，地壳下沉，接受沉积物沉积，形成连续的沉积岩层。

（2）地壳运动与褶皱：随后，地壳发生强烈运动，导致岩层发生弯曲、褶皱甚至断裂。这些褶皱或断裂的岩层可能再次被抬升到地表。

（3）侵蚀作用：抬升后的岩层可能遭受侵蚀作用，形成不平整的侵蚀面。

（4）再次沉积：经过一段时间后，地壳再次下沉，接受新的沉积物沉积。这些新沉积的岩层与下伏的褶皱或断裂岩层以一定的角度相交接触，形成角度不整合接触。

角度不整合接触的形成过程如图 1-6 所示。

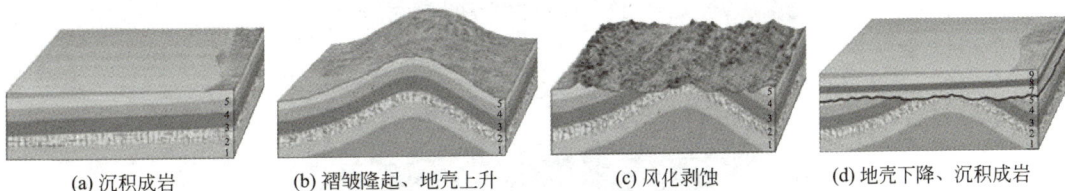

(a) 沉积成岩   (b) 褶皱隆起、地壳上升   (c) 风化剥蚀   (d) 地壳下降、沉积成岩

图 1-6 角度不整合接触的形成过程

新老关系判断依据：在角度不整合接触中，判断新老关系的关键在于识别角度不整合面。角度不整合面以上的岩层是新沉积的，而与其相交的下伏岩层则经历了褶皱、断裂和侵蚀过程，因此相对较老。此外，通过观察岩层的产状、岩石性质和生物化石的组合特征等，也可以进一步确认新老关系。

（二）沉积岩和岩浆岩的接触关系

在地质学中，岩浆岩（如火成岩）的相对地质年代可以通过观察其与周围已知地质年代的沉积岩层的接触关系来确定。这一过程涉及一个重要的原理，即切割定律。

1. 切割定律的概述

切割定律是指岩浆岩体在侵入或喷发过程中，会切割、穿插或覆盖周围的沉积岩层。通过观察岩浆岩体与沉积岩层的接触关系，特别是岩浆岩体如何切割或穿插沉积岩层，我们可以推断出岩浆活动的相对时间顺序。

2. 切割定律的应用

（1）侵入接触：当岩浆岩体以侵入的方式穿入沉积岩层时，它会切割并破坏沉积岩层的连续性。如果岩浆岩体切割了多个沉积岩层，并且这些沉积岩层的年代已知，那么我们可以根据沉积岩层的年代顺序和岩浆岩体的切割关系，推断出岩浆岩体的相对年代。

例如：如果岩浆岩体切割了较老的沉积岩层，但被较新的沉积岩层所覆盖，那么可以推断岩浆岩体的活动发生在较老沉积岩层沉积之后，较新沉积岩层沉积之前。

（2）沉积接触：沉积接触是指岩浆岩（侵入岩）在形成并经过长期风化剥蚀后，其表面被新的沉积岩层所覆盖的接触关系。这种接触关系通常发生在岩浆岩暴露于地表并遭受风化剥蚀后，新的沉积物在风化剥蚀面上逐渐沉积形成新的沉积岩层。

（3）喷发接触：岩浆喷发至地表形成火山岩时，也会与周围的沉积岩层形成接触关系。通过观察火山岩与沉积岩层的接触面以及火山岩中的火山碎屑物与沉积物之间的混杂情况，可以推断火山喷发的相对时间。

（4）交叉切割关系：在某些情况下，不同的岩浆岩体可能会相互切割或穿插。通过分析这些岩浆岩体之间的交叉切割关系，可以进一步细化岩浆活动的相对时间顺序。

岩浆岩体之间交叉切割关系如图 1-7 所示。从岩浆岩体之间交叉切割关系可以推断岩浆 C 早于岩浆 B，岩浆 B 早于岩浆 A。

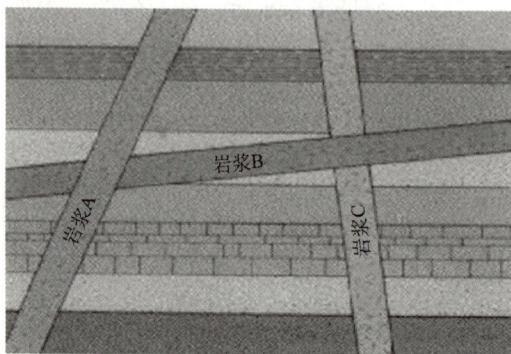

图 1-7　岩浆岩体之间交叉切割关系

案例解析

如何判断图 1-8 中沉积岩和岩浆岩的新老关系？

沉积岩和岩浆岩的接触关系如图 1-8 所示，岩浆岩侵入到二叠纪、石炭纪、泥盆纪和志留纪形成的地层中，岩浆岩风化剥蚀后又继续沉积白垩纪的地层，因此岩浆岩的年代要晚于二叠纪、石炭纪、泥盆纪和志留纪形成的沉积岩，又早于白垩纪形成的沉积岩。

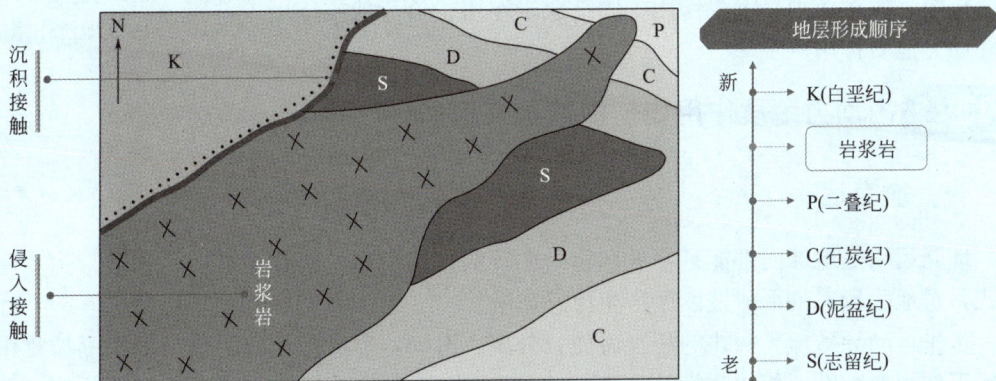

图 1-8 沉积岩和岩浆岩的接触关系

工程地质技能训练营——相对地质年代确定

请仔细观察地层之间的接触关系，并根据这些关系判断各岩层的新老顺序。将你的判断结果用数字表示，其中 1 代表最老的岩层，5 代表最新的岩层。请按照从老到新的顺序给图 1-9 中每个岩层分配一个数字。

AB—沉积接触面；AC—侵入接触面；δ—侵入岩体；γ—岩脉

图 1-9 地层接触关系示意图

任务四　地质作用

地质作用是指自然界引起地表形态、地壳内部物质组成及结构构造变化的各种作用，分为内动力地质作用和外动力地质作用。地壳运动、岩浆作用、地震作用、变质作用等都属于内动力地质作用；风化作用、剥蚀作用、搬运作用、沉积作用、固结成岩作用、负荷地质作用等都属于外动力地质作用。

任务精讲（微课）
1-3 地质作用

问题一 内动力地质作用如何塑造地表形态？

一、地壳运动

地壳运动是地球内部能量释放和物质循环的直接表现，它有水平运动和垂直运动两种方式，对地表形态的形成及发展产生深远影响。

水平运动导致地壳板块的相互碰撞、分离、滑动，形成巨大的山脉（如喜马拉雅山脉由印度洋板块与欧亚板块碰撞挤压而成）、裂谷（如东非大裂谷）以及广阔的盆地（如我国四川盆地）。这种运动还促使地壳物质的重新分配，影响地表的高低起伏。垂直运动表现为地壳的抬升与沉降，直接造成地表的升降，如地壳抬升形成高山，沉降则形成低地或盆地。这种运动还可能导致地壳的断裂，形成断层崖、地堑等地貌特征。

无论在大陆还是在海洋，越来越多的证据表明，水平运动是主导的，而垂直运动是派生的。水平运动形成地壳的褶皱和断裂，垂直运动引起地壳的隆起、凹陷和海陆变迁。

知识链接

古罗马大理石柱——地壳垂直运动的见证者

公元 79 年维苏威火山爆发后，三根大理石柱幸存下来，随后经历了一千多年的地壳升降历程。先是地壳下沉，石柱下部被火山灰掩埋，随后又缓慢上升至海面之上，直至 19 世纪再次下沉，柱脚重归海底。这一系列变化，不仅记录了地壳垂直运动的轨迹，也反映了地质变迁对人类社会的影响。

二、岩浆作用

岩浆作用，即地下岩浆向地表或近地表侵入或喷发的过程，对地貌的塑造具有显著影响。

火山活动：当岩浆以火山喷发的形式到达地表时，会堆积形成火山锥、火山口、熔岩流等火山地貌。火山喷发还可能引发火山泥流、火山灰覆盖等，进一步改变周围地貌。

侵入活动：岩浆在地壳内部冷却凝固，形成花岗岩等侵入岩。这些岩石的硬度通常较高，抗风化能力强，常常形成陡峭的山峰或山脊，如许多山脉的核心部分就是由侵入岩构成的。

三、地震作用

地震作用是地壳内部应力突然释放的结果，它不仅直接造成地表破裂和断层错动，形成地表断层、地裂缝等地震地貌的直接表现，还可能通过触发滑坡、崩塌、泥石流等次生灾害，对地貌进行快速而剧烈的改造，同时导致地表隆起或沉降，改变原有的地形地貌。

四、变质作用

变质作用是指岩石在高温、高压或化学活跃流体作用下，其成分、结构或构造发生变化，这种变化不仅使原始岩石转变为具有不同物理和化学特性的变质岩，而且间接影响了地貌的形成。变质岩的风化速率、透水性等特性差异，导致地表形态出现差异侵蚀和沉积。同时，变质作用往往与地壳运动相伴发生，如区域变质作用常与造山运动相关，从而形成复杂的构造地貌。

地壳运动、岩浆活动、变质作用和地震作用并非孤立存在，而是相互关联、相互影响的。它们共同作用于地壳，不断塑造和改变着地球表面的形态。随着时间的推移，这些内力地质作用与外力地质作用（如风化、侵蚀、沉积等）相互作用，使得地表形态处于不断变化和发展之中。

问题二 外动力地质作用如何塑造地表形态？

一、按地质营力划分

1. 河流地质作用：由河流的流动对地表岩石和土壤进行侵蚀、搬运和沉积。侵蚀作用会形成河谷、冲沟等地貌；搬运作用则涉及河流将侵蚀物质带走的过程；沉积作用则在河流下游形成冲积平原、三角洲等地貌。

2. 地下水地质作用：包括地下水的溶蚀、搬运和沉积作用。溶蚀作用会形成溶洞、地下河等地貌；搬运作用则涉及地下水将溶解的物质带走的过程；沉积作用则在地下形成沉积岩。

3. 冰川地质作用：由冰川的流动对地表进行侵蚀、搬运和沉积。侵蚀作用会形成冰斗、角峰等地貌；搬运作用则涉及冰川将侵蚀物质带走的过程；沉积作用则在冰川融化后形成冰碛物。

4. 湖泊和沼泽地质作用：主要涉及湖泊和沼泽的沉积作用，形成湖相沉积物、泥炭等。

5. 风的地质作用：包括风的侵蚀、搬运和沉积作用。当风力足够强时，它可以携带大量的沙石颗粒，这些颗粒在风的驱动下以高速撞击地表，导致岩石表面的物质被剥离并随风搬运。风蚀作用主要发生在气候干旱、植被稀疏的地区，因为这些地区的地表缺乏植被保护，更容易受到风力的侵蚀。风蚀作用在地表形成了许多独特的地貌形态，如雅丹地貌和风蚀蘑菇等。

6. 海洋地质作用：由海浪、潮汐、海流等对海岸带进行侵蚀、搬运和沉积。侵蚀作用会形成海蚀洞、海蚀拱、海蚀柱等地貌；搬运作用则涉及海洋将侵蚀物质带走的过程；沉积作用则在海岸带形成海滩、沙坝等地貌。海蚀地貌如图1-10所示。

(a) 海蚀洞

(b) 海蚀拱

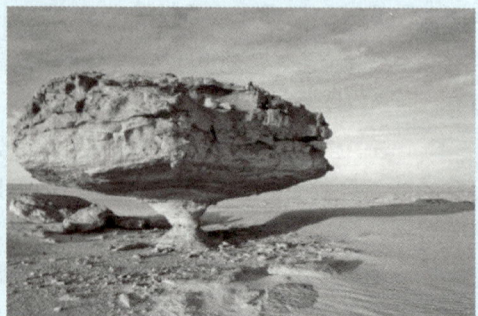

(c) 海蚀柱

图 1-10　海蚀地貌

知识链接

牛轭湖、雅丹地貌、风蚀蘑菇

　　河流在平原地区流淌时，受到地转偏向力的影响，逐渐变得弯曲。随着凹岸不断被侵蚀、凸岸不断堆积，河道越来越弯曲。雨季来临时，河水流速突然增加，弯曲河道的临近处被河水冲破，发生"截弯取直"。截弯取直后，河水从新的较平直的河道通过，原有河道被废弃，流速变慢，泥沙沉积，逐渐脱离原有河道，形成牛角状的湖泊，即为牛轭湖，如图 1-11 所示。我国大型牛轭湖湖泊多为由于河流摆动，其天然堤阻塞支流而储水成湖，如洞庭湖（湖南）、鄱阳湖（江西）、白洋淀（河北）、洪泽湖（江苏）等。

　　雅丹地貌又称风蚀垄槽，是干旱地区典型的风蚀地貌之一。在风力侵蚀作用下，地表岩石和土壤被雕刻成各种形态各异的陡峭土丘和垄槽。罗布泊西北的楼兰附近是雅丹地貌最为典型的地区之一，那里的地貌形态奇特，宛如一幅幅精美的雕刻画。

　　风蚀蘑菇如图 1-12 所示，它是一种特殊的风蚀地貌形态，通常形成在岩石各层之间软硬程度不同的地区。由于下部岩性较软，且近地面处风携带的碎石砂砾较多，岩体受风沙磨蚀较厉害，导致下部逐渐被侵蚀成蘑菇状。随着风蚀作用的继续进行，蘑菇状的岩体可能会进一步被侵蚀成柱状、塔状等形态。

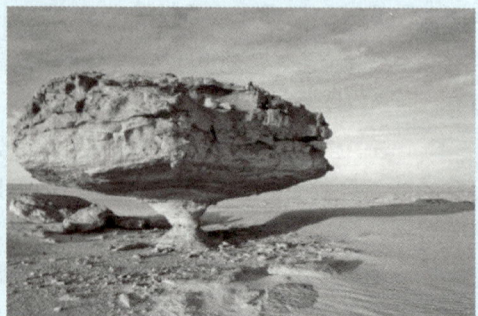

图 1-11　牛轭湖　　　　　　　　　　图 1-12　风蚀蘑菇

二、按作用形式划分

1. 风化作用： 由于大气温度的变化、水及生物的作用使地壳的岩石、矿物在原地崩裂，成为石块、细砂甚至泥土。风化作用还可分为物理风化、化学风化和生物风化三种类型。在风化作用的影响下，基岩上部会形成一层薄层的松散堆积物，被称为风化壳（图 1-13）。根据风化程度的不同，风化壳可以进一步划分为以下几个层次：

土壤层是风化壳的最上层，经受长期的物理、化学和生物风化作用后形成。它包含小颗粒的残留矿物、黏土矿物、腐殖质、水和空气，是土壤形成的重要阶段。残积层位于土壤层之下，是由长期物理和化学风化作用形成的稳定产物残留原地而成。这些产物多为铁、铝的氢氧化物、黏土矿物等，在地表条件下相对稳定。半风化层是风化壳的最下层，与下伏基岩直接接触。在这一层中，岩石主要以物理风化为主，破碎成碎块，但其成分与下伏基岩仍然相同，只是结构发生了改变。

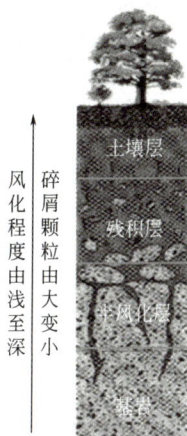

图 1-13 风化壳组成

2. 剥蚀作用： 由风、雨、流水、海浪及冰川等各种外营力对地表岩石风化后的产物从原地剥离开来的作用。剥蚀作用一方面将风化的产物剥脱离开母体，使新鲜的岩石裸露地表继续遭受风化；另一方面，对岩石也进行着破坏作用。

3. 搬运作用： 所有被各种破坏力所剥蚀下来的物质就由风、流水、冰川、海流、海浪等营力将物质从风化剥蚀区搬到另一个地方去。搬运作用与剥蚀作用和风化作用密切相关。

4. 沉积作用： 被搬运的物质，经过一段路程运移，当搬运介质动能减小，或搬运介质的物理化学条件发生改变以及在生物的作用下，在新的环境堆积。沉积作用可根据沉积方式的不同分为机械沉积作用、化学沉积作用和生物沉积作用三种类型。

5. 固结成岩作用： 堆积在新的介质环境中的疏松沉积物，随其所处的环境变化，沉积物之间、矿物和矿物之间、碎屑和胶结物之间以及沉积物和生物、沉积介质之间的关系都会发生变化。在失水、压紧等作用下表现为新矿物的生成，沉积物结构、构造的变化，而最后形成沉积岩。

6. 负荷地质作用： 也称为重力地质作用，主要表现为地表物质在重力作用下的下滑、塌陷等现象，如滑坡、崩塌、泥石流以及地壳的均衡调整等。

问题三 内、外动力地质作用之间的关系？

内动力地质作用主要由地球内部能量驱动，它主要表现为构造运动、岩浆活动、变质作用等，它直接控制着山脉、盆地、裂谷等大地貌的形成和发展。外动力地质作用主要由地球外部能量引起，它主要表现为风化作用、剥蚀作用、搬运作用、沉积作用和固结成岩作用等，这些作用主要发生在地球表层，对地表形态进行塑造和改造，而沉积物的堆积和压实作用又可能影响地壳的沉降和变形，从而对内动力地质作用产生反馈。

内动力地质作用在地球的地质演变过程中处于支配、主导地位，它控制着大地貌的形成和发展，为外动力地质作用提供了基础条件。而外动力地质作用虽处于被支配、被主导地位，但是在地表形态塑造和改造方面发挥着重要作用，与内动力地质作用共同推动着地球表面形态的不断演变和地质结构的持续优化，塑造了我们今天所看到的丰富多样的地球景观。

工程实践

请自行组队，每组选择以下两项任务进行深入研究和实践。通过团队合作，旨在加深对地质学基本原理和地质作用的理解，并提升解决实际问题的能力。

题目一：风化壳划分实践（难度系数：★★★）

课后，请你在校园周边寻找一处岩石风化明显的区域，运用课堂所学的风化作用知识，完成以下任务：

1. 现场观察：仔细观察场地内的岩石和土壤，注意岩石表面的风化迹象，如裂隙、剥落、颜色变化等。

2. 风化壳划分：根据风化壳的定义和层次划分（土壤层、残积层、半风化层），在现场划分出不同层次的风化壳，并记录每层的主要特征和厚度。

3. 数据分析：基于你的观察和数据记录，分析该区域风化作用的类型和强度以及可能对工程建设造成的影响。

提交要求：提交一份风化壳划分报告，包括现场照片、层次划分图、特征描述和数据分析。报告中应包含你对风化作用对工程建设可能产生影响的评估和建议。

题目二：牛轭湖在地图上的识别与分析（难度系数：★★）

打开任意一款地图应用，选择一个你感兴趣的河流流域作为研究区域，完成以下任务：

1. 河流流域选择：选择一个具有复杂河流形态和丰富地貌特征的河流流域，如长江中下游、黄河中下游或亚马孙河流域等。

2. 牛轭湖识别：在地图上仔细寻找河流弯曲处，特别是那些可能因截弯取直而形成的牛轭湖。标记出你找到的牛轭湖位置，并记录其大致形态和规模。

3. 成因分析：结合河流侵蚀作用的相关知识，分析你所标记的牛轭湖可能的成因，包括河道弯曲、弯曲加剧、截弯取直和牛轭湖形成等阶段。

提交要求：提交一份牛轭湖识别与分析报告，包括地图截图、牛轭湖位置标记、形态描述和成因分析。报告中应包含你对牛轭湖形成过程的理解，以及这些地貌特征对当地环境和生态系统可能产生的影响。

题目三：地质年代与地层单位的对应关系分析（难度系数：★★）

根据本教材或请查阅相关资料，了解地质年代和地层单位的对应关系，完成以下任务：

1. 年代单位与地层单位对应：列出从隐生宙到新生代各个地质年代及其对应的地层单位（宙对应宇、代对应界、纪对应系、世对应统）。

2. 案例分析：选择一个具体的地质事件或地层序列，如恐龙灭绝事件或某地区的地层剖面，分析其所处的地质年代和对应的地层单位。

3. 意义探讨：探讨地质年代和地层单位对应关系在地质学研究、资源勘探和工程建设中的应用和意义。

提交要求：提交一份地质年代与地层单位对应关系分析报告，包括年代与单位对应表、案例分析和意义探讨。报告中应包含你对地质年代和地层单位对应关系的深入理解和应用前景的展望。

题目四：内、外动力地质作用对地表形态塑造的综合分析（难度系数：★★★）

请结合内动力地质作用（如构造运动、岩浆作用、地震作用）和外动力地质作用（如风化作用、河流侵蚀、海水侵蚀）的知识，完成以下任务：

1. 作用类型列举：分别列举出内动力地质作用和外动力地质作用的主要类型，并简要描述其作用过程和特点。

2. 案例分析：选择一个具体地区（如喜马拉雅山脉、长江三峡或某沿海城市），分析内、外动力地质作用对该地区地表形态塑造的影响。

3. 综合讨论：探讨内、外动力地质作用在塑造地表形态过程中的相互关系和作用机制，以及它们对人类活动和自然环境的影响。

提交要求：提交一份内、外动力地质作用对地表形态塑造的综合分析报告，包括作用类型列举、案例分析和综合讨论。报告中应包含你对内、外动力地质作用相互关系的深入理解，以及对它们在地表形态塑造中作用的全面评价。

学习任务单

项目一 地质基础认知	姓名：		
	班级：	学号：	
	学生自评	教师评价	导师评价
思考题	是否掌握	评分	评分
1. 地质环境与人类工程活动之间存在什么关系？			
2. 地球的外部结构包含哪几个圈层？各有什么特点？			
3. 我们通过什么方法探究地球内部信息？			
4. 地壳和岩石圈之间存在什么样的关系？			
5. 我们可以用哪些方法推测地层的相对地质年代？			
6. 沉积岩的接触关系分为哪几种？分别是如何形成的？			
7. "恐龙曾生活在侏罗纪,恐龙化石在侏罗系地层中找到",这个描述准确吗？			

续表

项目一 地质基础认知	姓名：		
	班级：		学号：
	学生自评	教师评价	导师评价
思考题	是否掌握	评分	评分
8. 风蚀蘑菇是如何形成的？			
9. 风化作用是否等于风蚀作用？			
10. 简述风化壳的组成。			
11. 地球的内动力地质作用和外动力地质作用包括哪些？哪个占支配、主导地位？			
12. 简述牛轭湖的形成过程。			

思政育人案例：地球的演化
探寻地球奥秘——地球勘测技术的创新与突破

地球的演化不仅仅是自然科学领域的研究课题，它背后所蕴含的深意与人类的生存、发展紧密相连。地球 46 亿年的历史远远超出学生能够感知的时间范围，通过播放视频"将地球 46 亿年的历史压缩到 24 小时，究竟有多精彩？"，将地球历史快速、整体、明了地呈现出来，让学生认识地球系统由简单到复杂的发展过程，并通过地球历史与人类历史的对比，让学生深切感悟人类的渺小，培养和谐共生的人地关系，同时激发他们对地球内部构造、外部环境和演化规律的强烈好奇心与探索欲望。

地球勘测技术是深入探究地球内部构造和外部环境的重要手段。通过这些技术，人类可以揭示地球的奥秘，了解地球的演化历史，预测地球未来的变化趋势，为人类社会的可持续发展提供重要的科学依据和技术支持。在勘测技术的发展过程中，不仅需要注重技术的创新和突破，还需要注重技术的社会价值和社会风险问题。通过介绍我国在地球勘测领域的重大成果和创新突破（例如深地探测技术、深海探测技术、航空物探技术、高光谱遥感技术、地质灾害监测预警技术等），让学生了解我国在地球勘测领域的国际地位和贡献，增强学生的民族自豪感和爱国情怀。同时引导学生讨论地球勘测技术的社会风险问题，如隐私权、数据安全等，让学生认识技术的合理运用和社会责任，培养学生的伦理道德观念和社会责任感。

我国自主研发的"海斗一号"无人深海探测器（图 1）成功下潜至 10907m 深度，创造了我国在无人深海勘测的深度纪录，并实现了对"挑战者深渊"等深海区域的声学巡航探测。"海斗一号"的成功，离不开国家和科研人员对于深海探测技术的不断投入。早在 2016 年，中科院就开始了"海斗一号"项目的研究，历经三年的艰苦攻关，才成功下水试验。"海斗一号"团队克服重重阻碍，在南海和太平洋整整两月时间，一次次挑战着更深的下潜深度和更复杂的探测任务，最终才有在马里亚纳海沟创造的里程碑式的成就。

新疆塔里木盆地中西部的顺北油气田是我国第一个以"深地工程"命名的油气项目，被誉为"深地一号"（图 2）。有一句行话叫："一深万难"，钻井达到一定深度后，每向下一米，其难度都呈几何级数增长。8000m 就是超深层油气勘探的"死亡线"，世界上衡量

图1 "海斗一号"投放入海

图2 "深地一号"钻井平台

钻井难度的13项指标中，塔里木盆地有7项名列第一，钻井综合难度为世界之最。2021年，顺北油气田钻出最深定向井9300m，比世界第一高峰珠穆朗玛峰还要高出450余米，刷新亚洲最深井纪录。截至2022年底，钻探垂直深度超过8000m的油气井已经有46口，在国内甚至是全世界的产油量都是首屈一指的存在。

项目二　矿物岩石辨识（技能点★★）

【案例导入】

在我国西南地区的广袤土地上，喀斯特（岩溶）地貌以其奇特形态、丰富景观和独特生态价值吸引着无数科研人员和游客探寻。那么，构成这壮观地貌的究竟是何种岩石和矿物呢？

喀斯特地貌，亦称岩溶地貌，其形成源于水对可溶性岩石的化学溶解和物理机械作用。碳酸盐类岩石是喀斯特地貌的主角，石灰岩为其典型代表。石灰岩，质地坚硬却藏着"柔弱"的一面，它易溶于水和二氧化碳，这源于其主要构成矿物——方解石。方解石作为一种碳酸钙矿物，在溶解过程中会释放出二氧化碳气体，这一化学反应如同大自然的妙手，雕琢出喀斯特地貌中无数令人惊叹的奇观。

然而，喀斯特地貌仅是我国岩石矿物宝库中的一隅。这片土地上，火成岩炽热、沉积岩沉稳、变质岩蜕变，各种岩石及其包含的矿物，共同绘制出地球表面的壮丽画卷。在本项目中，我们将一同探寻这矿物与岩石的奇妙世界。

任务一　造岩矿物

任务精讲（微课）
2-1-1 造岩矿物-上

问题一 什么是造岩矿物？

矿物是指由地质作用所形成的天然单质或化合物，它们具有相对确定的化学组成，呈固态者还具有固定的内部结构。目前已知的矿物种类非常丰富，据国际矿物学协会统计，全球已确认的矿物种类约有5800种，然而，其中只有少数是常见的，常见矿物约200多种。

任务精讲（微课）
2-1-2 造岩矿物-下

造岩矿物是构成岩石的主体，特指那些在岩石形成过程中起主要作用的矿物。虽然自然界中矿物种类繁多，但构成岩石并对岩石性质起决定性影响的矿物不过30余种，它们占岩石成分的90％以上。常见的造岩矿物包括石英、长石、云母、角闪石、辉石等。因此造岩矿物只是矿物的一个子集，即所有造岩矿物都是矿物，但不是所有矿物都是造岩矿物。

造岩矿物按其成因可分为以下三种类型：

1. 原生矿物：岩石形成时同时产生的矿物，直接来源于母岩，特别是岩浆岩。原生矿物在岩石中通常以晶质矿物的形式存在，具有坚实而稳定的晶格，如石英、长石、云母等。

2. 次生矿物：岩石形成后，经风化、水解等作用改造而成的新矿物，通常具有活动的晶格，呈现出强烈的吸附交换性能和明显的胶体特性，如高岭石、蒙脱石、蛇纹石等。

3. 变质矿物：岩石在高温、高压等变质条件下形成的特有矿物，具有独特的矿物组合和结构构造，是变质岩的指示矿物，如石榴石、滑石、绿泥石等。

问题二 如何鉴别造岩矿物？

我们可以借助各种仪器设备来深入分析岩石中矿物的含量、化学成分、微观形貌和结构特征以及物理力学特征，从而达到精确鉴定矿物的目的。例如，差热分析法、光谱分析法、偏光显微镜法等都是常用的矿物分析手段。然而，在野外或不具备高精度设备的情况下，我们通常采用肉眼鉴定法。

肉眼鉴定法是指利用肉眼观察，并借助简单的工具和试剂，来分析矿物的物理性质。矿物的物理性质主要包括形态特征、光学性质、力学性质以及其他特殊性质。其中，光学性质包括颜色、光泽、透明度以及条痕；力学性质则包括解理、断口和硬度。除此之外，有些矿物还具有磁性、弹性、挠性等特殊的物理性质，这些性质也是肉眼鉴定时需要考虑的因素。

一、造岩矿物的形态特征

矿物的形态，指的是矿物单个晶体的外形或其集合体的整体形态，这是矿物学研究中一个极为重要的特征。造岩矿物具有不同的单体形态，有的呈柱状、棒状、针状或纤维状，呈现出一向延长的特点；有的则呈板状、片状或鳞片状，呈现出二向延长的特性；还有的则呈现等轴状、粒状或立方体状，呈现出三向延长的特征。

矿物的形态与其内部的晶体结构密切相关。晶体结构中的原子、离子或分子按照一定的规律排列，形成特定的晶格。这种晶格决定了矿物晶体的外部形态。例如，具有层状结构的矿物往往呈现片状或鳞片状；而具有立方晶系的矿物则常呈立方体状。

常见的集合体形态如图 2-1 所示，有棒状集合体、柱状集合体、片状集合体、土状集合体、粒状集合体、鲕状集合体、纤维状集合体、肾状集合体、结核状集合体等。其中肾状集合体通常具有较大的圆形或椭圆形凸面，外形类似于肾脏（或肾形）；鲕状集合体外

(a) 棒状集合体　(b) 柱状集合体　(c) 片状集合体　(d) 土状集合体
(e) 粒状集合体　(f) 鲕状集合体　(g) 纤维状集合体　(h) 肾状集合体

图 2-1　常见集合体形态

形类似鱼卵，常呈圆形或椭圆形；结核状集合体是在沉积物中形成的球形或椭球形的硬块，内部可能包含多种矿物成分。

知识链接

何为一向延长？二向延长？三向延长？

一向延长：矿物晶体在某一个特定方向上生长得尤为迅速，变得异常修长，而在与之垂直的其他两个方向上生长则相对缓慢，因此整体形态呈现出细长条状。

二向延长：矿物晶体在两个相互平行的方向上生长速度相近，均达到较大尺寸，但在与之垂直的第三个方向上生长则明显滞后，因此整体形态显得较为扁平。

三向延长：矿物晶体在三个正交方向上的生长速度均保持相近，因此其整体形态呈现出近似球形或立方体的形状。

二、造岩矿物的光学性质

造岩矿物的光学性质是指矿物对光线的反射、吸收及折射的效果，主要包括以下几个方面：

（一）颜色

矿物的颜色是矿物对可见光中不同波长光波吸收和反射后映入人眼所呈现的颜色，根据成色原因可以分成以下几种：

1. **自色**：矿物本身固有的颜色，比较固定，**具有重要的鉴定意义**。例如蓝铜矿的蓝色、辰砂的红色、孔雀石的绿色都属于矿物的自色。

2. **他色**：矿物混入杂质所引起的颜色，不固定，随杂质而变，**无鉴定意义**。例如纯净的石英晶体呈无色透明，但一般常因不同杂质的混入，而被染成紫色（紫水晶）、玫瑰色（蔷薇石英）、乳白色（乳石英）、烟黑色（烟水晶）等不同的颜色。

3. **假色**：由于某种物理光学过程所致，**对于某些矿物具有鉴定意义**。例如斑铜矿新鲜面为古铜红色，氧化后因表面的氧化薄膜引起光的干涉而呈现蓝紫色的锖色。矿物内部含有定向的细微包体，当转动矿物时可出现颜色变幻的变彩，透明矿物的解理或裂隙有时可引起光的干涉而出现彩虹般的晕色等。

4. **条痕色**：矿物在白色无釉瓷板上划擦时所留下的粉末的颜色。对于硬度大于瓷板的矿物，无法直接划出条痕，但可以通过**研磨成粉末**后观察其颜色。条痕色可以消除假色的干扰，对于深色矿物而言，是确认矿物本质颜色的有效手段；而对于浅色矿物，条痕色的鉴定意义可能相对较弱，例如，赤铁矿颜色呈红褐、钢灰至铁黑等色，条痕为樱红色；黄铜矿看起来呈金色，但其条痕却是微带绿的黑色。

知识链接

左江花山岩画红色图腾的奥秘

广西大山深处，隐藏着一个2500年的秘密。春秋时期的古人在高高的悬崖峭壁上，留下一幅幅神秘古老的蛙人图腾，红色的人物、简单勾勒的铜鼓，无声地传达着埋藏在岁月长河中的故事。岩壁上留存有大批壮族先民骆越人绘制的赭红色岩画，这就是举世闻名的左江花山岩画，是目前为止中国发现的单体最大、内容最丰富、保存最完好的一处岩画。这些红色颜料的主要成分是赭石，赭石属于含铁矿物的一类，其中赤铁矿的肾状集合体是赭石的一种常见形式。

（二）光泽

矿物对可见光的反射能力，使其表面呈现出不同的光泽，主要分为金属光泽、半金属光泽和非金属光泽。

1. 金属光泽。如方铅矿、黄铜矿等矿物具有金属光泽，这种光泽类似于金属表面的反光，通常较为明亮且有一定的闪耀感。

2. 半金属光泽。如赤铁矿、磁铁矿等矿物具有半金属光泽，这种光泽介于金属光泽和非金属光泽之间，相对较为暗淡。

3. 非金属光泽。非金属光泽是矿物表面呈现出的一种非金属性质的反光现象，通常表现为较为柔和、暗淡或呈现特定的反光效果，可细分为以下几种类型：

（1）玻璃光泽：方解石的解理面等矿物表面具有与玻璃相似的反光，称为玻璃光泽。

（2）油脂光泽：石英的断口等矿物表面似涂了一层油脂，呈现出油脂光泽。

（3）珍珠光泽：白云母等矿物表面具有类似贝壳内珍珠的光泽，称为珍珠光泽。

（4）丝绢光泽：石膏、石棉等矿物表面呈现出类似丝绢的反光，称为丝绢光泽。

（5）土状光泽：高岭石等矿物表面粗糙、无光泽，暗淡如土，称为土状光泽。

（6）金刚光泽：金刚石等矿物表面在阳光照射下呈现出类似宝石的光泽，称为金刚光泽。这种光泽非常明亮且闪耀。

（7）树脂光泽：树脂光泽是指矿物表面呈现出类似树脂或蜡质的光泽，这种光泽通常较为柔和且有一定的透明度感。例如，琥珀就是一种具有树脂光泽的矿物。

知识链接

琥珀——大自然的时光胶囊

实际上，琥珀是松柏科、云实科、南洋杉科等植物的树脂经过千万年在地下受压力和热力作用石化而成的化石，但在矿物学讨论中，它常被视为具有特定光泽的"矿物类"物质。树脂滴落，被掩埋于地下，历经漫长岁月，石化形成琥珀（图2-2）。有的琥珀内部包裹着蜜蜂等小昆虫，形态奇丽，令人叹为观止。含有完整动植物遗体包裹体的琥珀极为罕见，因此具有极高的收藏价值和科研意义。

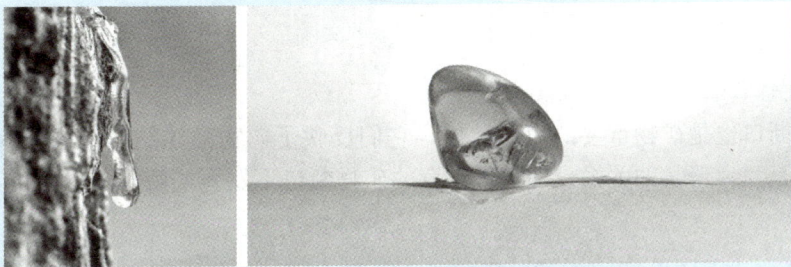

图2-2 琥珀

（三）透明度

透明度是指矿物允许可见光透过的程度，通常以 0.03mm 厚度的矿物片作为标准来观察。根据透明程度的不同，可以分为以下几类：

1. 透明：矿物片能清晰透过光线，可看到物体轮廓及细节，如石英、长石等。这类矿物的条痕常为无色或白色。

2. 半透明：矿物片的透明程度介于透明和不透明之间，光线可以部分透过，但无法清晰看到物体细节，如闪锌矿、辰砂等。这类矿物的条痕往往呈现各种彩色。

3. 不透明：矿物片完全不透光，无法看到后面的物体，如黄铁矿、磁铁矿等。这类矿物的条痕常为黑色。

三、造岩矿物的力学性质

造岩矿物的力学性质是指矿物在受到外力作用下所表现出来的一系列特征，这些性质对于理解矿物的性质、岩石的形成以及矿产资源的开采都具有重要意义。

（一）硬度

硬度是指矿物抵抗刻划、摩擦、加压的能力，具有重要的鉴定意义。肉眼鉴定矿物时，我们需要用一些已知硬度的矿物去刻划需鉴定的矿物，以此确定需鉴定矿物的相对硬度，这种方法即为世界公认的"摩氏硬度计"（图 2-3）。它以常见的 10 种矿物作为标准，从低到高分为 10 级。为记忆这 10 种矿物，可用顺口溜方法，只记矿物的第一个汉字，即"滑石方萤磷，长石黄刚金"。在野外实践或实习中，常把矿物的硬度粗略地划分为小于指甲（约 2.5）、指甲与小刀（约 5.5）之间及大于小刀三级。

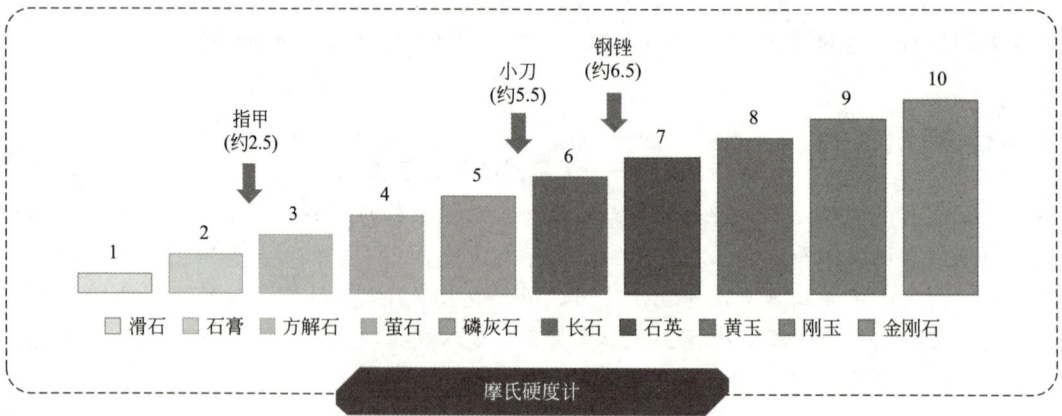

图 2-3　摩氏硬度计

（二）解理和断口

解理和断口也是矿物重要的力学性质，它们反映了矿物晶体结构的内在规律和特征。断口与解理是互为消长的关系，即解理发育的矿物断口不发育，解理不发育的矿物则断口发育。

1. 解理

解理是指矿物受外力作用能沿一定方向裂开成光滑平面的性质。解理根据解理面的光滑程度和解理面的密集程度可以划分为不同的等级，如极完全解理、完全解理、中等解理、不完全解理等。以下是一些具有代表性解理特性的矿物：

极完全解理：矿物极易分裂成薄片，解理面光滑平整。代表性矿物有云母、辉钼矿等。

完全解理：矿物在外力作用下易沿解理方向分裂成平面，解理面平滑。代表性矿物有方解石、方铅矿等。

中等解理：矿物在外力作用下可以沿解理方向分裂成平面，但解理面不甚平滑。代表性矿物有角闪石、辉石、长石等。

不完全解理：矿物在外力作用下不易裂出明显的解理面，解理程度较差。代表性矿物有磷灰石、石榴石等。

2. 断口

断口是指矿物在外力打击下，沿任意方向发生的不规则裂口的性质。当矿物受到外力作用时，如果不沿解理面裂开，而是形成凹凸不平的断裂面，这种面就称为断口。断口可以根据其形态和成因进行分类，如贝壳状断口、参差状断口、锯齿状断口等。以下是一些具有代表性断口特征的矿物：

贝壳状断口面呈圆形或弧形，具有类似贝壳的同心纹。代表性矿物有石英、黑曜石等。**参差状断口**面参差不齐、粗糙不平，是大多数矿物常见的断口形态，如磷灰石、橄榄石等。**锯齿状断口**面呈尖锐的锯齿状。这种断口多见于延展性较强的矿物，如自然铜等。

四、造岩矿物的其他特殊性质

（一）脆性和延展性

1. 脆性：矿物受外力作用时容易破碎的性质。例如方铅矿、黑钨矿等，用小刀刻划时，容易出现粉末和碎粒。这一性质反映出矿物在受力时的稳定性较差，容易破碎。

2. 延展性：矿物在锤击或拉引下，容易形成薄片和细丝的性质。如自然金、自然银、自然铜等，这些矿物具有良好的塑性和延展性，可以在外力作用下发生形变而不易破碎。俗话说"一斤黄金包一亩地"，这句话形象地说明了黄金的延展性极好，意味着极少量的黄金就能被拉成细长的金丝，理论上可以覆盖相当大的面积。

（二）弹性和挠性

1. 弹性：矿物受外力作用发生弯曲形变，但当外力作用取消后，能使弯曲形变恢复原状的性质。例如云母、石棉等，这些矿物具有良好的弹性，能够在受力后恢复原状。

2. 挠性：矿物受外力作用发生弯曲形变，但当外力作用取消后，不能恢复原状的性质。例如绿泥石，这种矿物在受力后容易发生永久形变。

（三）其他性质

1. 磁性：有些矿物具有磁性，如磁铁矿、磁赤铁矿和磁黄铁矿等。这些矿物在磁场中会被吸引或排斥，表现出明显的磁性特征。

2. 发光性：有些矿物在受到紫外线、X射线或其他光源照射时，会发出可见光，这种现象称为发光性，如金刚石、白钨矿、萤石等，这些矿物在特定条件下可以发出荧光或磷光。

3. 臭味：某些矿物具有特殊的气味，如硫磺具有刺激性气味。这一性质在识别矿物时可以作为辅助特征。

4. 咸味：有些矿物具有特定的味道，如岩盐具有咸味。这种性质在识别可溶性矿物时尤为有用。

5. 滑感：某些矿物具有特殊的触感，如滑石具有滑腻感。这种性质在识别矿物时可以通过触摸来感知。

问题三 如何妙记造岩矿物？

为了便于记忆，我们可以将常见相近矿物划分为一组，并对它们的物理性质进行对比。表 2-1 是一些常见造岩矿物物理性质的对比。

注：解理组数是根据矿物晶体在受力时产生解理面的方向数量来划分的。一组解理仅在一个方向上出现，二组解理在两个不同但相互垂直（或接近垂直）的方向上出现，三组解理则在三个不同方向上出现。

常见造岩矿物物理性质对比   表 2-1

矿物组	矿物名称	硬度	形态	颜色	光泽	解理/断口	密度/(g/cm^3)	其他	明显差异
方解石与白云石	方解石	3	菱面体、粒状集合体	无色、白色、灰色等	玻璃光泽	三组完全解理	2.6～2.9	遇稀盐酸起泡	方解石滴盐酸时迅速起泡，白云石滴盐酸时微弱起泡
	白云石	3.5～4	菱面体、粒状集合体	白色、灰色、浅黄色等	玻璃光泽	三组完全解理	2.8～3.0	遇稀盐酸缓慢起泡	
白云母与黑云母	白云母	2～3	片状、鳞片状集合体	无色、白色、浅绿色等	珍珠光泽	一组极完全解理	2.7～3.1	耐热绝缘	颜色不同/白云母抗风化能力强，黑云母抗风化能力弱
	黑云母	2～3	片状、鳞片状集合体	黑色、深褐色等	珍珠光泽至半金属光泽	一组极完全解理	2.7～3.3	耐热绝缘	
正长石与斜长石	正长石	6	短柱状、板状集合体	肉红色、浅黄色、白色等	玻璃光泽	两组解理面相交成90°	2.5～2.7	常见卡斯巴双晶	颜色不同/正长石常见于酸性岩浆岩，斜长石则更常见于基性、中性岩浆岩
	斜长石	6～6.5	板状、叶片状集合体	白色、灰白色、浅绿色等	玻璃光泽	两组解理面相交成锐角	2.6～2.7	常见聚片双晶	
滑石与石膏	滑石	1	片状、鳞片状集合体	白色、灰白色、浅绿色等	蜡状光泽	一组极完全解理	2.7～2.8	手感滑腻	滑石质软滑腻，石膏质硬易碎
	石膏	2	板状、纤维状集合体	白色、无色、浅黄色等	玻璃光泽至丝绢光泽	三组完全解理	2.3～2.4	加热失水变为熟石膏	

续表

矿物组	矿物名称	硬度	形态	颜色	光泽	解理/断口	密度/(g/cm³)	其他	明显差异
黄铁矿与自然金	黄铁矿	6~6.5	立方体、五角十二面体等	浅黄铜色	金属光泽	无解理,断口参差状	4.9~5.2	敲击时产生火花	黄铁矿硬度高、密度小、条痕绿黑、易自燃;自然金硬度低、密度大、条痕金黄,真金不怕火炼
	自然金	2.5~3	粒状、片状集合体	金黄色	金属光泽	无解理,断口锯齿状	19.3	延展性好,密度大	
高岭石与蒙脱石	高岭石	2~3.5	土状、块状集合体	白色、浅黄色等	土状光泽至蜡状光泽	无解理,断口贝壳状	2.6~2.7	可塑性强,耐火	高岭石无膨胀性,可塑性差;蒙脱石胀缩性大,可塑性强
	蒙脱石	2~3	土状、块状集合体	白色、浅灰色等	蜡状光泽	无解理,断口不平坦	2~2.7	吸水膨胀性强	
角闪石与辉石	角闪石	5~6	长柱状、纤维状集合体	黑色、深绿色等	玻璃光泽至半金属光泽	两组完全解理,交角56°或124°	3~3.5	常见柱状晶体	解理夹角不同/角闪石常见于酸性岩浆岩和变质岩,辉石常见于基性和超基性岩浆岩
	辉石	5~7	短柱状、粒状集合体	黑色、深绿色等	玻璃光泽	两组完全解理,交角87°或93°	3.2~3.6	常见粒状晶体	
金刚石与萤石	金刚石	10	八面体、菱形十二面体等	无色、浅黄色、浅褐色等	金刚光泽	无解理,断口贝壳状	3.5~3.53	自然界最硬的物质	金刚石硬度极高,透明无色;萤石颜色多变,质脆易碎
	萤石	4	立方体、八面体等	无色、紫色、绿色等	玻璃光泽	四组完全解理	3.18	紫外线照射下可发光	
石英与石榴石	石英	7	柱状、粒状集合体	无色、白色、紫色等	玻璃光泽	无解理,断口贝壳状	2.65	耐高温,化学性质稳定	颜色不同/石英成分单一为二氧化硅,石榴石成分复杂多变
	石榴石	6.5~7.5	粒状集合体	红褐色、绿色、黄色等	玻璃光泽至亚金刚光泽	无解理,断口不平坦	3.5~4.2	常见宝石品种	
橄榄石与绿泥石	橄榄石	6.5~7	粒状集合体	黄绿色、橄榄绿色等	玻璃光泽	无解理,断口贝壳状	3.2~4.3	常见宝石品种,耐高温	橄榄石硬度高、透明且耐高温;绿泥石硬度低、半透明,多呈绿色
	绿泥石	2~3	片状、鳞片状集合体	绿色、浅绿色等	蜡状光泽至玻璃光泽	一组极完全解理	2.6~3.3	常见于变质岩中	

知识链接

蒙脱石和高岭石的妙用

1. 蒙脱石散——止泻卫士

蒙脱石具有极强的吸水能力，这种特性使得蒙脱石散能够有效降低肠道水分含量，同时紧紧吸附并固定消化道内的病毒、病菌及其毒素。此外，它还能全面覆盖消化道表面，形成一层坚实的保护膜，从而发挥出色的止泻作用。

2. 高岭石——瓷器之魂

高岭石是瓷器制作的关键原料，其细腻质地，具有良好可塑性和耐火性，赋予瓷器独特白度与光泽。高岭石的使用提升了瓷器质量，促进了工艺创新，是瓷器制作中不可或缺的灵魂材料。

工程地质技能训练营——肉眼鉴别造岩矿物

一、实训目的

本次实训旨在通过实际操作和理论学习，使学生掌握常见矿物的鉴别方法，包括矿物的物理性质（如颜色、条痕、光泽、硬度、解理等）和形态特征以及使用简单工具（如放大镜、磁铁等）进行矿物鉴别的技巧。

二、实训内容

1. 使用放大镜观察矿物的形态、颜色和光泽。

2. 测量矿物的硬度和条痕。

3. 检查矿物的解理和断口。

4. 利用磁铁检测矿物的磁性。

任务精讲（微课）
2-2 实训一：造岩
矿物鉴定

三、实训工具与材料

矿物标本、放大镜、磁铁、瓷板（用于测试条痕）、矿物硬度表、主要造岩矿物鉴定记录表。

四、实训步骤

1. 观察矿物标本：使用放大镜观察矿物的形态、颜色和光泽，记录观察结果。

2. 测量硬度和条痕：使用已知硬度的物体（如指甲、铜币、钢刀等）划痕测试矿物的硬度。在瓷板上摩擦矿物，观察并记录条痕颜色。

3. 检查解理和断口：小心敲击矿物，观察其解理面和断口形状，记录观察结果。

4. 检测磁性：使用磁铁接近矿物，观察是否有吸引现象，记录观察结果。

五、注意事项

1. 安全第一：在实训过程中，要严格遵守实验室安全规范，佩戴好必要的防护用品，如实验服、手套等。

2. 小心操作：矿物标本往往比较脆弱，因此在敲击或划痕测试时要小心谨慎，避免损坏标本。

3. 准确记录：观察结果要准确记录，以便后续分析和鉴别。

4. 保持整洁：实训结束后要及时清理实验台和工具，归还矿物标本，保持实验室的整洁和有序。

六、主要造岩矿物鉴定记录表

标本号	主要鉴定特征							矿物名称
	硬度	形态	颜色/条痕	光泽	解理/断口	密度	其他	
1								
2								
3								
4								
5								
6								
7								
8								
9								
10								

班级：_____ 姓名：_____ 学号：_____ 成绩：_____ 评阅教师：_____

任务二 岩浆岩

任务精讲（微课）
2-3-1 岩浆岩-上

任务精讲（微课）
2-3-2 岩浆岩-下

问题一 岩浆岩是如何形成的？

岩浆岩，又称火成岩，是由岩浆喷出地表或侵入地壳冷却凝固所形成的岩石。岩浆是在地壳深处或上地幔产生的高温炽热、黏稠、含有挥发成分的硅酸盐熔融体，是形成各种岩浆岩和岩浆矿床的母体。岩浆岩约占地壳总体积的65%，总质量的95%，是组成地壳的主要岩石类型之一。岩浆的活动主要通过侵入作用和喷出作用这两种形式在地壳中得以展现。

一、侵入作用

当岩浆沿着地壳裂缝深入地下时，由于地壳的散热作用，岩浆会逐渐冷却并凝固成岩。这种岩浆在地表以下冷却凝固的过程称为侵入作用。通过侵入作用形成的岩石称为侵入岩。根据岩浆冷却凝固的深度和速度，侵入岩可以进一步分为深成岩和浅成岩。

深成岩是岩浆在地壳深处（通常深度大于3km）缓慢冷却凝固而成的岩石。由于冷却速度慢，矿物结晶充分，晶体颗粒较大，如花岗岩就是典型的深成岩。浅成岩是岩浆在地壳较浅处（深度小于3km）冷却凝固而成的岩石。由于冷却速度相对较快，矿物结晶不完全，晶体颗粒较小，如闪长玢岩、花岗斑岩等。

二、喷出作用

当构造运动造成地壳破裂带时，岩浆便沿着这些裂缝上升，并以惊人的力量喷出地表。这种岩浆喷出地表并快速冷却凝固的过程称为喷出作用。通过喷出作用形成的岩石称为喷出岩（也称火山岩）。由于岩浆在地表快速冷却，矿物来不及结晶或结晶很差，常呈玻璃质、隐晶质或斑状结构。常见的喷出岩有玄武岩、安山岩和流纹岩等。

问题二 岩浆岩如何分类？

一、根据产状分类

岩浆岩的产状是指岩浆岩体在地壳中产出的状况，主要包括岩体的形态、大小、与围岩的接触关系以及形成时的地质构造环境、距离地表的深度等。根据岩浆冷却凝固的深度和条件，岩浆岩的产状可以划分为深成岩、浅成岩和喷出岩三大类，具体如下：

（一）深成岩

深成岩是岩浆在地壳深处缓慢冷却凝固而成的岩石，其产状主要包括：

1. 岩基。岩基是侵入岩中规模最大的岩体，分布面积一般大于 $100km^2$。形态不规则，常呈圆形或长条形，埋藏深。多由花岗岩等酸性岩浆冷凝而成，结晶程度好，矿物颗粒较大。

2. 岩株。岩株是侵入岩中规模较小的岩体，横截面积一般小于 $100km^2$。形态不规则，常呈树枝状，与围岩的接触面不平直。成分多样，但以酸性与中性岩浆岩较为常见。

（二）浅成岩

浅成岩是岩浆在地壳较浅处冷却凝固而成的岩石，其产状主要包括：

1. 岩脉。岩脉是侵入岩中一种狭长形的岩体。宽度相对较小，长度可延伸较远，方向多变。

2. 岩墙。岩墙是竖直或近似竖直的侵入岩体，呈板状或墙状。宽度和厚度可变化，但通常较窄，长度可延伸很远，常切割围岩层理。

3. 岩床。岩床是水平或近似水平的侵入岩体，呈层状或板状。延伸方向与围岩层理平行，是岩浆沿围岩层间空隙挤入后冷凝形成的。

4. 岩盘。岩盘形成透镜体或倒扣的盘子状岩体。成分多为黏性较大的酸性岩浆，形态上呈凸透镜状或盘状。

5. 岩盖。岩盖是底平而顶凸的岩体，形态似蘑菇状。通常靠近地表，是岩浆侵入并冷却凝固后使地表隆起的部分，与围岩的成层方向吻合。

（三）喷出岩

喷出岩是岩浆喷出地表后迅速冷却凝固形成的岩石，其产状主要包括：

1. 熔岩流。熔岩流是流动性大的岩浆喷溢出后，沿地表流动冷凝而形成的熔岩体。

2. 火山锥（岩锥）。火山锥是由黏性大的熔岩流和火山碎屑物质在火山口附近堆积形成的锥状岩体。形态多样，有的陡峭，有的平缓，中间常有一个火山口。

3. 熔岩被。熔岩被是由玄武岩等基性岩浆沿裂隙溢出，向四周广泛流动而形成的熔岩覆盖层。面积可达几千至几万平方公里，厚达几百米至数千米。

4.熔岩台地。熔岩台地是由多次火山喷发形成的熔岩层叠加而成的台地状地形。常呈阶梯状或波浪状起伏。

岩浆岩的产状如图 2-4 所示。

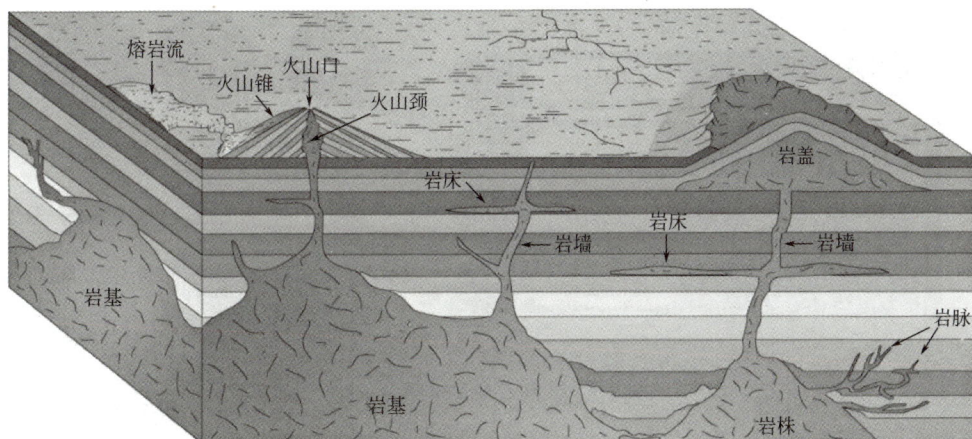

图 2-4　岩浆岩的产状

二、根据化学成分分类

岩浆岩中的矿物可分为浅色矿物和深色矿物。浅色矿物富含硅和铝，如石英、正长石、斜长石、白云母等，颜色较浅；而深色矿物富含铁和镁，如角闪石、辉石、黑云母、橄榄石等，颜色较深。随着岩浆岩中硅和铝的增加，铁和镁的含量逐渐减少，呈现出此消彼长的关系，这反映了岩浆在冷却结晶过程中化学成分从富含铁镁向富含硅铝的转变。

根据岩浆岩中二氧化硅（SiO_2）的含量以及矿物成分的不同，可以将岩浆岩分为以下四大类：

1.酸性岩。这类岩石的 SiO_2 含量大于 65％，主要由长石、石英和云母组成，硅、铝成分含量高，几乎不含铁、镁矿物。花岗岩、流纹岩等就是酸性岩的典型代表，它们颜色最浅，主要由浅色矿物组成。

2.中性岩。中性岩的 SiO_2 含量在 53％～65％（注：有些资料可能采用 66％作为界限，但此处为保持一致性，采用 65％）。这类岩石主要由角闪石、长石和少量石英、辉石、黑云母等组成，铁、镁成分减少，硅、铝成分增加。闪长岩、安山岩等就是中性岩的实例，它们颜色较浅，由深色矿物和浅色矿物共生组合而成。

3.基性岩。基性岩的 SiO_2 含量在 45％～53％，主要由辉石、角闪石、斜长石等组成，含铁、镁成分较多，含石英和长石较少。辉长岩、玄武岩等就是基性岩的代表，它们颜色较超基性岩稍浅，但仍以暗色矿物为主。

4.超基性岩。超基性岩的 SiO_2 含量小于 45％，主要由橄榄石、辉石等暗色矿物组成，铁、镁含量高，几乎不含石英和长石。橄榄岩、苦橄岩等就是超基性岩的实例，它们通常颜色较深，由大量暗色矿物组成。

岩浆岩按化学成分分类如图 2-5 所示，可以看到从酸性岩到超基性岩，随着 SiO_2 含量的逐渐减少，岩石的密度逐渐增大，颜色逐渐加深，矿物成分也逐渐由浅色矿物为主转变为深色矿物为主。同时，如果这些岩石是由相应的熔岩流冷却结晶形成的，那么熔岩流的稠度（或黏度）会随着二氧化硅含量的减少而逐渐降低，即熔岩流的流动性逐渐增强。

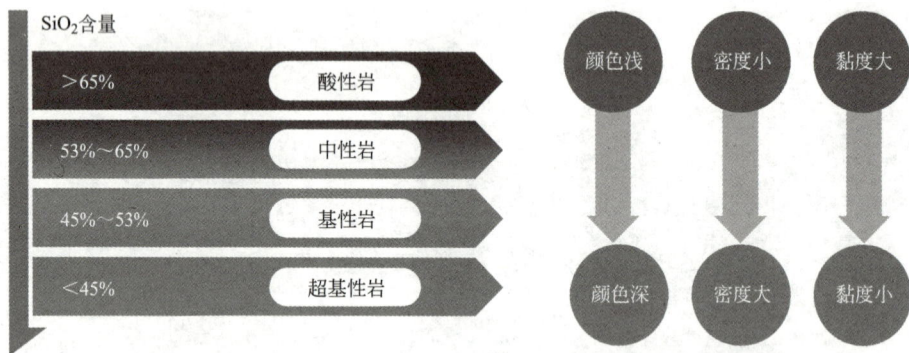

图 2-5　岩浆岩按化学成分分类

知识链接

何为岩石色率？

岩石色率反映岩浆岩中深色矿物所占体积百分比。色率越高，深色矿物越多，岩石基性越强，颜色越深；色率越低，浅色矿物越多，岩石酸性越强，颜色越浅。通常来说，超基性岩色率＞90%，基性岩 35%～90%，中性岩 15%～40%，酸性岩＜15%。

问题三　岩浆岩如何命名？

岩浆岩的命名通常基于其矿物成分、产状和结构特征。

一、矿物成分命名法

岩浆岩的名称常来源于其主要矿物成分。例如，含橄榄石较多的岩石称为橄榄岩，含角闪石和斜长石的岩石称为闪长岩，含石英、长石和云母的岩石称为花岗岩等。

二、结构和构造命名法

岩浆岩的命名不仅涉及其矿物成分，还紧密关联着其结构和构造特征。例如，浅成岩往往具有斑状结构，这种结构特征在命名中得到了直接体现。喷出岩的命名则更多依据其喷出地表后的冷凝特征，这些构造特征在岩石命名中占据了重要地位。

（一）结构定义及分类

结构指的是组成矿物的结晶程度、晶粒大小和形态及晶粒之间或晶粒与玻璃质间的相互结合方式，它反映了岩浆冷凝时所处的物理化学环境。

1. 按晶粒绝对大小划分

按矿物晶粒绝对大小划分，岩浆岩可以分为显晶质结构、隐晶质结构和玻璃质结构。

显晶质结构：矿物晶粒较大，肉眼可见，能够清晰分辨出矿物的晶形和颗粒边界。这种结构通常出现在冷却速度较慢的岩浆中，使得矿物有足够的时间结晶生长。

隐晶质结构：矿物晶粒细小，肉眼难以分辨，需要借助显微镜才能观察到矿物的晶形。这种结构通常出现在冷却速度较快的岩浆中，矿物结晶时间不足，导致晶粒细小。

玻璃质结构：矿物几乎完全呈非晶质状态，类似玻璃，没有固定的熔点和规则的晶形。这种结构通常出现在冷却速度极快的岩浆中，矿物无法结晶，直接凝固成非晶质状态。

2. 按晶粒相对大小划分

按矿物晶粒相对大小划分，岩浆岩可以分为等粒结构和不等粒结构。

等粒结构：矿物全部为显晶质粒状，同种主要矿物结晶颗粒大致相等。这种结构通常出现在侵入岩中，由于岩浆冷却速度较慢且均匀，矿物结晶生长条件良好。按矿物结晶颗粒的大小，等粒结构又可进一步划分为粗粒结构（矿物颗粒通常大于5mm）、中粒结构（矿物颗粒通常在2~5mm）和细粒结构（矿物颗粒通常小于2mm）。

不等粒结构：同种主要矿物结晶颗粒大小不等，相差悬殊。这种结构可能由于岩浆冷却速度不均或存在多期次岩浆活动导致。其中，斑晶是较大的晶体矿物，基质是细粒的微小晶粒或隐晶质、玻璃质。进一步分为斑状结构（基质为隐晶质或玻璃质）和似斑状结构（基质为微小晶粒），例如花岗斑岩、闪长玢岩等常呈斑状结构，而花岗岩、正长岩等可呈似斑状结构。

🔍 知识拓展

何为斑岩？何为玢岩？

斑岩和玢岩是两种具有斑状结构的浅成岩或喷出岩。斑岩以正长石或石英为斑晶，如石英斑岩、花岗斑岩等。而玢岩则以斜长石及暗色矿物为斑晶，如闪长玢岩、安山玢岩、辉绿玢岩。

3. 按矿物结晶程度划分

按矿物结晶程度划分，岩浆岩可以分为全晶质结构、半晶质结构和非晶质结构。

全晶质结构：岩石完全由结晶的矿物组成，不含玻璃质，肉眼或放大镜下可清晰分辨出矿物的晶形和颗粒边界。这种结构表明岩石形成于缓慢冷却的岩浆系统中，使晶体有较充分的时间生长，常见于深成侵入岩。例如花岗岩为全晶质等粒结构，主要矿物成分为石英、正长石、斜长石，次要矿物有黑云母和角闪石。闪长岩为全晶质等粒结构，主要矿物为斜长石和角闪石，次要矿物有辉石和黑云母。

半晶质结构：岩石由部分晶体和部分玻璃质组成，又称"次晶质结构"或"半玻璃质结构"。这种结构表明岩石形成时岩浆的冷却速度较快，部分矿物结晶成晶体，而另一部分则未能结晶成晶体，形成玻璃质。结晶矿物和玻璃质之间的比例因岩浆冷却速度的不同而有所差异。例如流纹岩为斑状结构，斑晶主要为石英和正长石，基质通常是玻璃质。安山岩为斑状结构，斑晶常为斜长石，基质为隐晶质或玻璃质。

非晶质结构：岩石几乎全部由非晶质矿物组成，又称玻璃质结构。这种结构表明岩石形成于岩浆快速冷凝的过程中，矿物无法结晶成晶体，直接凝固成非晶质状态，常见于喷出岩中。例如曜岩，一种常见的非晶质结构岩石，几乎全部由非晶质矿物组成，具有玻璃光泽和贝壳状断口。

（二）构造定义及分类

构造指岩石中矿物集合体的空间排列及充填方式特征，反映岩石形成条件及地质作用过程。构造特征主要取决于岩浆性质、产出条件及凝固过程物质运动状态。岩浆岩构造是其内部结构和外部形态的综合体现，岩浆岩常见构造如图 2-6 所示。

(a) 块状构造

(b) 流纹状构造

(c) 气孔状构造

(d) 绳状构造

图 2-6 岩浆岩常见构造

1. 块状构造：岩石中矿物均匀分布，无明显的定向排列或分层现象，整体呈现均一、致密的块状。这种构造常见于深成侵入岩中，如花岗岩、辉长岩等，由于岩浆冷却缓慢且均匀，矿物结晶生长条件良好，形成均一的块状构造。

2. 流纹状构造：岩石表面或切面呈现出流动状、波纹状的纹理，类似流水的波纹或绸缎的褶皱。这种构造主要见于酸性火山熔岩，如流纹岩中。由于岩浆在流动过程中，不同成分的岩浆层之间发生相对运动，形成流动构造。

3. 气孔状构造：岩石中充满大小不等、形状不一的气孔，气孔壁由矿物或玻璃质构成。这种构造常见于喷出岩中，由于岩浆在喷出地表时，气体迅速逸出，留下气孔。

4. 杏仁状构造：在气孔状构造的基础上，气孔被后期的矿物（如方解石、石英等）充填，形成杏仁状的填充物。这种构造也常见于喷出岩中，是气孔状构造的一种特殊形式。

5. 绳状构造：岩石表面呈现出扭曲、绳状的形态，像是被绳索缠绕过一样。这种构造主要见于某些火山熔岩中，由于岩浆在流动过程中受到外力作用（如地壳运动、岩浆内部压力变化等），发生扭曲变形。

知识链接

岩石结构和构造的区别？

在研究三大岩石时，结构与构造是两个不可或缺的概念。结构侧重于微观层面，关注岩石内部矿物颗粒的细节特征，如结晶程度、颗粒大小等，提供岩石成因和形成环境的信息；而构造则侧重于宏观层面，研究岩石整体的形态特征，对于理解地壳运动、板块构造、地质历史等具有重要意义。

三、综合命名法

对于一些复杂的岩浆岩，还可以采用综合命名法，即结合其颜色、矿物成分、结构和构造特征等进行命名。例如肉红色粗粒黑云母花岗岩，描述了岩石的颜色（肉红色）、结构（粗粒）、矿物成分（暗色矿物以黑云母为主）等特征。灰色中粒含橄榄石辉长岩，描述了岩石的颜色（灰色）、结构（中粒）、矿物成分（主要矿物为辉石和斜长石，次要矿物为橄榄石）等特征。紫红色斑状杏仁状安山岩，描述了岩石的颜色（紫红色）、结构（斑状）、矿物成分（安山岩主要矿物成分为斜长石、辉石等，此处命名中简化了具体矿物比例，以岩石类型代表其主要矿物组合）、构造（杏仁状）等特征。

问题四 如何鉴别岩浆岩？

常见岩浆岩肉眼鉴定特征见表2-2，在进行岩浆岩的肉眼鉴定时，首先需观察新鲜岩石的整体颜色，并大致估计其中暗色矿物的体积百分比，以此来确定岩浆岩的化学类别。接着，要细致观察岩石的结构和构造特征，从而确定其成因类别。最后，根据岩石中的矿物成分，准确判定岩石的具体名称。

在观察颜色时，应将岩石置于适当距离，以观察其大致（平均）颜色；而在鉴定矿物成分时，只需关注显晶质或斑状结构中的斑晶成分即可。根据矿物成分在岩石中的相对含量及其在鉴定中的作用，将其分为主要矿物、次要矿物和副矿物三类。主要矿物是指岩石中含量较多（一般超过10%），并对岩石大类命名起决定性作用的矿物；次要矿物在岩石中含量较少（一般在1%～10%），虽对岩石大类的划分不起决定性作用，但其存在是岩石进一步定名的依据；副矿物则是指岩石中含量极少（通常小于1%），对岩石定名不起作用的矿物，如磷灰石、磁铁矿、独居石等。

案例解析

案例一：有一岩石标本，其鉴定过程如下：岩石颜色较浅，呈浅灰白色，据此判断应为酸性或中性岩。岩石结构为粗粒全晶质结构，且具有块状构造，因此推测其为深成岩。矿物成分以石英和正长石为主，斜长石次之，暗色矿物为黑云母，且含量超过5%。根据岩石中石英含量丰富，正长石多于斜长石的特点，对照相关表格，推测该岩石为花岗岩。又因暗色矿物黑云母的含量超过5%，故最终定名为黑云母花岗岩。

案例二：有一岩石标本，其鉴定如下：岩石颜色偏深，呈暗绿色，暗示其可能为基性或超基性岩。岩石为隐晶质细粒结构，且具有块状构造，因此推测其为浅成岩。矿物成分以斜长石为主，辉石和橄榄石次之，暗色矿物含量较高，超过15%。根据岩石中斜长石含量丰富，且辉石和橄榄石显著存在的特点，对照相关表格，初步判断该岩石可能为辉绿岩。又因暗色矿物含量较高，且辉石较为突出，故最终可定名为辉石辉绿岩。

常见岩浆岩肉眼鉴定特征　　　　　　　　表 2-2

岩石类型			酸性岩	中性岩			基性岩	超基性岩
SiO$_2$ 含量/%			>65	53～65			45～53	<45
颜色			浅色（浅红、浅灰、灰绿等）				深色（深灰、黑色、暗绿等）	
主要矿物成分			正长石 石英	正长石		斜长石 角闪石	斜长石 辉石	辉石 橄榄石
次要矿物成分			云母 角闪石	角闪石 黑云母		辉石 黑云母	角闪石 橄榄石	角闪石
喷出岩	流纹状、气孔状、杏仁状构造	玻璃质结构	玻璃质火山岩（浮岩、黑暗岩等）					
		隐晶质细粒结构、斑状结构	流纹岩	粗面岩		安山岩	玄武岩	科马提岩、苦橄岩（少见）
浅成岩	块状构造、少数气孔构造	显晶质或隐晶质细粒结构、斑状结构	花岗斑岩	正长斑岩		闪长玢岩	辉绿岩	金伯利岩（少见）
深成岩	块状构造	全晶质等粒结构、似斑状结构	花岗岩	正长岩		闪长岩	辉长岩	橄榄岩

知识链接

为何天然钻石价值不菲？

天然钻石价值不菲，其中一个重要原因是其来源稀有。金伯利岩是一种非常少见的浅成超基性岩，它是最重要的产钻石的火成岩之一。钻石在地球深处形成后，往往通过火山喷发等地质活动被带到地表。

问题五 常见的岩浆岩有哪些？

一、花岗岩—流纹岩类

（一）流纹岩

流纹岩是酸性喷出岩，呈岩流状产出，颜色一般较浅，如灰、灰白、浅红、浅黄褐等。它具有流纹构造和斑状结构，细小的斑晶由长石和石英等矿物组成，石基则由隐晶质和玻璃质的矿物组成。流纹岩坚硬且强度高，可作为良好的建筑材料，但作为建筑物地基时，需特别注意下伏岩层和接触带的性质。

（二）花岗斑岩

花岗斑岩的成分与花岗岩相同，但为酸性浅成岩。它具有斑状结构，斑晶由长石、石英组成，石基则由细小的长石、石英及其他矿物构成，呈块状构造。当斑晶以石英为主时，称为石英斑岩。

（三）花岗岩

花岗岩作为一种酸性深成岩，分布极为广泛。其颜色常为肉红色或灰白色，具有全晶质细粒、中粒或粗粒结构以及块状构造。花岗岩中石英含量丰富（体积约占 30%），正长石多于斜长石，暗色矿物以黑云母为主，并含有少量角闪石（总计不超过 10%）。花岗岩常呈巨大的岩基或岩株产出，其性质均一、坚硬，岩块抗压强度可达 120～200MPa，是理想的建筑物地基和天然建筑材料。然而，花岗岩也易风化，风化深度可达 50～100m。

■ 案例解析

黄山花岗岩之谜：侵入岩与火山岩的辨析

黄山以奇松、怪石、云海、温泉闻名，其主体由花岗岩构成。大约在 1.2 亿年前的白垩纪，黄山地区地下岩浆涌动，于地下 7～8km 深处冷却凝结，形成了庞大的花岗岩体。专家在黄山光明顶进行地质考察时，发现有导游误将光明顶描述为火山岩，实则大谬不然。火山岩是岩浆喷出地表，经火山爆发而形成的，被称为喷出岩；而黄山的花岗岩则是岩浆在尚未抵达地表之前，已在地下凝结固化，属于典型的侵入岩。

二、正长岩—粗面岩类

（一）正长岩

正长岩多为微红色、浅黄或灰白色，具有中粒、等粒结构和块状构造。其主要矿物成分为正长石，其次为黑云母、角闪石等，有时含少量斜长石和辉石，石英含量极少。正长岩的物理力学性质与花岗岩相似，但硬度稍逊，且易风化，常呈岩株产出。

（二）粗面岩

粗面岩呈浅红、浅褐黄或浅灰等色，具有斑状结构。斑晶为正长石，石英含量极少。石基很细，为隐晶质，具有细小孔隙，表面粗糙。若岩石中含有石英斑晶，则称为石英粗面岩。

三、闪长岩—安山岩类

（一）闪长岩

闪长岩是中性深成岩体，颜色从浅灰到深灰色不等，有时也呈黑灰色。其主要矿物成分为斜长石、角闪石，其次为辉石、云母等，暗色矿物在岩石中占 35%。当闪长岩含石英时，称为石英闪长岩。它常呈细粒的等粒状结构，分布广泛，多为小型侵入体产出。闪长岩质地坚硬，不易风化，岩块抗压强度可达 130～200MPa，是各种建筑物的理想地基和建筑材料。

（二）安山岩

安山岩为中性喷出岩，矿物成分与闪长岩相当。它常呈深灰、黄绿、紫红等色，具有斑状结构。斑晶以斜长石和角闪石为主，有时为黑云母，无石英斑晶。基质为隐晶质或玻璃质，呈块状构造，有时具有杏仁状构造。安山岩常以熔岩流产出。

四、辉长岩—玄武岩类

（一）辉长岩

辉长岩为基性深成岩体，多呈黑色或灰黑色。其主要矿物成分为斜长石、辉石，也含有少量黑云母、角闪石。辉长岩具有中粒或粗粒结构，块状构造，常呈岩盘或岩基产出。岩石坚硬，抗风化能力强，具有很高的强度，岩块抗压强度可达 200～250MPa。

（二）辉绿岩

辉绿岩多为暗绿色、黑绿色或暗紫色。其矿物成分与辉长岩相当，常含一些次生矿物，如方解石、绿泥石、绿帘石及蛇纹石等。辉绿岩为隐晶质致密结构，常具有杏仁状构造，多呈岩床或岩脉产出。辉绿岩具有良好的物理力学性质，抗压强度也很高。但因其节理发育程度较高，易风化破碎，导致强度大幅降低。

（三）玄武岩

玄武岩是岩浆岩中分布广泛的基性喷出岩，呈黑色、褐色或深灰色。其主要矿物成分与辉长岩相同，但常含有橄榄石颗粒。玄武岩呈隐晶质细粒或斑状结构，具有气孔状构造。当气孔中被方解石、绿泥石等充填时，即构成杏仁状构造。玄武岩岩石致密、坚硬、性脆，岩块抗压强度为 200～290MPa。它具有抗磨损、耐酸性强的特点。

五、橄榄岩类

橄榄岩为超基性深成岩体，多呈墨绿色或黑色。其主要矿物成分为橄榄石和辉石，有时也含有少量的斜长石、角闪石等。橄榄岩具有中粒或粗粒结构，块状构造，常呈岩株或岩墙产出。岩石质地坚硬，但抗风化能力相对较弱，尤其是在富含水分和二氧化碳的环境中更易风化。

六、火山碎屑岩类

在火山活动时，除溢出熔岩流形成各类喷出岩外，还会喷出大量的火山弹、火山砾、火山砂及火山灰等碎屑物质。这些物质堆积在火山口周围，固结成各种成分复杂的火山碎屑岩，如火山凝灰岩、火山角砾岩、火山集块岩等。其中，火山凝灰岩最常见且分布最广泛。火山凝灰岩具有火山碎屑结构和块状构造，一般由粒径小于 2mm 的火山灰和碎屑堆积而成。碎屑物质由岩屑、晶屑、玻璃质碎屑等组成，胶结物则由火山灰等物质组成。火山凝灰岩孔隙率大、容重小、易风化。风化后会形成斑脱土，其抗压强度一般为 8～75MPa。由于火山凝灰岩含有的玻璃质矿物较多，因此常用作水泥原料。

🔍 知识拓展

中国三大火山奇观

长白山天池火山锥体的基底主要由花岗岩构成。长白山天池火山在历史上经历了多次喷发，喷出的岩浆在地表冷却凝固，形成了各种火山岩。长白山天池是一个典型的火山口湖，即湖水积聚在火山喷发后形成的火山口内。长白山天池不仅是我国最大的火山口湖，还是松花江、图们江和鸭绿江的三江发源地，具有重要的地理和生态意义。

五大连池，坐落于黑龙江省，该地区遍布火山岩，其中包括玄武岩、安山岩等多种类型。这里拥有世界上保存最为完整的火山地质地貌，因此被誉为"天然火山博物馆"和"打开的火山教科书"。值得注意的是，尽管五大连池以火山岩闻名，但其深部可能还潜藏着岩浆侵入体，这些侵入体是深部岩浆冷却结晶而形成的深成侵入岩，只是在地表并未直接显露。

腾冲火山群则以其独特的火山构造著称，如火山口、火山锥、熔岩台地等，这些构造均是岩浆喷出地表后冷却凝固的产物。此外，腾冲火山群地区地热资源丰富，展现了岩浆活动与地热现象的紧密关联。

工程地质技能训练营——岩浆岩鉴别

一、实训目的

对岩浆岩标本进行肉眼鉴定，根据矿物成分、结构和构造来认识各种主要的岩浆岩，牢记主要岩浆岩的鉴定特征。

二、实训内容

1. 岩浆岩颜色特点的认识。
2. 岩浆岩矿物成分的鉴别。
3. 岩浆岩结构和构造的鉴别。
4. 岩浆岩命名。

三、实训工具与材料

各类岩浆岩标本（如花岗岩、玄武岩、安山岩、流纹岩等）、放大镜、手电筒、小刀等鉴别工具、岩浆岩鉴定记录表。

四、实训步骤

1. 观察与记录岩浆岩特征：依次取出标本盒中的岩浆岩标本，使用放大镜仔细观察每块岩浆岩的矿物成分，记录其主要矿物及其含量。观察岩浆岩的结构和构造，注意其结晶程度、晶粒大小及晶粒间组合方式，同时记录构造特点。留意岩浆岩的颜色特点，并准确记录其颜色。

2. 鉴定岩浆岩类型：根据观察结果，结合岩浆岩的鉴别知识，对每块标本进行初步鉴定，确定其具体的岩石类型。将鉴定结果详细记录在岩浆岩鉴定记录表中，包括岩石名称、矿物成分、结构和构造、颜色等全面特征。

3. 对比与分析：对比不同岩浆岩的鉴定特征，分析它们之间的相似性和差异性，以加深对岩浆岩整体的认识和理解。通过对比，进一步巩固岩浆岩鉴别的技巧和方法。

五、注意事项

实训过程中要注意参照教材中表 2-2 常见岩浆岩肉眼鉴定特征，对所列岩石按照行和列进行对比。同一行的岩石，其结构、构造通常相似，而矿物成分存在差异；同一列的岩石，其矿物成分相同或相似，但结构、构造不同。使用鉴别工具时要小心谨慎，避免损坏标本或伤到自己。

六、岩浆岩鉴定记录表

标本号	主要鉴定特征					岩石名称
	颜色	主要矿物成分	结构	构造	其他	
1						
2						
3						
4						
5						
6						
7						
8						
9						
10						

班级：_____ 姓名：_____ 学号：_____ 成绩：_____ 评阅教师：_____

任务三　沉积岩

任务精讲（微课）
2-4-1 沉积岩-上

问题一 沉积岩是如何形成的？

　　沉积岩是地表或接近地表的岩石遭受风化剥蚀破坏后，其产物经搬运、沉积和固结作用而形成的岩石。早期人们发现的沉积现象大多源于河流、湖泊或海洋中，这是因为沉积岩的形成过程与水的搬运、沉积及固结作用密切相关，因此沉积岩也被称为水成岩。

任务精讲（微课）
2-4-2 沉积岩-下

　　据统计，沉积岩在地壳总体积中所占比例不大，仅占 5%（岩浆岩和变质岩占 95%），但它们在地表分布却极为广泛，约占地表面积的 75%，是地表岩石覆盖的重要组成部分。沉积岩的形成过程是一个长期而复杂的外力地质作用过程，一般分为以下四个阶段：

一、风化剥蚀阶段

　　地表或接近地表的坚硬岩石，在长期与大气、水及生物等外界因素接触的过程中，遭受自然界的风化和剥蚀作用，逐渐变得破碎，形成大小不一的松散物质。这一过程中，岩石的物质成分和化学成分也可能发生改变，最终形成一种新的风化产物。

二、搬运阶段

岩石经风化、剥蚀后的产物，除一部分残积在原地外，大多数破碎物质在流水、风、冰川、海水和重力等作用下，被搬运到其他地方。在搬运过程中，具有棱角的碎物不断磨蚀，颗粒逐渐变细磨圆，不稳定的成分继续淘汰，稳定成分的比例不断增加。

三、沉积阶段

当搬运介质（如水、风）的速度减慢时，携带的物质逐渐沉积下来。沉积作用一般可分为机械沉积、化学沉积和生物沉积。沉积物具有明显的分选性，因此在同一地区常沉积着直径大小相近似的颗粒。例如，河流由山区流向平原时，随着河床坡度的减小，水流速度不断减慢，上游沉积颗粒粗，下游沉积颗粒细，海洋中沉积的颗粒更细。

四、固结成岩阶段

最初沉积的松散物质被后继沉积物所覆盖，进入与原介质隔绝的新环境。在上覆岩层的压力和胶结物质（如胶体颗粒、硅质、钙质、铁质等）的作用下，沉积物逐渐压密，孔隙减小，经脱水固结或重结晶作用形成较坚硬的岩层。固结成岩作用主要有三种：

（一）固结脱水

沉积物在压实过程中，由于上覆沉积物的压力作用，使沉积物中的水分逐渐被排出，导致沉积物体积缩小、密度增加，它是沉积物固结成岩的初步阶段，它使得沉积物颗粒之间的接触更加紧密，为后续的胶结作用提供了基础。

（二）胶结作用

在沉积物中，颗粒之间往往存在着大小不一的孔隙，这些孔隙可以被其他矿物质所填充，形成所谓的胶结物，胶结作用在沉积物向岩石转变的过程中起着至关重要的作用。通过胶结作用，原本松散的沉积物颗粒被紧密地粘结在一起，形成了具有一定强度和稳定性的岩石。

常见的胶结物主要有以下几种类型，它们在岩石的形成和性质上扮演着重要角色：

1. 硅质：胶结物主要由二氧化硅构成，常见于砂岩、砾岩等沉积岩中。其形成与地下水中的硅酸溶解、沉淀作用紧密相关。硅质胶结物的存在显著提高了岩石的硬度和抗风化能力。

2. 铁质：胶结物则主要含有铁的氧化物或氢氧化物，如赤铁矿、针铁矿，常出现在富含铁质的沉积环境中，如红色砂岩、铁质结核。它不仅增强了岩石的强度，还赋予了岩石特定的颜色和风化特性。

3. 钙质：胶结物主要由碳酸钙组成，是石灰岩、白云岩等碳酸盐岩中的常见成分。其形成与海洋生物遗骸的钙化作用及地下水中的碳酸盐沉淀作用密切相关。钙质胶结物的存在使岩石具有良好的抗压强度和耐久性。

4. 泥质：胶结物主要由黏土矿物如蒙脱石、伊利石等组成，常出现在细粒沉积物如泥岩、页岩中。泥质胶结物降低了岩石的孔隙度和渗透性，但同时也增强了岩石的塑性和韧性。

（三）重结晶作用

沉积物中的矿物成分在高温高压条件下发生晶格变形和重新排列，形成新的结晶。重结晶作用可以使矿物颗粒变得更加规则，形成更大的晶体，从而使岩石的结构变得更加紧密，提高其强度。

问题二 沉积岩如何分类？

一、沉积岩的结构

沉积岩的结构是指组成岩石的物质颗粒大小、形状及其组合关系，它是从微观角度来描述岩石的重要特征。沉积岩的结构不仅反映了岩石的形成过程和沉积环境，还直接影响着岩石的物理、化学和力学性质。沉积岩的结构主要有以下四种类型：

（一）碎屑结构

碎屑结构是指沉积岩中的颗粒是机械沉积的碎屑物，这些碎屑物主要来源于母岩的风化产物。颗粒粒度从粗到细不等，可以是砾石、砂粒、粉砂等，因此碎屑结构可细分为：

1. 砾状结构：当碎屑颗粒主要为砾石（粒径大于2mm）时，称为砾状结构。砾石可以是圆形的、次圆形的或角状的，这取决于其搬运和磨圆的程度。

2. 砂状结构：当碎屑颗粒主要为砂粒（粒径在0.05～2mm）时，称为砂状结构。砂粒的磨圆度和分选性（颗粒大小的均匀性）可以反映沉积环境的水动力条件。

3. 粉砂状结构：当碎屑颗粒主要为粉砂（粒径小于0.05mm）时，称为粉砂状结构。粉砂颗粒细小，通常具有较好的分选性和较差的磨圆度。

碎屑岩的胶结类型如图2-7所示，主要包括基底胶结、孔隙胶结和接触胶结三种基本类型。

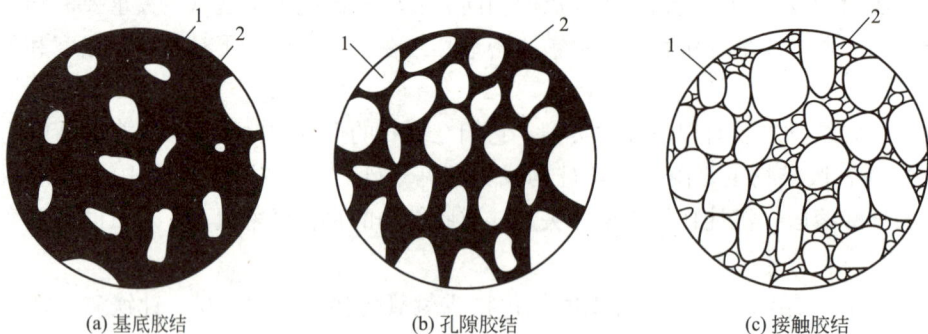

| (a) 基底胶结 | (b) 孔隙胶结 | (c) 接触胶结 |

图 2-7 碎屑岩的胶结类型
1—碎屑颗粒；2—胶结物

1. **基底胶结**：颗粒均匀地分散在胶结物之中，胶结物含量较多，颗粒之间不直接接触，而是被胶结物所包围。基底胶结的岩石通常具有较高的强度和耐久性，因为胶结物将颗粒紧密地连接在一起，形成了坚固的岩石框架。

2. **孔隙胶结**：颗粒之间留有孔隙，胶结物填充在这些孔隙中，将颗粒连接在一起。孔隙胶结的岩石强度和耐久性取决于胶结物的性质和填充程度。如果胶结物坚固且填充充分，岩石将具有较高的强度；否则，岩石可能较为松散，强度较低。

3. 接触胶结：颗粒之间仅在接触点处被胶结物连接，孔隙较大，胶结物含量相对较少。接触胶结的岩石强度相对较低，因为颗粒之间的连接不够紧密，容易受到外力作用而破碎。

（二）黏土结构

黏土结构是指沉积岩中的颗粒非常细小，主要由黏土矿物组成。颗粒粒度通常小于 0.005mm；黏土矿物之间结合紧密，形成致密均一的岩石结构。常具有薄层理构造，这是黏土沉积物在沉积过程中由于水动力条件的变化或沉积速率的差异而形成的。

（三）化学结晶结构

化学结晶结构是指沉积岩中的矿物晶体是通过化学沉淀作用在原地形成的。矿物晶体的大小、形态和相对位置在沉淀时就已经确定。常见的化学岩如石灰岩、白云岩等就是由方解石、白云石等矿物晶体组成。这些矿物晶体在沉积过程中逐渐生长并相互连接，形成致密的岩石结构。

（四）生物结构

生物结构是指沉积岩中的结构主要由生物遗骸或生物活动形成的。具有独特的生物遗骸结构或生物活动形成的孔道、纹层等。成分复杂，可能含有化学沉淀物或黏土矿物等。这些成分在沉积过程中相互作用，共同构成了生物岩的独特结构。

二、沉积岩的分类

沉积岩的结构特征是划分其类型的关键依据，这些特征不仅揭示了岩石的形成历程和沉积环境，还深刻影响着岩石的物理、化学和力学特性。从微观视角观察，沉积岩的结构由物质颗粒的大小、形状及其组合方式所决定。基于这些结构特征，沉积岩可被细分为以下四大类：碎屑岩、黏土岩、化学岩和生物岩。沉积岩分类简表见表2-3。

（一）碎屑岩

碎屑岩主要由机械沉积的碎屑物质构成，具有碎屑结构。根据颗粒粒度的大小，碎屑岩可进一步细分为：

1. 砾岩：其碎屑颗粒主要为砾石，粒径大于2mm。根据颗粒外形，砾岩又可分为圆砾岩（颗粒较圆滑）和角砾岩（颗粒具棱角）。

2. 砂岩：碎屑颗粒为砂粒，粒径介于0.05～2mm。根据砂粒的大小，砂岩可细分为粗粒砂岩、中粒砂岩和细粒砂岩。

3. 粉砂岩：碎屑颗粒为粉砂，粒径小于0.05mm，具有细腻的质地。

（二）黏土岩

黏土岩主要由黏土矿物组成，具有黏土结构，颗粒极细，通常小于0.005mm。黏土岩如泥岩、页岩等，因其颗粒细小，常具有良好的塑性和密封性。

（三）化学岩

化学岩中的矿物晶体是通过化学沉淀作用在原地形成的，具有化学结晶结构。这些矿物晶体在沉积过程中逐渐生长并相互连接，形成了致密的岩石结构。常见的化学岩包括：

1. 石灰岩：主要由方解石矿物晶体组成，常含有化石，是喀斯特地貌的主要构成岩石。

2. 白云岩：由白云石矿物晶体组成，质地较石灰岩更为坚硬，耐风化。

（四）生物岩

生物岩的结构主要由生物遗骸或生物活动所形成。生物在生长、死亡和分解过程中，其遗骸或活动遗迹在沉积环境中被保存下来，经过长时间的压实和胶结作用，形成了独特的生物岩结构。生物岩常具有孔道、纹层等特征，成分复杂多样。

珊瑚礁岩是生物岩的典型代表。珊瑚虫等生物在生长过程中会分泌钙质骨骼，这些骨骼在沉积过程中逐渐堆积并胶结形成珊瑚礁岩，具有多孔结构。叠层石也是生物岩的一种，由藻类细胞分泌黏液粘结质点（如泥沙、碳酸盐等）层层叠加而形成，具有层状结构。

沉积岩分类简表　　　　　　　　　　　　　　　表 2-3

类型	代表性岩石名称	结构	主要成分	其他显著特征
碎屑岩	砾岩	砾状	砾石（粒径>2mm，多为较坚硬岩石碎屑）	颗粒较大，可含圆砾或角砾，分选性和磨圆度各异
	角砾岩	角砾状	角砾（粒径>2mm，具棱角）	颗粒具明显棱角，分选性差
	砂岩	砂状	砂粒（0.05~2mm，多为石英、长石、白云母及部分岩石碎屑）	颗粒较均匀，可细分为粗、中、细粒砂岩
	粉砂岩	粉砂状	粉砂（粒径<0.05mm，多为石英，其次为长石、白云母，岩石碎屑很少）	颗粒极细，质地细腻
黏土岩	泥岩	泥质	黏土矿物（如高岭石、蒙脱石等）	颗粒极细，塑性好，易吸水膨胀
	页岩	页片状	黏土矿物（如伊利石等）	具有页片状结构，易裂成薄片
化学岩	石灰岩	结晶粒状	方解石	常含有化石，遇稀盐酸反应剧烈冒泡，具有结晶粒状结构
	白云岩	结晶粒状	白云石	质地较石灰岩坚硬，耐风化，遇稀盐酸反应较弱，具有结晶粒状结构
	泥云岩	泥质-粒状	白云石、黏土矿物混合	具有泥质和粒状结构的混合特征，质地较软
	泥灰岩	泥质-粒状	方解石、黏土矿物混合	具有泥质和粒状结构的混合特征，可含有化石
生物岩	珊瑚礁岩	多孔状	钙质骨骼（珊瑚虫分泌）	由珊瑚虫等生物钙质骨骼堆积形成，具有多孔结构
	叠层石	层状	藻类黏液粘结质点（如碳酸盐等）	由藻类细胞分泌黏液粘结质点层层叠加而形成，具层状结构

问题三 沉积岩有哪些构造特征？

沉积岩的构造指的是其各组成部分在空间上的分布以及它们之间的相互排列方式所呈

现出的宏观特征。在基本稳定的地质环境条件下，沉积物连续不断地沉积形成一个个单元岩层（如图 2-8 所示每两条虚线之间的均匀岩体即为一个单元岩层）。层面是沉积岩中两个相邻岩层的分界面（如图 2-8 中的虚线所示），它可以是平面，但更多情况下是曲面。常见的沉积岩构造包括层理构造、层面构造、生物构造和结核构造。

图 2-8 沉积岩单元岩层和层面

一、层理构造

层理构造是沉积岩中一种显著的特征，它因季节更迭、沉积环境的变迁，导致先后沉积的物质在颗粒大小、颜色和成分上发生相应变化，从而呈现出清晰的成层现象。在岩石剖面上，层理沿垂直方向变化，形成一条条清晰可见的层状纹理。常见的层理构造类型包括水平层理、斜层理和交错层理。

（一）水平层理

水平层理是在稳定水动力条件下形成的沉积成层构造，其纹层呈直线状且相互平行，同时这些纹层与沉积层面也保持平行。这种层理常见于细粒粉砂和泥质物中，尤其出现在低能、相对安静的水域环境，如深海、湖泊深水区、封闭海湾、沼泽以及牛轭湖等。水平层理的出现通常意味着沉积时水动力条件较弱，环境相对宁静，是沉积环境稳定的重要标志。

（二）斜层理

岩层中的细微层呈直线或曲线与层面斜交，称为斜层理。这种层理常发育在水流或气流作用较强的沉积环境中，如三角洲、沙丘以及冲刷和充填构造中。斜层理的倾斜方向能够指示水流或气流的方向，因此成为研究古水流方向和沉积环境变迁的重要依据。

（三）交错层理

交错层理由一系列斜交于层系界面的纹层组成，这些斜层系可以彼此重叠、交错、切割，形成复杂而有序的层理结构。这种层理广泛存在于各种沉积环境中，尤其在河流、三角洲、海滩等水动力条件较强的区域更为常见。通过对交错层理的观察和分析，可以推断出岩层的产状、倾向和倾角等信息，为地质勘探和工程设计提供有力支持。

常见的层理构造如图 2-9 所示。

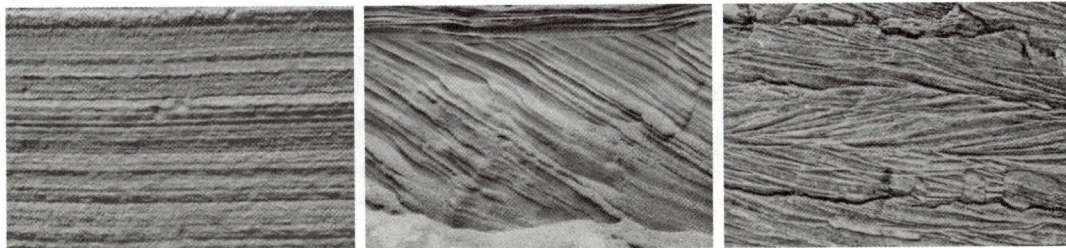

(a) 水平层理　　　　　　　　(b) 斜层理　　　　　　　　(c) 交错层理

图 2-9 常见的层理构造

案例解析

页岩的特殊层理——页理构造解析

在黏土岩中，有一种呈块状的岩石被称为泥岩，而另一种具有特殊层理构造的岩石则被称为页岩，如图 2-10 所示。页理是层理的一种特殊形式，它特指薄层状沉积岩中那种像书页一样层层叠加的层理构造，因此得名。总的来说，层理是一个更广泛的概念，它涵盖了所有呈层状的沉积岩；而页理则是页岩所特有的一种层理构造，具有独特的形态和特征。

图 2-10　页岩

知识拓展

是否所有"成层"的岩石都具有层理构造？

需要注意的是，并非所有"成层"的岩石都具备层理构造。实际上，仅有沉积岩才具有真正的层理。对于其他种类的岩石，如图 2-11 中所示的花岗岩，即使其外观呈现出"成层"的形态，这种形态也不能被称为层理。

图 2-11　层状的花岗岩

二、层面构造

层面构造，是指岩层层面上由于水流冲刷、风力作用、生物活动以及阳光暴晒等自然力量的综合作用而遗留的种种痕迹。这些痕迹，如同大自然在岩层表面精心雕琢的印记，不仅记录了岩层形成的漫长过程，更为我们提供了判断岩层原始沉积顺序、揭示地壳演变历史的宝贵线索。

（一）波痕

波痕，是河流或波浪等介质在沙质沉积物表面运动时所形成的一种波状起伏现象，宛如水面上荡漾的波纹。当介质定向运动时，波痕呈现不对称形态，迎流坡较为平缓，而顺流坡则相对陡峭；若介质作来回往复运动，则波痕两坡坡角基本相等，形成对称之美。观察波痕时，若波峰明显而波谷宽缓，那么波峰所在一侧即为岩层的顶面，波谷所在侧则为底面。波痕如图 2-12 所示。

（二）泥裂

泥裂，是未固结的沉积物在露出水面后，因暴晒而干涸收缩所产生的裂缝。这种裂缝在黏土岩和碳酸盐岩中尤为常见。在平面上，泥裂发育成不规则的多边形，将岩石切割成多角形状。泥裂在横剖面上常呈 V 形或 U 形，其尖端总是指向岩层的底面。因此，通过观察泥裂的尖端方向，可以判断岩层的顶面和底面。泥裂如图 2-13 所示。

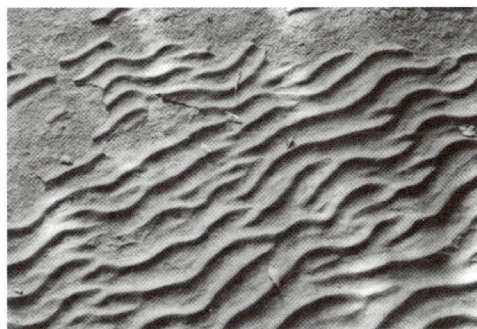

图 2-12　波痕

图 2-13　泥裂

（三）雨痕

雨痕，是雨滴落在未固结的沉积物表面时所留下的痕迹。这些痕迹或深或浅，或密或疏，记录了降雨时的点滴瞬间。雨痕的存在，不仅增添了岩层的自然美感，也为我们提供了关于古气候和沉积环境的重要信息。雨痕如图 2-14 所示。

（四）槽模

槽模，是泥质沉积物在底流冲刷作用下所形成的一种凸起构造。其圆形凸起一端逆（迎）向水流方向，宛如水流在沉积物表面刻下的独特印记。槽模的出现，往往与特定的水流条件和沉积环境密切相关，因此成为我们研究沉积相和古水流方向的重要依据。槽模如图 2-15 所示。

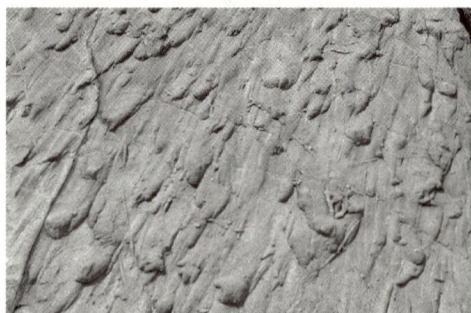

图 2-14　雨痕　　　　　　　　　　　　　　　图 2-15　槽模

（五）鸟、虫足迹

鸟、虫足迹，是生物在沉积物表面活动时所留下的痕迹。这些足迹或清晰可辨，或隐约可见，记录了古代生物的活动轨迹和生存环境。鸟、虫足迹的存在，不仅为岩层增添了一抹生机与活力，也为我们提供了关于古生物群落和生态环境的宝贵信息。如珊瑚、腕足类等底栖生物，常以当初的生长状态被掩埋。它们的基部总是指向岩层的底面。由某些藻类形成的叠层石，具有向上穹起的叠积纹层构造，这些穹状纹层的凸出方向，往往指向岩层的顶面。

三、生物构造

生物构造是指沉积过程中被埋藏、固结成岩而保留下来的生物遗体、生物活动痕迹和生态特征等。这些构造是沉积岩中独特的记录，反映了古代生物的存在和活动状态，是其在构造上区别于岩浆岩的重要特征。

化石是经岩化作用保存在沉积岩中的生物遗骸或遗迹。它们是生物历史的直接证据，对于研究生物演化、古地理环境和地层年代具有重要意义。在碎屑岩中，由于碎屑之间的摩擦以及空隙中的细菌腐蚀，生物尸体容易遭受破坏，因此完好化石较少见。而在细粒沉积岩（如泥岩、页岩等）中，化石保存条件较好。

四、结核构造

结核构造是沉积岩中的一种特殊构造，指的是沉积岩中存在的某些小规模矿物集合体团块。这些团块的成分、结构、构造及颜色等与围岩存在显著差异，从而形成独特的结核体。钙质结核和燧石结核（硅质岩石）如图 2-16 所示。结核主要有以下几种类型：

1. 钙质结核：常见于黄土层中。其成因是地下水溶解土壤或岩石中的 $CaCO_3$（碳酸钙），当水分蒸发或环境条件发生改变时，$CaCO_3$ 再沉积而形成结核。

2. 燧石结核：多见于石灰岩中。其成因是在沉积物沉积的同时，SiO_2（二氧化硅）以胶体形式凝聚并沉积，逐渐形成坚硬的燧石结核，这种结核具有独特的外观。

3. 其他类型结核：如结核石、黄铁矿团块结核、磷质结核等，也是沉积岩中常见的结核类型。结核石可能由多种矿物组成，结构和成分相对复杂。黄铁矿团块结核则是由黄

图 2-16 钙质结核和燧石结核（硅质岩石）

铁矿（一种含硫的铁矿物）聚集形成的。磷质结核富含磷元素，其形成可能与古代生物活动或特定的沉积环境有关。

问题四 **哪几种沉积岩在工程建设中扮演着重要角色？**

在各类沉积岩中，页岩、砂岩和石灰岩是分布最广、最为常见的三种，约占全部沉积岩总量的 90%。这三种岩石与工程建设之间有着紧密的联系，在工程领域中扮演着至关重要的角色。

一、页岩

页岩，黏土岩类，主要由黏土矿物构成，具有良好的聚集性和可压缩性、比重小，易于开挖与调配。在工程中，它常被用作路基和填料，得益于其可塑性、脆性及分层性，能有效减少土方开挖量，增强路基稳定性与抗沉降能力，降低路面裂缝与损坏风险。同时，页岩还是制作屋顶瓦片、墙砖等建筑材料的优选，其防水性能优异、耐久性强，在古今建筑中均有广泛应用。

二、砂岩

砂岩，碎屑岩类，由矿物颗粒（以石英和长石为主）组成，质地坚硬耐磨。其自然纹理丰富，色彩多样，在建筑与装饰领域独具审美价值。砂岩不仅用作建筑材料，如外墙、室内墙壁，还常被雕刻成艺术品和雕塑。此外，砂岩具有良好的吸水性和透气性，适合用于路面和人行道铺装，微细孔隙结构有助于排水，减少滑倒风险。其耐火性和热稳定性也使其成为建筑物防火隔墙和耐火材料生产的理想选择。

三、石灰岩

石灰岩，主要由方解石组成，质地坚硬耐磨，色彩纹理丰富。它是水泥生产的重要原料，也可加工成石灰、轻质碳酸钙等化工产品，应用于冶金、环保、农业等领域。经加工处理，石灰岩可制成各种建筑石材，美观耐用。在水利工程中，石灰岩还用于堤坝、水库等建筑物建设，其骨料可增强混凝土强度和稳定性。

知识链接

三大沉积岩地貌奇观

喀斯特地貌（岩溶地貌，如图 2-17 所示）由地下水与地表水对石灰岩等可溶性岩石长期作用形成，以溶洞、石林、地下河等为特征，代表景点有桂林市漓江、云南石林国家地质公园、贵州荔波小七孔。丹霞地貌（图 2-18）由红色砂砾岩经长期地质作用发育而成，以"赤壁丹崖"著称，典型代表有韶关市丹霞山、张掖市丹霞地质公园以及武夷山部分区域。石英砂岩峰林地貌（图 2-19）由石英砂岩在长期侵蚀和切割作用下形成，特点为沟壑幽深、石壁陡峻、奇峰耸立，典型代表有张家界市武陵源以及河南省焦作市云台山石英砂岩峰林。

图 2-17　喀斯特地貌　　　　图 2-18　丹霞地貌　　　　图 2-19　石英砂岩峰林地貌

工程地质技能训练营——沉积岩鉴别

一、实训目的

对沉积岩标本进行肉眼鉴定，认识沉积岩的主要矿物成分和胶结物，了解其结构和构造特征，掌握沉积岩的基本鉴定技巧，并牢记主要沉积岩的鉴定特征。

二、实训内容

1. 沉积岩颜色特点的认识。

2. 沉积岩矿物成分和胶结物的鉴别。

3. 沉积岩结构和构造的鉴别。

三、实训工具与材料

各类沉积岩标本（如砂岩、泥岩、石灰岩、砾岩等），放大镜、手电筒、小刀等鉴别工具，沉积岩鉴定记录表。

四、实训步骤

1. 观察与记录沉积岩特征：依次取出标本盒中的沉积岩标本，分辨并记录沉积岩的颜色，注意颜色的均匀性、深浅；使用放大镜仔细观察每块沉积岩的矿物成分和胶结物，记录其主要矿物及其含量以及胶结物的类型。观察沉积岩的结构特征，注意其颗粒大小、形状、排列方式及分选性等，并准确记录。观察沉积岩的构造特征，如层理、层面构造、结核、化石等，并详细描述其特点。

2. 鉴定沉积岩类型：根据观察结果，结合沉积岩的鉴别知识，对每块标本进行初步鉴定，确定其具体的岩石类型。将鉴定结果详细记录在沉积岩鉴定记录表中，包括岩石名称、颜色、矿物成分和胶结物、结构和构造等全面特征。

3. 对比与分析：对比不同沉积岩的鉴定特征，分析它们之间的相似性和差异性，以加深对沉积岩整体的认识和理解。通过对比，进一步巩固沉积岩鉴别的技巧和方法，提高鉴定准确性。

五、注意事项

实训过程中要注意参照教材表 2-3 中所列的沉积岩特征，对所列岩石进行对比分析。在鉴定沉积岩时，要综合考虑其矿物成分、胶结物、结构和构造、颜色等多个方面，以得出准确的鉴定结果。使用鉴别工具时要小心谨慎，避免损坏标本或伤到自己。

六、沉积岩鉴定记录表

标本号	主要鉴定特征						岩石名称
	颜色	矿物成分	胶结物	结构	构造	其他	
1							
2							
3							
4							
5							
6							
7							
8							
9							
10							

班级：_____ 姓名：_____ 学号：_____ 成绩：_____ 评阅教师：_____

任务四　变质岩

任务精讲（微课）
2-5 变质岩

问题一 变质岩是如何形成的？

变质岩是由于原岩在高温、高压及化学活动性流体的作用下，于固态状态下发生剧烈变化而形成新的岩石类型。这种变化通常发生在 150～800℃ 的温度区间内，低于 150℃ 的过程被视为成岩作用，而温度高于 800℃ 时，许多岩石将开始熔融，转化为岩浆。根据变质作用的地质成因和变质因素，变质作用可划分为以下几种主要类型：

一、接触变质作用

接触变质作用是由于岩浆活动的侵入，岩浆的高温对接触带的围岩产生影响，使其发生重结晶并可能产生新矿物。根据变质过程中侵入体与围岩之间是否存在化学成分的相互交代，接触变质作用可进一步细分为热接触变质作用和接触交代变质作用。

1. 热接触变质作用：当岩浆侵入体（如中性或酸性侵入岩）与围岩接触时，岩浆的高温作用使得接触带附近的岩石发生重结晶。原岩的矿物成分和结构发生显著变化，但化学成分保持相对稳定。例如，石灰岩在高温作用下重结晶形成大理岩，石英砂岩则重结晶形成石英岩。

2. 接触交代变质作用：在火成岩体与富含碳酸盐（如石灰岩、白云岩等）的围岩接触带，岩浆中的热液流体与围岩发生化学反应，导致岩性和化学成分均发生变化，形成矽卡岩。矽卡岩的主要矿物成分为石榴石类、辉石类和其他硅酸盐矿物。这种变质作用不仅涉及矿物的重结晶，还伴随有化学成分的改变，通常形成具有特定矿物组合的变质岩石。

二、动力变质作用

动力变质作用是由于地壳运动产生的定向压力或剪切应力作用，使岩石发生破碎、变形和重结晶，形成具有片理或线理等定向构造的变质岩石。例如糜棱岩、碎裂岩等。岩石的破碎和变形程度与应力的大小和方向密切相关，通常形成在构造活动带或断裂带附近。

三、区域变质作用

区域变质作用是由温度、压力及化学活动性很强的流体等多种因素共同作用引起的一种变质作用。它在大区域范围内发生，范围可达数千平方公里至数万平方公里，影响深度可达 30 公里以上。区域变质作用往往与地壳的演化历史密切相关，是地球内部物质循环和板块构造运动的重要表现形式之一。在区域变质作用过程中，岩石的矿物成分、结构和纹理都会发生显著变化，形成具有特定变质特征的岩石类型。同时，区域变质作用还伴随着元素的迁移和富集过程，对矿产资源的形成和分布具有重要影响。

问题二 变质过程中会产生哪些特征矿物？

在变质过程中，会形成一系列具有特征性的矿物，这些矿物是变质作用的重要产物，也是鉴定变质岩的可靠标志。常见的变质矿物有石榴石、红柱石、滑石、石墨、十字石、蓝晶石和硅线石等。除了这些变质矿物外，变质岩的主要造岩矿物还包括石英、长石、云母、普通角闪石、普通辉石以及方解石和白云石等。此外，绿泥石、绢云母、刚玉、蛇纹石和石墨等矿物也常在变质岩中大量出现，这些矿物的存在同样是变质岩的一个重要鉴定特征。

值得注意的是，这些矿物还具有变质分带的指示作用，例如，绿泥石和绢云母多出现在浅变质带中，蓝晶石则主要存在于中变质带，而硅线石则是典型的深变质带矿物。因此，这类矿物被称为标准变质矿物（图 2-20），它们的出现和分布对于判断变质作用的程度和类型具有重要意义。

问题三 变质岩具有哪些结构和构造？

一、变质岩的结构

变质岩的结构是其重要的特征之一，它反映了岩石在变质作用过程中所经历的变化和形成的条件。变质岩的结构类型多样，其中最为典型的有三大结构：变晶结构、变余结构

(a) 绿泥石　　　　　　　　(b) 蓝晶石　　　　　　　　(c) 硅线石

图 2-20 标准变质矿物

和碎裂结构。

（一）变晶结构

变晶结构是变质岩中最为常见的一种结构。它是在原岩处于固态条件下，岩石中的各种矿物同时发生重结晶作用而形成的结晶结构。由于变晶结构与岩浆岩中的结构在某些方面相似，为了便于区分和准确描述，我们通常在变质岩的结构名称前加上"变晶"二字，如"变晶粒状结构""变晶片状结构"等。这种结构的特点是矿物颗粒的大小、形状和排列方式都经过了一定的调整和变化，形成了新的结晶形态。

（二）变余结构

变余结构是变质程度较低时形成的一种结构。当岩石经历的变质作用不够强烈，重结晶作用不完全时，就会残留原来岩石的一些结构特征。这种结构的特点是，在变质作用过程中，原岩的部分结构得以保留，与新形成的变质结构相互交织，形成了一种复合的结构特征。通过观察变余结构，我们可以了解到岩石在变质作用前的原始状态和经历的变化过程。

（三）碎裂结构

碎裂结构是岩石在受到强烈压力作用时形成的一种结构。在压力作用下，岩石中的矿物会发生弯曲、碎裂，甚至变成碎块或粉末。这些碎块或粉末随后又被粘结在一起，形成了新的岩石结构。碎裂结构的特点是岩石的整体性和连续性被破坏，出现了大量的裂隙和碎块，使得岩石的力学性质和物理性质都发生了显著的变化。这种结构通常出现在构造活动强烈的地区，是变质作用中一种重要的结构类型。

二、变质岩的构造

变质岩的构造是指岩石中矿物颗粒、集合体或层理等要素的排列、组合方式，它是变质岩的重要特征之一。变质岩的构造主要分为两大类：片理状构造和块状构造。

（一）片理状构造

片理状构造是变质岩中常见的类型，主要为区域变质产物。岩石矿物受压力、高温及流体作用，定向排列和生长，形成平行或近于平行的片理面。其特征是岩石具有层状或片状结构，片理面间通常平行，矿物颗粒具有定向性，导致岩石各向异性。根据特点，片理构造可细分为：

1. **板状构造**：极细小的显微片状矿物平行排列，形成平行破裂面，可劈裂成薄板，劈裂面光滑平整，光泽暗淡。

2.**千枚状构造**：片理面具丝绢光泽，带细密皱纹或波纹，由极薄片组成，易劈成薄片状。

3.**片状构造**：大量片状或柱状矿物定向排列形成薄层状，片理薄而清晰，易剥开成不规则薄片，剥开面显示矿物定向排列。

4.**片麻状构造**：粒状、片状和柱状矿物相间排列，形成深色与浅色相间的断续条带。

（二）块状构造

块状构造是变质岩中的一种重要构造类型，其特点在于岩石中的矿物颗粒或集合体没有明显的定向排列，整体呈现出均匀、致密的块状。这种构造类型的变质岩通常是在变质作用相对较弱或均匀的情况下形成的，矿物颗粒在变质过程中未发生明显的定向重结晶或排列。

🔍 知识拓展

变质岩片理构造与沉积岩层理构造的区别

沉积岩的层理构造由沉积过程差异形成层状分布，变质岩的片理构造则由变质作用使矿物定向排列形成，而变质岩的片理构造则是在变质作用下，矿物颗粒发生定向排列和生长所形成的。片理构造通常具有明显的方向性，且片理面之间的矿物颗粒或集合体具有一定的定向性，这与沉积岩的层理构造有着本质的区别。

🔍 知识拓展

岩浆岩与变质岩块状构造的区别

变质岩的块状构造与岩浆岩的块状构造在外观上可能相似，但它们的成因和性质存在根本区别。岩浆岩由岩浆冷却凝固形成，矿物均匀分布；变质岩由变质作用形成，保留原始岩石特征，未达明显片理程度。因此，变质岩的块状构造往往保留了原始岩石的某些特征，而岩浆岩的块状构造则是全新的岩石构造。

问题四 变质岩如何命名及分类？

一、变质岩的命名

按照变质岩的成因可将变质岩分为接触变质岩、区域变质岩和动力变质岩三类。

（一）接触变质岩命名规则

接触变质岩的命名常常与其原生岩石类型紧密相关。例如，当泥岩或页岩经接触变质作用后，可形成角页岩。在接触变质过程中，原生岩石中的矿物成分可能会发生变化，形成新的矿物组合。因此接触变质岩也可以根据其主要的矿物成分来命名，如石英岩等。

有些接触变质岩因其特殊的产地、外观或用途而得名，例如大理岩。

（二）区域变质岩命名规则

区域变质岩首先可以根据其构造特征进行分类命名。例如，具片状构造的岩石称为片岩；具片麻状构造的岩石称为片麻岩；具板状构造的岩石称为板岩等。

在按构造分类的基础上，还可以根据岩石中的主要矿物成分进一步定名。如片岩中含绿泥石较多时，可进一步定名为绿泥石片岩；含云母较多时，可定名为云母片岩；片麻岩中若富含长石和石英，则可称为长石石英片麻岩等。

（三）动力变质岩命名规则

动力变质岩主要根据其岩石结构特征进行分类定名。如具碎裂结构的岩石称为碎裂岩；具糜棱结构的岩石称为糜棱岩等。

在按结构分类的基础上，有时还可以结合岩石的颜色、矿物成分等其他特征进行进一步定名。如绿色糜棱岩、长石碎裂岩等。

二、常见变质岩类型

（一）接触变质岩

接触变质岩是岩石在高温岩浆或热液的作用下，发生变质作用而形成的岩石。这类岩石通常出现在岩浆侵入体附近或热液活动区域，代表性岩石有大理岩和石英岩。

1. 大理岩：经热接触变质作用形成，具粗粒变晶结构和块状构造，因云南大理所产优质石料而得名，又称汉白玉，主要矿物成分为方解石，遇盐酸起泡，具可溶性。

2. 石英岩：经区域或热接触变质作用重结晶而成，具变余或变晶结构，块状构造，石英含量超 85%，岩石坚硬，抗风化能力强。

> ### 知识链接
>
> #### 震撼人世的"绝壁长廊"
>
> 千百年来，郭亮村的村民们仅凭一条险峻的天梯与外界保持联系。1972 年，申明信带领 12 位壮士，历时 6 年，在 120 余米高的石英岩绝壁上开凿出长 1300m 的人工通道（图 2-21）。
>
>
>
> **图 2-21　石英岩"绝壁长廊"**

（二）区域变质岩

按变质和重结晶程度，它们可分为板岩、千枚岩、片岩和片麻岩，变质程度依次加深。这些岩石一个共同的特点是都具有片理构造，这是它们在变质过程中，矿物颗粒定向排列所形成的独特结构特征。

1. 板岩由页岩经浅变质作用而成，具有板状构造和变余结构，矿物颗粒细小致密。

它易裂开成薄板状，可加工成各种尺寸的石板作建筑材料。长期受水作用会形成软弱夹层，但透水性弱，可作隔水层用于矿山和水利防渗。板岩如图2-22所示。

2. 千枚岩由黏土岩经浅变质作用形成，具有千枚状构造和变晶结构，片理薄，矿物颗粒不易鉴别，片理面有强烈丝绢光泽。它质地松软，强度低，易风化剥落。隧道工程中遇千枚岩围岩时，需特别注意支护，以防失稳。千枚岩如图2-23所示。

图2-22 板岩	图2-23 千枚岩

3. 片岩为中、深变质岩，具鳞片状或纤维状变晶结构，重结晶明显，主要由云母、石英等组成，含角闪石等矿物。片理薄易剥开，强度较低，抗风化能力差，但可作为装饰材料。其地质特征可指示锂、铝矿藏。片岩如图2-24所示。

4. 片麻岩为深变质岩，具变晶结构，结晶颗粒粗大，由石英、长石及少量黑云母组成，呈黑白相间带状构造。它强度高、耐磨性好，具有装饰性，可作为建筑材料，也可用于制作纪念碑、雕塑等，还可用于制作磨料、耐火材料等。片麻岩如图2-25所示。

图2-24 片岩　　　　　　　　　　　　图2-25 片麻岩

（三）动力变质岩

动力变质岩是岩石在地壳运动或岩浆活动产生的强烈应力作用下，发生碎裂或塑性变形而形成的岩石。这类岩石通常出现在构造活动带或岩浆活动区域附近，代表性岩石有碎裂岩和糜棱岩。

1. 碎裂岩是由地壳运动或岩浆活动产生的强烈应力作用形成，具碎裂结构，矿物颗粒破碎，强度低，易风化剥落，不宜作建筑材料。

2. 糜棱岩形成于地壳深处的高应力环境，具糜棱结构，矿物颗粒细化成粉末状或纤维状，定向排列，质地坚硬但力学性质各向异性，使用时需注意其各向异性对稳定性的影响。

问题五 三大类岩石如何转化？

沉积岩、岩浆岩和变质岩是构成岩石圈的三大类岩石，它们之间可以相互转化，形成了地球表面的岩石循环。三大类岩石转化关系如图2-26所示。

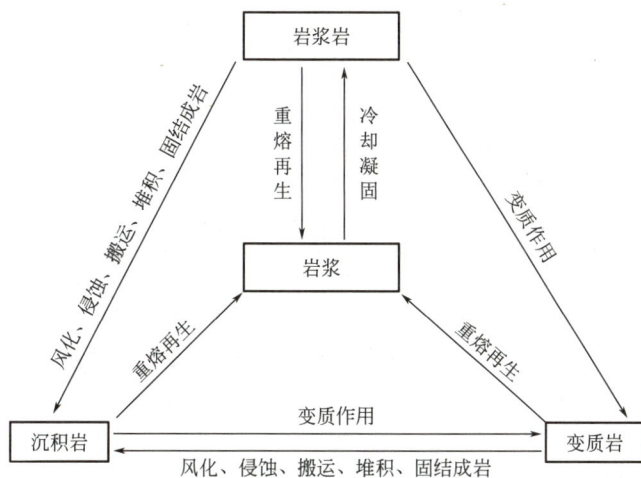

图 2-26　三大类岩石转化关系

1. 沉积岩是风化、生物和火山作用的产物，在水、空气和冰川等外力作用下搬运、沉积并成岩固结形成。沉积岩在地壳深部受高温高压熔融成岩浆岩；在地壳运动、岩浆活动影响下变为变质岩。

2. 岩浆岩由高温熔融岩浆在地表或地下冷凝形成，岩浆来源于地球软流层。出露地表的岩浆岩经风化、侵蚀、搬运、沉积和成岩作用形成沉积岩；在地壳运动、岩浆活动影响下变为变质岩。

3. 变质岩由岩浆岩、沉积岩在地质环境改变（如温度、压力、热液作用）下经变质作用形成。出露地表的变质岩经风化、侵蚀、搬运、沉积和成岩作用形成沉积岩；在地壳深部经高温作用熔为岩浆岩。

工程地质技能训练营——变质岩鉴别

一、实训目的

对变质岩标本进行肉眼鉴定，认识变质岩的主要矿物成分和变质结构、构造特征，掌握变质岩的基本鉴定技巧，并牢记主要变质岩的鉴定特征。

二、实训内容

1. 变质岩颜色及颜色变化特点的认识。

2. 变质岩矿物成分的鉴别。

3. 变质岩结构和构造的鉴别。

三、实训工具与材料

各类变质岩标本（如片麻岩、大理岩、板岩、片岩等）、放大镜、手电筒、小刀等鉴别工具、变质岩鉴定记录表。

四、实训步骤

1. 观察与记录变质岩特征

（1）依次取出标本盒中的变质岩标本，分辨并记录变质岩的颜色，注意颜色的均匀性、深浅及是否有颜色变化带。

（2）使用放大镜仔细观察每块变质岩的矿物成分，记录其主要矿物及其含量，这里注意区分变质岩中的斑晶与岩浆岩中的矿物，变质岩中常见斑晶有石榴石、红柱石、蓝晶石等。

（3）观察变质岩的结构特征，如矿物颗粒的大小、形状、排列方式以及是否有定向排列等现象。

（4）观察变质岩的构造特征，如片理、块状、裂隙等，并详细描述其特点。

2. 鉴定变质岩类型

根据观察结果，结合变质岩的鉴别知识，对每块标本进行初步鉴定，确定其具体的岩石类型。将鉴定结果详细记录在变质岩鉴定记录表中，包括岩石名称、颜色、矿物成分、结构和构造等全面特征。

3. 对比与分析

对比不同变质岩的鉴定特征，分析它们之间的相似性和差异性，以加深对变质岩整体的认识和理解。

五、注意事项

实训过程中要注意参照相关教材或资料中所列的变质岩特征，对所列岩石进行对比分析。在鉴定变质岩时，要综合考虑其矿物成分、结构、构造、颜色等多个方面，以得出准确的鉴定结果。使用鉴别工具时要小心谨慎，避免损坏标本或伤到自己。特别是使用小刀时，要注意力度和角度，以免划伤手指或损坏标本表面。

六、变质岩鉴定记录表

标本号	主要鉴定特征					岩石名称
	颜色	矿物成分	结构	构造	其他	
1						
2						
3						
4						
5						
6						
7						
8						
9						
10						

班级：_____ 姓名：_____ 学号：_____ 成绩：_____ 评阅教师：_____

工程实践

请自行组队，每组选择以下两项任务进行深入研究和实践。通过团队合作，旨在加深对矿物与岩石知识点的理解和掌握，并提升解决实际问题的能力。

题目一：矿物与宝石的区别探析（难度：★★）

矿物是自然界中无机物质的结晶体，而宝石则是其中具有美观、耐久和稀少的特性，能被人们用于装饰或收藏的矿物或矿物集合体。自选几种常见的矿物（如橄榄石、石榴石、石英等）和与之相类似的宝石品种（如翡翠、红玛瑙、钻石等），完成以下任务：

1. 矿物与宝石基本特征观察：通过网络搜索或实物观察，记录所选矿物和宝石的颜色、光泽、透明度、硬度等基本特征。

2. 矿物与宝石区别分析：结合课堂所学或网络资料，分析矿物与宝石在美观性、耐久性和稀少性方面的区别。

3. 应用价值探讨：讨论所选矿物和宝石在工业生产、装饰艺术和科学研究中的应用价值。

提交要求：提交一份报告，包括矿物与宝石的照片、基本特征描述、区别分析及应用价值探讨。报告应简洁明了，通过对比展示矿物与宝石之间的异同点。

题目二：沉积岩古水流方向判别（难度：★★）

沉积岩的层面构造是记录古地理环境的重要信息。上网搜索沉积岩层面构造（波痕）的图片，完成以下任务：

1. 层面构造分析：仔细观察图片，记录波痕的形态、大小、分布等特征。

2. 成因分析：结合课堂所学，分析波痕等层面构造的形成原因。

3. 水流方向判别：根据波痕的形态和分布，判别古水流的方向。

4. 工程意义探讨：讨论层面构造对沉积岩地层稳定性及工程建设的可能影响。

提交要求：提交一份报告，包括搜集的层面构造图片、层面构造特征描述、水流方向判别图、工程意义分析。

题目三：马鞍岭火山口岩浆岩类型判别（难度：★★★）

马鞍岭火山口位于海口市西部的海口石山火山群国家地质公园内，距海口市约15km，园内及附近有距今 2.7 万年至 100 万年间火山爆发所形成的死火山口群，是国内保护最完好的火山口遗址，被专家称为"火山地质博物馆"。请上网搜索并观察马鞍岭火山口的岩浆岩图片，完成以下任务：

1. 颜色与构造分析：仔细观察图片，记录岩浆岩的颜色特征，如是否偏黑、偏灰或带有其他色调。

分析岩浆岩的构造特征，如是否有气孔、流纹、斑晶等。

2. 岩浆岩类型推断：结合课堂所学，根据岩浆岩的颜色和构造特征，推断其属于哪一种岩浆岩（如玄武岩、安山岩、花岗岩等）。

3. 成因分析：讨论该岩浆岩的形成过程，可能涉及的岩浆活动、冷却速度等因素。

4. 工程意义探讨：分析该岩浆岩的物理和化学性质对工程建设的影响，如作为建筑材料的潜力、对地基稳定性的影响等。

提交要求：提交一份报告，包括搜集的岩浆岩图片、颜色和构造特征描述、岩浆岩类型推断、成因分析及工程意义分析。

题目四：大好河山中的变质岩探索（难度：★★★）

变质岩作为地球岩石圈的重要组成部分，广泛分布于世界各地的山川湖海之中，许多著名的自然景观和地标性建筑都由变质岩构成。请通过网络搜集素材，选取几处由变质岩组成的大好河山（如山脉、峡谷、峭壁等），完成以下任务：

1. 素材搜集与图片下载：上网搜索并选取几处由变质岩构成的著名自然景观或地标。下载这些景点的清晰图片，确保图片能够展示变质岩的特征。

2. 组成与类型分析：仔细观察下载的图片，分析变质岩的颜色、纹理、矿物组成等特征。结合课堂所学或网络资料，推断这些变质岩的可能类型（如片麻岩、大理岩、板岩等）。分析变质岩在这些景点中的分布情况和形成过程。

3. 地质意义与旅游价值探讨：讨论这些变质岩景点的地质意义，如它们如何记录了地球的历史和变迁。分析这些景点作为旅游资源的价值，以及变质岩特征如何增强了景点的吸引力和独特性。

提交要求：提交一份报告，包括选取的变质岩景点照片、变质岩特征描述、类型推断、地质意义与旅游价值分析。报告应条理清晰，图文并茂，充分展示你的研究成果和探索过程。

学习任务单

项目二 矿物岩石辨识	姓名：		
	班级：	学号：	
	学生自评	教师评价	导师评价
思考题	是否掌握	评分	评分
1. 常见的造岩矿物有哪些？			
2. 简述石英、正长石、斜长石、方解石、白云石、白云母、黑云母、角闪石、辉石、橄榄石的主要特征。			
3. 简述岩浆岩、沉积岩、变质岩的概念及其在地壳中的分布特点。			
4. 蒙脱石为什么可以止泻？			

续表

项目二 矿物岩石辨识	姓名：		
	班级：	学号：	
	学生自评	教师评价	导师评价
思考题	是否掌握	评分	评分
5. 层理构造和片理构造的区别是什么？			
6. 如何根据层面构造判断岩层原始沉积顺序？			
7. 硅质、铁质、钙质、泥质胶结物工程性质有何差异？			
8. 简述板岩、千枚岩、片岩和片麻岩的异同点。			
9. 变质过程中会产生哪些特征矿物？			
10. 三大岩类如何转化？			
11. 煤炭归属于三大岩类中的哪一类？			

思政育人案例：造岩矿物与岩石
立足全局，搞好局部

在学生学习了主要造岩矿物与岩石的基本知识，并在实训室完成了矿物与岩石的鉴别实训后，充分利用校园教学工场与校园景观资源，组织了一次生动的实训教学活动。活动结束后，学生们返回教室观看相关视频，以进一步巩固所学。通过这一系列教学活动，不仅有效提升了学生肉眼鉴别矿物与岩石的技能，还使他们深刻理解了矿物与岩石之间部分与整体的辩证关系，以及岩浆岩、沉积岩和变质岩三大岩类之间相互转化的事物发展变化规律。引导学生从矿物与岩石的变化关系中，领悟"螺丝钉"职业精神与融会贯通的职业能力。

教学活动中，首先在教学工场的有砟轨道旁，选取一块道砟进行观察（图1），引导学生猜测道砟的矿物成分，随后告知学生道砟源自花岗岩，其中石英矿物占主导，因此花岗岩强度接近石英，具有类似性质。石英作为花岗岩的主要组成部分，体现了部分与整体的关系，石英的高强度赋予了花岗岩整体的高强度。

接着，在校园一处花岗岩景观石进行宏观鉴别实训（图2）。这块放置十多年的花岗岩石头无一丝裂缝，展示了其高强度、抗风化能力强和耐久性好的特性，与石英性质相似。

图1 校园教学工场有砟轨道

图2 校园教学工场花岗岩景观石

一般岩石的性质由其主要组成矿物决定。同样，在职场中，每个个体如同"螺丝钉"，做好本职工作，集体便能成为坚硬、强大的整体，长期保持稳定。

随后，在教室播放岩浆岩、沉积岩和变质岩三大岩类相互转化的教学视频。视频展示了三大类岩石在不同形成条件和环境下的演化过程，以及岩石圈内三大岩类的不断演化。

最后总结，一切物质都在不断运动和变化，事物间相互联系、相互渗透、相互影响。事物运动变化发展的根本原因在于事物的普遍相互联系。引导学生在学习和工作中，应用联系、发展的观点看问题，注重知识与技能的融会贯通。

项目三 地貌特征剖析（技能点★★）

【案例导入】

在地球的广阔版图上，总有一些地貌以其独特的形态和深邃的内涵，吸引着无数探索者的目光。今天，我们将走进一处令人叹为观止的自然地貌奇观——九寨沟。这里，碧水绕林，彩池斑斓，仿佛是大自然用最绚烂的色彩，在山谷间绘制了一幅流动的画卷。九寨沟，以其独特的地貌景观，成为地球上的一颗璀璨明珠。

步入九寨沟，首先映入眼帘的是那层层叠叠、五彩斑斓的湖泊。它们或碧绿如玉，或湛蓝似海，或金黄如橙，色彩之丰富，变化之奇妙，让人不禁感叹大自然的神奇魔力。这些湖泊，被当地人亲切地称为"海子"，它们如同镶嵌在山谷中的明珠，闪烁着迷人的光芒。

然而，这绝美的地貌景观并非一蹴而就，是经过千万年的水流侵蚀、沉积作用以及生物活动共同作用的结果。流水在山谷中穿梭，不断侵蚀着岩石，形成了如今我们所见的沟壑纵横；沉积物在湖泊中堆积，形成了五彩斑斓的沉积层；而生物的活动，则为这片土地增添了无限的生机与活力。

那么，九寨沟这独特的地貌景观究竟是如何形成的？它背后隐藏着怎样的自然法则与生态智慧？在接下来的探索中，我们将一同走进九寨沟的地貌世界，通过解读它的地貌特征，揭秘这一自然奇观的成因与奥秘。

任务一 地貌概述

地貌是指在各种地质营力作用下形成的地球表面各种形态和外貌的总称。它是地壳表面高低起伏的形态，是地质作用的结果，也是自然环境的重要组成部分。

地貌条件与公路工程的建设及运营有着密切的关系。公路是线形建筑物，常穿越不同的地貌单元，地貌条件是评价公路工程地质条件的重要内容之一。各种不同的地貌，都关系着公路勘测设计、桥隧位置选择以及养护工程等技术经济问题，为了处理好公路工程与地貌条件之间的关系，需要学习掌握一定的地貌知识。

问题一 **地貌演变的驱动力是什么？**

地貌是地球表面在长期地质作用下的形态总和，地貌演变是内外力长期相互作用的结果。其过程复杂且动态，涉及地球内部能量、外部气候环境及时间尺度的综合影响。

一、内力作用：地球内部的"建筑师"

内力作用的主要表现形式包括地壳运动、岩浆活动和地震。这些作用塑造了地球表面的基本轮廓和构造形态，形成了大型的地貌单元，如山脉、高原、盆地和平原等。内力作用形成的地貌如图 3-1 所示。

（一）能量来源

源自地球内部热能（放射性衰变、重力分异），主导宏观地貌格局，提供地势高差条件。

（二）作用形式

构造运动：地球表面的岩石圈被分割成多个板块，板块之间的相互作用导致地壳运动，形成大规模的地貌单元，如山脉、海沟、裂谷等。

地壳运动：包括升降运动、褶皱构造等，是大陆各种山脉的主要构成因素。

岩浆活动：岩浆活动导致火山喷发，形成火山岩地貌，如火山锥、火山口等。

地震：地震是地壳快速释放能量过程中产生的震动，是塑造地球表面最迅速、最剧烈的地质力量之一，通过断层错动直接塑造断层地貌等，并通过触发滑坡、崩塌等次生灾害，间接地、大规模改变地貌形态，如堵塞河道、夷平山脊、填平谷地等。

图 3-1　内力作用形成的地貌

二、外力因素：地表形态的"雕刻师"

外力作用是指地球表面在太阳能和重力驱动下，通过大气、水和生物等活动所起的作用。这些外部力量包括风化作用、流水作用、冰川作用、风力作用、波浪及海流作用等。外力作用形成的地貌如图 3-2 所示。

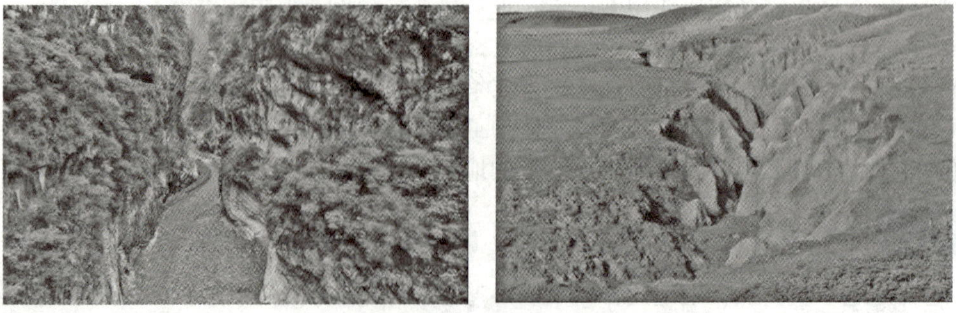

图 3-2　外力作用形成的地貌

（一）能量来源

太阳能驱动的大气循环、水循环及重力作用，可以削平高地、填平低地，塑造地表细节形态。

（二）作用形式

风化作用：通过大气、水和生物作用，使岩石破碎、分解，为地貌的形成提供物质基础，如岩石破碎（物理风化）、化学分解（喀斯特溶蚀）。

侵蚀作用：通过流水、风力、冰川、波浪等外力的侵蚀，使地表物质离开原地，并在原地形成侵蚀地貌，如流水切割（峡谷）、风力磨蚀（雅丹）、冰川刨蚀（U形谷）等。

搬运作用：风化或侵蚀的产物在风、流水、冰川等搬运作用下，可以从一个地方移动到另一个地方。这为堆积地貌的发育输送了大量的物质。

堆积作用：被搬运物质在外力减弱或遇到障碍物时，会堆积下来，形成堆积地貌，如河流沉积（三角洲）、风沙堆积（沙丘）、冰碛物堆积（冰碛丘陵）等。

内营力"造山"，创造了地势起伏，为外营力侵蚀提供能量条件；外营力"削山"，通过物质搬运重新分配地表形态，两者共同维持地球表面的动态平衡。例如，横断山区因构造抬升形成高山峡谷，同时金沙江强烈下切形成虎跳峡，体现内外力博弈。

问题二　地貌演变可以分为哪些阶段？

地貌演变的主要过程包括岩石形成与地质构造阶段、风化与侵蚀阶段、搬运与堆积阶段、地貌演化与发育阶段以及人类活动影响阶段。这些过程相互关联、相互作用，共同塑造了地球表面的多样性和复杂性。

一、岩石形成与地质构造阶段

岩石形成：地球内部的岩浆通过喷发（火山岩）或侵入（深成岩）冷却凝固形成岩浆岩；地表岩石风化剥蚀的产物在外力作用下搬运、沉积并固结形成沉积岩；原有岩石在高温高压（如板块俯冲带）或化学活动下发生变质形成变质岩。这些岩石构成了地球表面的基础。

地质构造：地球地壳由多个板块组成，板块之间不断发生碰撞、分离和滑动，导致地壳变形和地貌的变化。褶皱、断层等地质构造活动塑造了地表的基本轮廓。

二、风化与侵蚀阶段

风化作用：岩石在地表或近地表环境中，受到大气、水和生物等因素的作用，发生破碎、分解和物质成分的变化。风化作用使坚硬的岩石变得疏松，为侵蚀作用提供了物质基础。

侵蚀作用：流水、风力、冰川、波浪等外力对地表岩石和土壤进行破坏和搬运。侵蚀作用不断改变着地表形态，形成峡谷、河谷、海岸等侵蚀地貌。

三、搬运与堆积阶段

搬运作用：风化和侵蚀的产物在外力（如水流、风力、冰川等）的作用下，被转移到其他地方。搬运作用使地表物质得以重新分布。

堆积作用：被搬运的物质在外力减弱或消失时，沉积下来形成新的地貌。堆积作用可以形成冲积平原、三角洲、沙丘、冰碛丘陵等地貌。这些堆积地貌进一步丰富了地表形态。

四、地貌演化与发育阶段

地貌演化：地貌的演化是一个长期而复杂的过程。在不同地质时期和气候条件下，地表形态会发生显著变化。例如，在构造运动活跃的地区，山脉不断隆起；在气候干旱的地区，沙漠逐渐扩张。

地貌发育：随着地貌的演化，地表形态逐渐趋于成熟和稳定。在河流下游地区，冲积平原不断发育；在海岸地区，海滩、沙坝等地貌逐渐形成。这些地貌的发育过程受到多种因素的共同影响。

五、人类活动影响阶段

随着人类社会发展，人类活动对地貌演变影响日益显著，加快了地貌演变的速度。

地表改造：城市化进程改变了地表景观和生态系统，如填海造陆、采矿塌陷。

生态系统破坏：农业活动导致水土流失和土地退化，如黄土高原过度开垦导致沟壑密度增加，碳排放导致的全球变暖远超自然地质周期。

工程驱动的地貌变化：工程建设对地表形态造成了直接改变，如三峡大坝（形成1000km长湖，诱发滑坡风险）以及港珠澳大桥（人工岛地基采用深插式钢管桩，抵御波浪冲刷）。

问题三 地貌演变有哪些典型模式？

一、典型地貌演变模式

（一）山脉的生命周期（构造—侵蚀循环）

形成：板块碰撞挤压隆升。如喜马拉雅山脉新生代以来持续抬升。

成熟：河流下切与侧蚀塑造分水岭，冰川、风化作用削弱山体。如祁连山脉由冰川侵蚀形成U形谷（如疏勒河谷），同时流水切割出丹霞地貌。

衰亡：风化剥蚀速率超过抬升速率，长期风化剥蚀后变为低缓丘陵。如太行山脉为古生代褶皱山脉经数亿年侵蚀，现海拔降至1000～2000m，形成低山丘陵。

山脉的生命周期演变示意图如图3-3所示。

（二）河流系统的演化

上游：以侵蚀主导，因高落差水流冲刷基岩，形成陡峭河谷，地貌特征包括V形谷、瀑布、峡谷。如长江三峡的石灰岩峡谷，因板块抬升与流水下切共同作用形成。

中游：搬运与侧蚀为主，因流速减缓，侧向侵蚀增强，泥沙沉积形成河湾。地貌特征包括曲流河、牛轭湖、河漫滩。如长江荆江段的蜿蜒河道，因河道淤塞与裁弯取直工程形成牛轭湖群。

下游：以堆积主导，因流速骤降，泥沙大量沉积。地貌特征包括辫状河道、三角洲、滨海湿地。如长江三角洲年均造陆面积20km²，形成"江海交汇"的冲积平原。河流演变过程如图 3-4 所示。

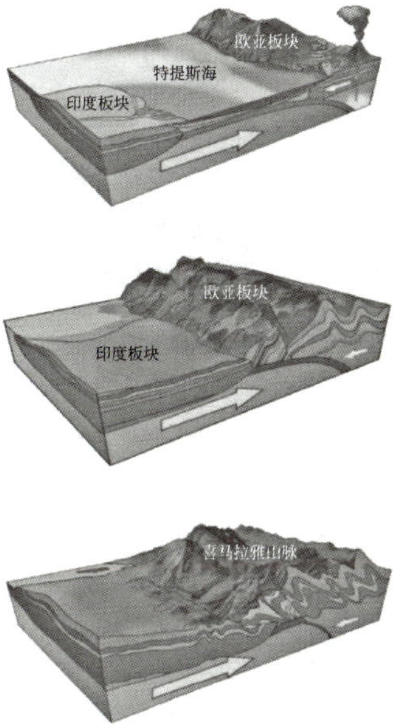

图 3-3　山脉的生命周期演变示意图

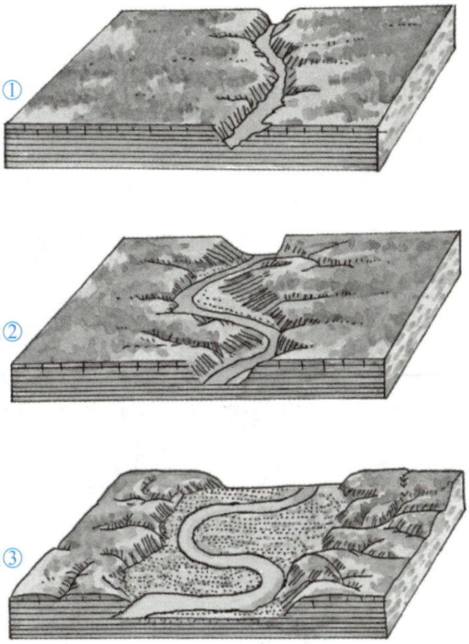

图 3-4　河流演变过程

（三）海岸地貌动态平衡

1. 自然侵蚀与堆积

侵蚀岸：海浪、潮汐侵蚀形成海蚀崖、海蚀洞。如海南三亚湾的基岩海岸经海浪冲刷形成陡崖。

堆积岸：泥沙沉积形成沙滩、沙嘴。如山东省青岛市金沙滩，由黄河携带的泥沙经海浪筛选堆积形成。

2. 人类干预下的失衡

填海造陆：填海造陆改变海岸线。

海岸防护工程：修建海堤、丁坝等改变泥沙自然沉积模式。

（四）喀斯特地貌的发育与消亡

形成：板块碰撞或地壳运动使含可溶性岩石地层（如石灰岩）抬升至地表或浅层，为溶蚀提供物质基础。地表径流与地下水开始发育，化学溶蚀作用逐步显现。初期溶蚀形成浅层溶沟、溶孔，地表呈现"石芽"或小型漏斗地形。

成熟：地壳抬升趋缓，水动力条件趋于稳定，溶蚀作用向纵深发展。河流下切与侧蚀形成阶地，地下水系统（如暗河、溶洞）网络成熟。可溶性岩石（石灰岩）在流水溶蚀下地表形成石林、峰丛、天坑，地下形成溶洞、地下河。如广西桂林的峰林-地下河系统。

消亡：地壳趋于稳定甚至沉降，溶蚀产物（如 Ca^{2+}、HCO_3^-）随水流迁移，原地溶蚀减弱。峰林崩塌为低矮丘陵，溶洞顶部塌陷形成塌陷盆地（如重庆武隆天生三桥）。地表侵蚀殆尽后转为荒漠（如云贵高原部分区域因缺水退化为石漠）。喀斯特峰丛峰林地貌演化示意图如图 3-5 所示。

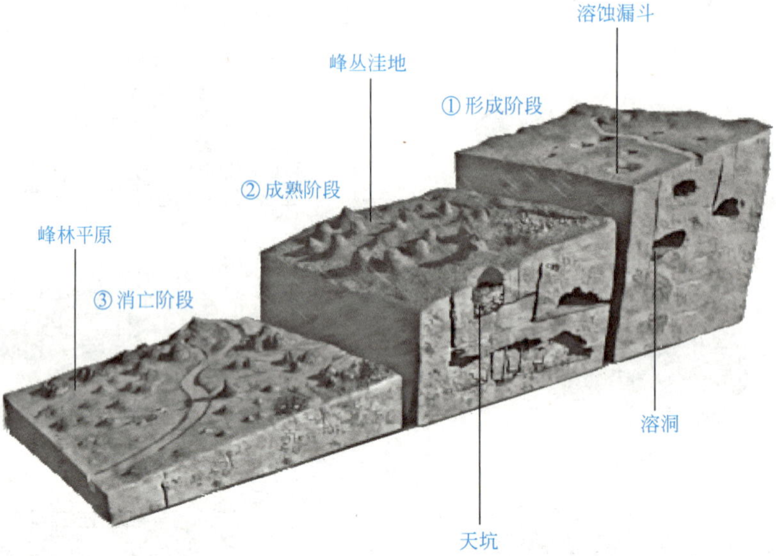

图 3-5　喀斯特峰丛峰林地貌演化示意图

(五) 冰川地貌的演化

形成：冰川刨蚀形成 U 形谷、冰斗湖，如四川四姑娘山的现代冰川与古冰川遗迹并存。

消亡：冰川退缩后形成冰碛湖、石漠，如阿尔卑斯山冰川消亡导致地表裸露。冰川地貌演化示意图如图 3-6 所示。

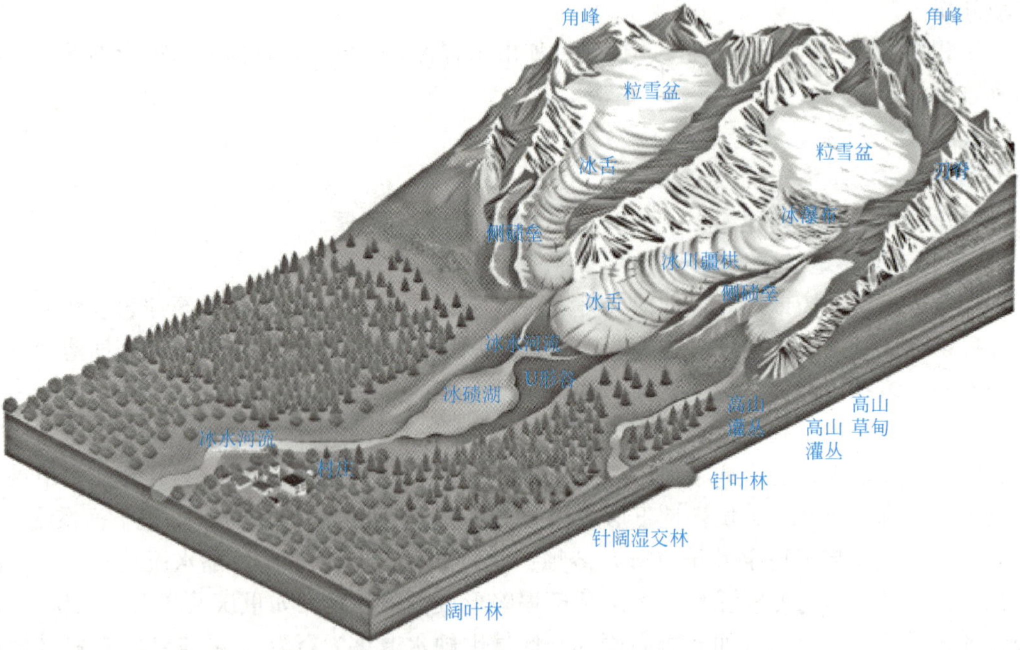

图 3-6　冰川地貌演化示意图

二、地貌演化的核心规律

（一）时间尺度差异

短周期（百年级）：人类活动（如填海造陆）可快速改变地貌。

长周期（百万年级）：板块运动主导大地貌格局。

（二）空间分异

构造活跃区（如青藏高原）以抬升为主，稳定区（如华北平原）以沉积为主。

（三）动态平衡

自然地貌处于侵蚀与堆积的动态平衡（如海岸线的潮汐侵蚀与泥沙堆积）。

地球地貌演变是一部"内外力合著的地质史诗"——内力创造地势起伏，外力精雕细琢；时间尺度跨越瞬间地震至亿年板块漂移，空间尺度涵盖微观风化裂隙到宏观山脉体系。理解这一过程，不仅是认识地球历史的钥匙，更是保障工程安全、实现人地和谐的基础。

工程地质技能训练——地貌演变过程

一、请举例说明工程建设活动对地貌的演变有何影响？

二、简述九寨沟的地貌演变经历了哪些阶段？

任务二 地貌类型

本任务系统解析地貌的分类体系：结合空间尺度，阐明不同规模地貌的发育特征；从形态特征切入，划分地貌单元；依据成因机制，揭示内力、外力对地貌的塑造过程。通过典型地貌的工程地质关联分析，培养学生识别地貌稳定性、预判地质灾害及优化工程选址的核心能力，为应对复杂地质环境提供科学认知基础。

问题一 地貌按规模如何分类？

地貌的规模分类通常基于空间尺度、空间范围等多种维度进行划分。地貌的规模分类见表3-1。

地貌规模分类表　　　　　　　　　　　　　　　　　　　表3-1

规模等级	空间范围	空间尺度	典型地貌
巨型地貌	覆盖大陆或大洲尺度	>10万 km^2	大陆、洋盆
大型地貌	国家或省级行政区尺度	1～10万 km^2	山脉、高原
中型地貌	市县或流域尺度	100～1万 km^2	河谷、沙漠
小型地貌	村庄或局部区域尺度	<100km^2	冲沟、沙丘、溶洞

问题二 地貌按形态如何分类？

地貌的形态分类，就是按地貌的绝对高度、相对高度及地面的平均坡度等地表形态的直观特征进行分类。地貌的形态分类一览表见表 3-2。

地貌形态分类一览表　　　　　　　　　　　　　　　表 3-2

类型	形态特征	标高范围	实例
山地	峰峦重叠，坡度陡峭（>25°），多褶皱断裂带	>500m	喜马拉雅山脉
高原	面积广阔（>50000km²），顶部平坦或略有起伏	平均>500m	青藏高原
平原	地势低平，起伏<50m，沉积层深厚	<200m	华北平原
盆地	四周高中间低，形态多样	无统一标高	准噶尔盆地
丘陵	起伏缓和，相对高差<200m，坡度<15°	200～500m	江南丘陵

（一）山地

山地是海拔较高、坡度较陡的地貌类型。山地多由地壳板块运动和碰撞形成，当两个板块相互挤压时，地壳会出现断层和褶皱，经过长期的风化和侵蚀作用，逐渐形成高耸的山脉。此外，火山喷发形成的火山锥也是山地的一种特殊形态。山地地貌如图 3-7 和图 3-8 所示。

图 3-7　单面山

图 3-8　平顶山

（二）高原

高原是海拔较高、但地势相对平坦的地貌类型。高原多由地壳抬升和长期风化侵蚀作用形成。例如，青藏高原的形成就与印度板块与欧亚板块碰撞挤压有关。高原地貌如图 3-9 和图 3-10 所示。

图 3-9　青藏高原

图 3-10　云贵高原

（三）平原

平原是地势低平、起伏较小的地貌类型。平原多在地壳长期下沉、接受沉积物堆积的过程中形成。河流、湖泊和海洋等外力作用带来的泥沙和砾石在平原地区大量堆积，形成了广阔的平原。具体包括：由外力作用，如河流沉积形成的堆积平原（图 3-11）；由地壳构造运动，如地壳下沉形成的构造平原（图 3-12）。

图 3-11 堆积平原

图 3-12 构造平原

（四）盆地

盆地是四周高中间低的地貌类型。盆地多由地壳沉降或相邻地区的隆起挤压形成。在沉降过程中，地表物质不断堆积，形成了四周高中间低的地形特征。盆地地貌如图 3-13 和图 3-14 所示。

图 3-13 准噶尔盆地

图 3-14 鄂尔多斯盆地

（五）丘陵

丘陵是海拔较低、起伏和缓的地貌类型。丘陵多由地壳抬升和流水侵蚀作用形成。在抬升过程中，地表岩石受到风化侵蚀，形成了一系列低矮的山丘。丘陵地貌如图 3-15 所示。

图 3-15 丘陵

问题三 地貌按成因如何分类?

(一) 内力作用主导的地貌

1. 火山岩地貌

火山岩地貌是由火山活动形成的地貌类型。火山活动包括岩浆喷发、火山灰堆积等,直接塑造了火山锥、火山口、熔岩流等地貌特征。火山岩地貌的形成与地球内部的岩浆活动、地壳构造运动等密切相关,是地球内力作用在地表形态上的直接表现。火山岩地貌如图 3-16 和图 3-17 所示。

图 3-16 锥状火山

图 3-17 盾状火山

2. 断块山地貌

断块山地貌(图 3-18)是由地壳断裂运动导致的块状山岳地形。在地壳运动过程中,岩石体受到强大的压力或张力作用。当这些力超过岩石的承受极限时,岩石会发生断裂,形成断层。如果断层一侧的岩块相对上升,而另一侧相对下降或保持相对稳定,那么上升的岩块就会凸起形成断块山,常常呈现出高耸的山峰和深邃的山谷地貌特征。

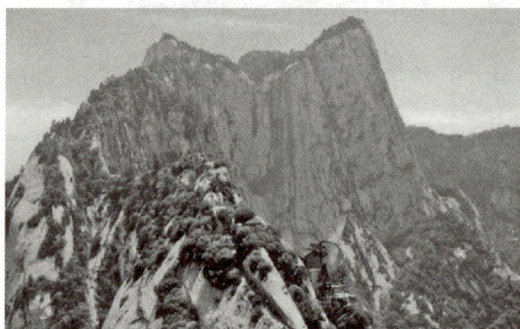

→ 拉张力
→ 滑移方向

图 3-18 断块山地貌

3. 褶皱山地貌

褶皱山地貌是地表岩层受水平方向的构造作用力而形成岩层弯曲的褶皱构造山地,是构造地貌的重要组成部分。在地壳运动中,岩层受到水平方向的挤压作用,发生弯曲变形,形成褶皱。褶皱山地貌常呈弧形分布,延伸数百千米以上。褶皱山地貌如图 3-19 所示。

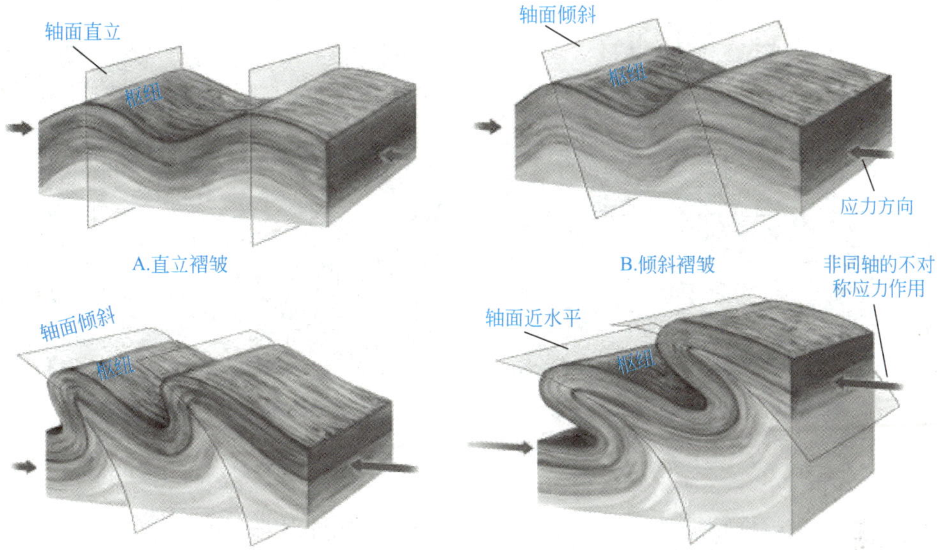

A.直立褶皱   B.倾斜褶皱

C.倒转褶皱   D.平卧褶皱

图 3-19 褶皱山地貌

内力作用主导的地貌分类一览表见表 3-3。

内力作用主导的地貌分类一览表   表 3-3

地貌类型	成因机制	关键特征	实例
火山岩地貌	岩浆喷发或侵入冷却	喷发物堆积或侵入体风化	长白山火山群
断块山地貌	断层活动导致地壳抬升	块状山系，边界清晰	太行山脉
褶皱山地貌	板块碰撞挤压形成褶皱	连续山脉带，岩层波状弯曲	横断山脉

（二）外力作用主导的地貌

1. 侵蚀地貌

由风力、流水、冰川、波浪等外力对地表岩石和土壤进行侵蚀作用形成。常表现为峡谷、河谷、海岸等，地表形态较为破碎。例如，流水侵蚀作用下的长江三峡，形成了壮观的 V 形谷；风力侵蚀作用下的新疆塔克拉玛干沙漠雅丹地貌，形成了独特的垄脊——沟槽地貌。侵蚀地貌如图 3-20 和图 3-21 所示。

图 3-20　长江三峡

图 3-21　雅丹地貌

2. 沉积地貌

由外力搬运作用将物质搬运至新区域后，因动力减弱或遇到障碍物而沉积形成的地貌。根据沉积机制可分为三类：物理沉积地貌，如长江三角洲、冲积平原（图 3-22）；化学沉积地貌，如茶卡盐湖（蒸发盐类结晶）；生物沉积地貌，如大堡礁（珊瑚骨骼堆积）。所有沉积地貌均以物质堆积为最终表现形态，其形成过程伴随侵蚀—搬运—沉积的完整循环。

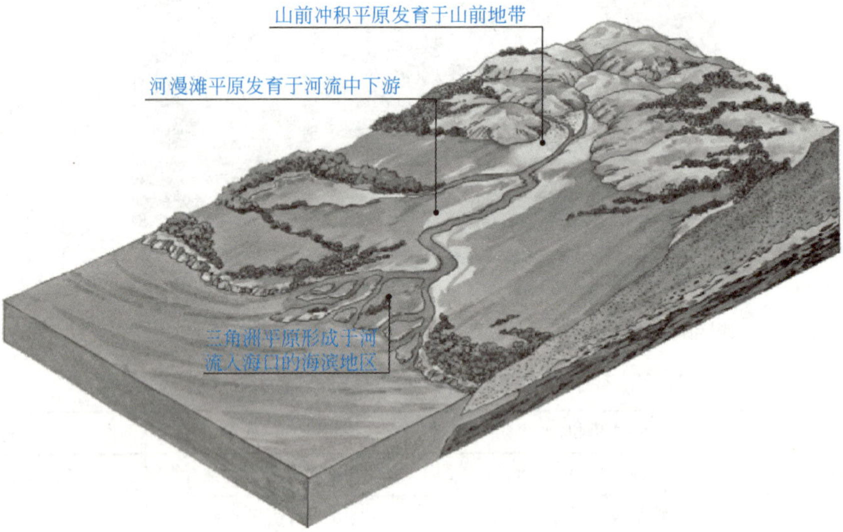

图 3-22　三角洲、冲积平原示意图

3. 风成地貌

主要由风力作用形成，包括风力侵蚀和风力堆积作用，涵盖风蚀蘑菇、风蚀城堡、新月形沙丘等地貌，主要分布在干旱和半干旱地区，例如，新疆塔克拉玛干沙漠就是一片广袤的风成地貌区域。风成地貌如图 3-23 所示。

4. 喀斯特地貌

由可溶性岩石（如石灰岩、白云岩等）受水的溶蚀作用形成。常表现为溶洞、地下

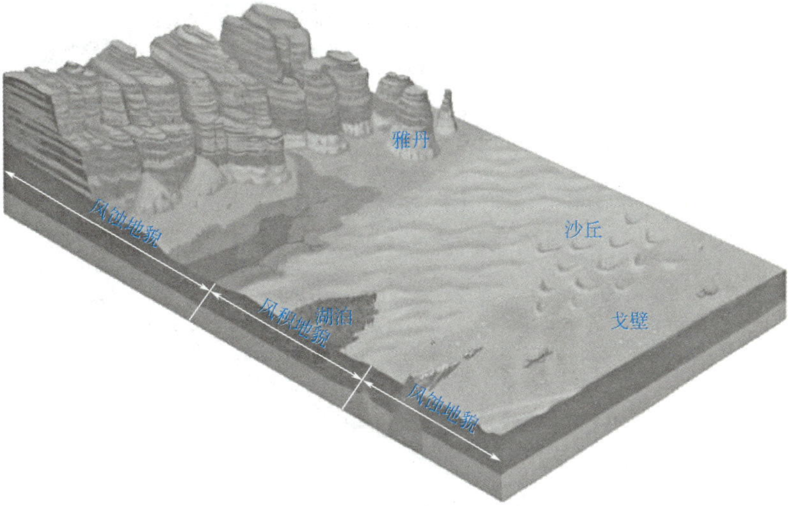

图 3-23　风成地貌示意图

河、石芽、石笋、石钟乳等地貌，主要分布在湿热气候区，例如，广西桂林的喀斯特地貌以其独特的山水风光闻名于世。喀斯特地貌示意图如图 3-24 所示。

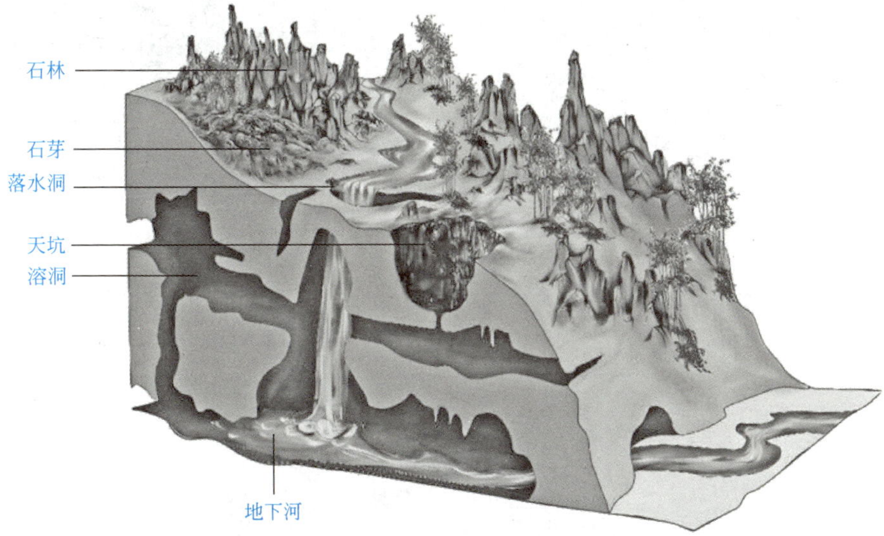

图 3-24　喀斯特地貌示意图

5. 海岸地貌

由波浪、潮汐等海洋动力作用形成。常表现为海蚀崖、海蚀柱、海蚀穴、海滩等地貌，主要分布在沿海地区，例如，青岛的石老人海蚀柱就是海浪长期侵蚀作用的结果，海岸地貌示意图如图 3-25 所示。

6. 丹霞地貌

丹霞地貌是一种以赤壁丹崖为特色的红色陆相碎屑岩地貌，主要由红色砂岩、砾岩等陆相碎屑岩构成，经长期风化剥离和流水侵蚀而形成丹霞地貌独特的山峰、峡谷、峰丛等景观。例如，广东的丹霞山就是典型的丹霞地貌代表。丹霞地貌示意图如图 3-26 所示。

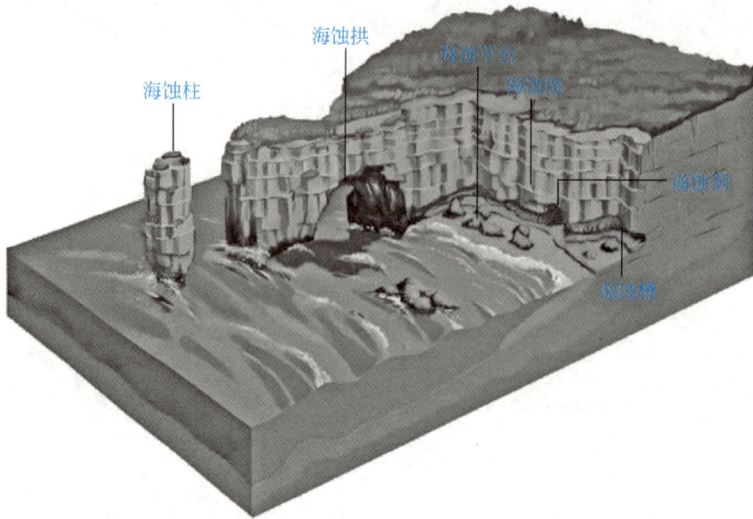

图 3-25　海岸地貌示意图

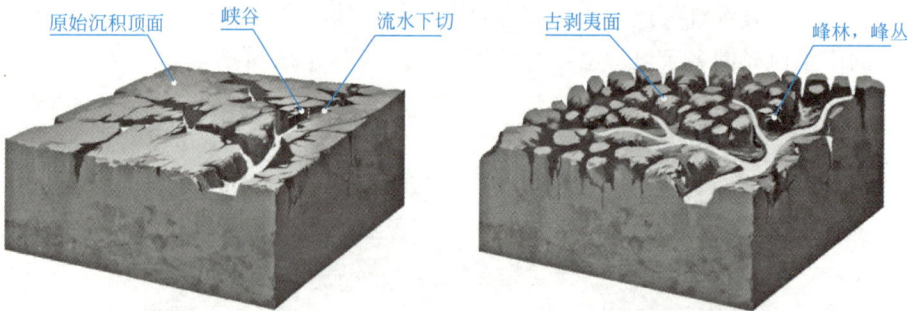

(a) 青年期

早期，上部保持大面积原始沉积顶面，古剥夷面或弱侵蚀平台；峡谷纵剖面呈阶梯状，多瀑布、跌水，流水下切，巷谷、峡谷发育

(b) 壮年期

山块离散，古剥夷面清晰，但山顶面已狭小；主河谷峡谷、宽谷相间分布；多峰林，峰丛，地表最崎岖，高差最大

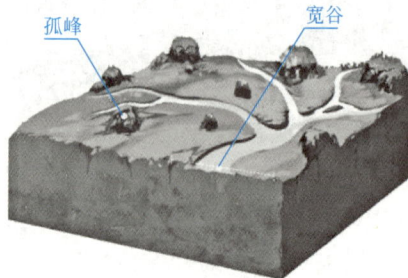

(c) 老年期

波状起伏的准平原面，主河谷全部成为宽谷，整体呈宽谷—峰林—孤峰组合

图 3-26　丹霞地貌示意图

7. 冰川地貌

冰川侵蚀堆积地貌是由冰川的侵蚀和堆积作用共同形成的。通常表现为 U 形谷、冰斗、刃脊、角峰、冰碛丘陵等地形。主要分布在高纬度和高海拔地区。例如，贡嘎山海螺沟的冰川侵蚀作用形成了典型的 U 形谷。冰川地貌如图 3-27 所示。

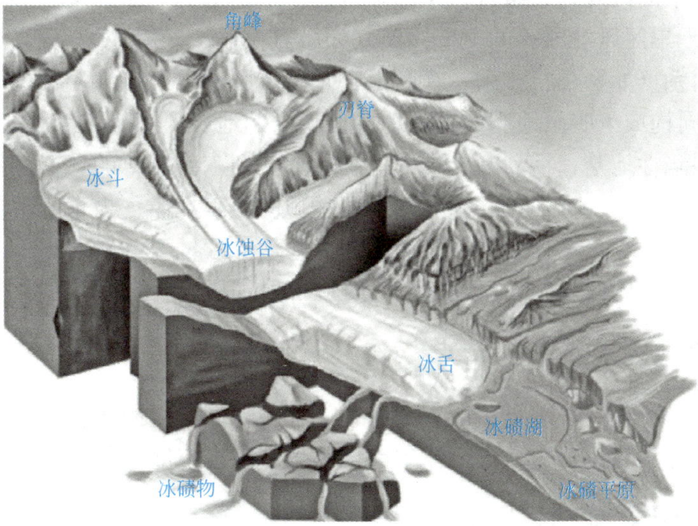

图 3-27 冰川地貌示意图

外力作用主导的地貌分类一览表见表 3-4。

外力作用主导的地貌分类一览表　　　　　　　　　　　表 3-4

地貌类型	主要特征	主要成因	具体实例
侵蚀地貌	峡谷、雅丹地貌、磨蚀岩	风力侵蚀、流水侵蚀	新疆雅丹魔鬼城、长江三峡、云南虎跳峡
沉积地貌	平原、湖泊、滩涂、盐湖	河流沉积、化学沉淀	青海湖、华北平原
风成地貌	沙丘、雅丹、新月形沙丘	风蚀、风积作用	新疆塔克拉玛干沙漠
喀斯特地貌	溶洞、峰林、地下河	化学溶蚀	桂林山水、贵州荔波九洞天
海岸地貌	海蚀崖、沙滩、珊瑚礁	波浪、潮汐、海流作用	珠江口三角洲、青岛海蚀柱
丹霞地貌	红层陡崖、孤立山峰	流水侵蚀、化学溶蚀	广东丹霞山、湖南莨山
冰川地貌	U 形谷、冰斗、冰碛丘陵	冰川侵蚀、堆积	贡嘎山海螺沟

工程地质技能训练——地貌形态与成因

一、地貌形态分析练习

1. 青藏高原（构造抬升）与内蒙古高原（风成堆积）的地表形态有何不同？

2. 堆积作用和沉积作用的区别和联系是什么？请举例说明。

二、地貌成因案例分析

1. 广西喀斯特地貌的形成与内力作用、外力作用的关系是什么？

2. 填海造陆等人类活动对地貌有何影响？

任务三　中国地貌特征

中国地貌格局恢弘壮阔，类型之丰富举世罕见，其空间分异深刻受控于西高东低的三级阶梯地势与复杂的内外营力组合。东部季风区流水塑造的平原丘陵（如华北平原、长江三角洲）、西北干旱区风沙雕琢的戈壁沙漠（如塔克拉玛干沙漠）、青藏高原冰川与构造共同作用的极高山系（如喜马拉雅山、横断山脉）以及西南地区流水溶蚀的喀斯特奇观（如云贵高原），共同构成了中国地貌的壮丽图卷。特殊的地貌环境也孕育了独特的工程挑战：从黄土高原的湿陷性地基、活动断裂带的抗震需求，到东南沿海的风暴潮侵蚀、喀斯特地区的塌陷风险，都要求工程建设必须深刻理解并顺应地貌规律。为系统解析地貌分布特点及其与工程建设的影响，本任务将依循中国六大地理分区框架（西北地区、华北地区、东北地区、华东地区、中南地区、西南地区），逐区剖析其地貌特征。

问题一　西北地区地貌有何特点？

西北地区包含新疆维吾尔自治区、青海省、甘肃省、宁夏回族自治区、陕西省，以及内蒙古自治区西部的阿拉善盟、巴彦淖尔市、鄂尔多斯市南部等地。

一、总体地貌特征

西北地区地貌以高原与盆地相间、沙漠戈壁广布、山脉纵横为总体格局，属典型干旱区地貌。

高原与盆地相间：以内蒙古高原、青藏高原北部边缘、准噶尔盆地和塔里木盆地为主要地貌类型。

沙漠与戈壁广布：塔克拉玛干沙漠、古尔班通古特沙漠等沙漠地貌显著。

山脉纵横：天山山脉、阿尔泰山脉等高大山脉贯穿其中。

二、典型地貌

黄土高原：南起秦岭，北至阴山，包括陕西、甘肃、宁夏及内蒙古南部等区域，以深厚的黄土层和沟壑纵横的地貌著称。地形复杂，既有沟壑密布的山区，也有肥沃的河谷平原，如关中平原和河套平原。黄土高原处于缓慢向上隆起中，加剧了流水的侵蚀下切，形成深谷高崖，地貌支离破碎。

蒙西高原：位于黄土高原的西侧，主要包括内蒙古西部和甘肃的河西走廊地区。以戈壁、草原和沙漠为主，地形平缓而广袤。尽管河流稀少，但祁连山的冰雪融水为河西走廊地区带来了宝贵的灌溉水源，使得这里成为重要的农牧业区。

青海高原：位于青藏高原的东北部。地势高峻，海拔多在 3000m 以上。既有终年积雪的高山，也有广袤的草原和盆地。青海高原是许多大江大河的发源地，如黄河、长江等，这些河流的冲刷和切割形成了险峻的山谷和盆地。

新疆"三山夹两盆"：地形以"三山夹两盆"为特征，昆仑山、天山和阿尔泰山环绕着塔里木盆地和准噶尔盆地，形成了独特的地貌格局。天山山脉的冰雪融水为新疆的绿洲农业提供了重要的灌溉水源，而盆地中的沙漠和戈壁则占据了相当大的面积。

三、对工程建设的影响及特点

交通建设：穿越沙漠和戈壁需克服极端气候，修建防风固沙设施，公路和铁路线路多沿山脉边缘或盆地内部铺设。典型工程如兰新高速铁路，穿越了戈壁和沙漠地带，采用了先进的防沙技术和桥梁结构。

水利工程：在干旱地区需加强水利工程建设，如引水灌溉、水库蓄水等，依赖雪山融水，发展坎儿井、水库（如克孜尔水库），以解决农业灌溉和生活用水问题。

能源开发：风能、太阳能等可再生能源丰富，适合建设风电场和太阳能发电站，如甘肃酒泉风电基地。

问题二 华北地区地貌有何特点？

华北地区包含北京市、天津市、河北省、山西省，以及内蒙古自治区中部的锡林郭勒盟、乌兰察布市、呼和浩特市、包头市等地。

一、总体地貌特征

华北地区地貌以平原广布、山地环抱、海岸淤进为总体格局，属温带半湿润季风气候区。

平原广布：以华北平原（黄淮海平原）为主体，地势低平开阔。

山地环抱：西部以太行山脉为界，北部燕山山脉横亘，东部为山东丘陵。

海岸淤进：黄河、海河等河流携带泥砂不断淤积，形成渤海湾沿岸滩涂湿地和三角洲（如黄河三角洲），海岸线持续向海推进。

二、典型地貌

华北平原（黄淮海平原）：北至燕山，南抵淮河，西起太行山，东达鲁西—苏北黄泛区。海拔普遍低于50m，地势由西向东缓倾，河流冲积层深厚；地表多盐碱地、洼地，历史上洪涝灾害频发。

冀北山地（燕山山脉）：华北平原北部，横亘于河北与内蒙古交界。海拔500～1500m，山势陡峻，是华北平原向内蒙古高原过渡的天然屏障。

三、对工程建设的影响及特点

交通建设：平原区需应对软土沉降、盐碱腐蚀，山区需克服地形高差。典型工程如京沪高速铁路穿越黄泛区采用超长桩基（最深达110m）和复合地基技术，解决软土沉降问题。

水利工程：旱涝交替、水资源短缺、河流含砂量高（如黄河）。典型工程如南水北调中线工程穿越黄河时采用"穿黄隧道"（盾构法施工），避免泥砂干扰，保障水质；北京、天津等城市进行海绵城市建设，通过下沉式绿地、透水铺装等技术，缓解城市内涝。

能源开发：华北平原富集煤炭、油气资源（如山西大同煤矿、渤海油田），开采时需防控地面沉降。

地质灾害防治：太行山区滑坡监测系统（如北斗卫星实时预警）、黄土高原淤地坝工程（减少水土流失）。

海岸带治理：如黄河三角洲生态工程通过人工育滩、湿地修复（如山东黄河口国家级自然保护区），遏制海岸侵蚀，保护生物多样性。

问题三 东北地区地貌有何特点？

东北地区包含辽宁省、吉林省、黑龙江省，以及内蒙古自治区东部的呼伦贝尔市、兴安盟、通辽市、赤峰市等地。

一、总体地貌特征

东北地区地貌以三面环山、平原中开半环状结构为总体格局，外围为大兴安岭—小兴安岭—长白山，中部为松嫩平原—辽河平原。

外围山地带环绕：由大兴安岭、小兴安岭和长白山脉构成，海拔多在 $500\sim1500m$，山势和缓，植被覆盖率高。

中部平原广布：以松嫩平原、辽河平原和三江平原为主体，地势平坦开阔，海拔普遍低于 $200m$，是中国重要的粮食生产基地。

火山岩地貌发育：长白山天池、五大连池等火山群分布广泛，形成火山锥、熔岩台地等独特景观，火山活动历史可追溯至新生代。

二、东北地区典型地貌

（一）山地与丘陵

大兴安岭：位于东北地区西部，是内蒙古高原与松辽平原的分水岭。大兴安岭呈东北—西南走向，山势较缓，但山体高大，平均海拔在 $1000m$ 以上，主峰黄岗梁海拔 $2029m$。大兴安岭是东北地区重要的生态屏障，对气候、水文和土壤等自然因素具有显著影响。

小兴安岭：位于黑龙江省北部，与大兴安岭相接。小兴安岭地势相对较低，平均海拔在 $500\sim800m$，最高峰平顶山海拔 $1429m$。小兴安岭拥有丰富的森林资源，是我国重要的木材生产基地。

长白山脉：位于东北地区东南部，是鸭绿江、松花江和图们江的发源地。长白山脉地势高峻，主峰白头山（长白山）海拔 $2691m$，是我国东北地区最高峰。

丘陵地带：主要分布在辽东半岛和吉林省东部地区。丘陵地带地势起伏较小，海拔多在 $300\sim500m$，相对高度在 $200m$ 以下。丘陵地带土壤肥沃，适宜农业生产。

（二）东北平原

东北平原是我国最大的平原，包括松嫩平原、三江平原和辽河平原三部分。地势平坦，海拔多在 $200m$ 以下。平原上河流纵横交错，湖泊星罗棋布，土壤肥沃，是我国重要的粮食生产基地。

（三）火山群

东北地区有长白山天池及阿尔山火山群，是我国火山和地震活动较为频繁的地区之一。长白山天池火山是我国最大的火山口湖，也是中国境内保存最完整的新生代多成因复合火山之一。此外，东北地区还分布着多条活动断裂带，这些断裂带对地震活动具有重要影响。

三、对工程建设的影响及特点

交通建设：由于东北地区平原广阔，交通线路（如铁路、公路）铺设较为容易，但穿越山脉时需克服地形高差，修建隧道或高架桥。典型工程如哈大高速铁路，穿越松辽平原和长白山余脉，采用了多项技术创新以确保工程安全。

农业工程：平原区土壤肥沃，适宜大规模机械化耕作，但需注意防洪排涝工程的建设。

能源开发：松辽盆地等构造单元富含油气资源（如大庆油田），是石油、天然气勘探开发的重要区域。

问题四　华东地区地貌有何特点？

华东地区包含上海市、江苏省、浙江省、安徽省、江西省、山东省、福建省、台湾省。

一、总体地貌特征

华东地区地貌以平原分布广泛；丘陵地形显著；海岸线长，岛屿众多为总体格局，地势相对平坦，经济发达且地貌多样性高。

平原分布广泛：华东地区广泛分布着辽阔的平原，主要包括长江中下游平原核心区域等。平原地区地势平坦，土壤肥沃，水源充足，是我国重要的农业区，对经济发展具有重要意义。

丘陵地形显著：在平原之间，分布着东南丘陵。丘陵地区地形起伏，相对高度不大，有利于多种经济林木和果树的生长，也是我国重要的林业生产基地。山东省中东部延伸至胶东半岛，平均海拔 200～500m，以崂山、泰山等断块山为骨架，丘陵间分布河谷平原（如胶莱平原）。

海岸线长，岛屿众多：华东地区紧临黄海、东海，拥有较长的大陆海岸线以及众多因构造运动、火山活动、生物造礁活动等形成的岛屿。

二、华东地区典型地貌

长江三角洲：东至黄海，西抵镇江，北起通扬运河，南达杭州湾，覆盖上海、苏南、浙北。平均海拔＜10m，河网密度 6～8km/km^2（以太湖平原为典型）；长江口发育形成冲积岛（崇明岛为我国最大冲积岛）。

丘陵山地广泛发育：华东地区丘陵山地广布，北起江苏灌河口，南至福建戴云山，主要包括江南丘陵、浙闽丘陵等。花岗岩地貌占丘陵区 60%，浙江普陀山为典型海蚀花岗岩地貌；丹霞地貌集中发育于构造盆地边缘（如福建武夷山、浙江江郎山）；浙闽沿海因断裂抬升形成断块山，浙江雁荡山以流纹岩火山地貌（古火山机构遗迹）著称。

海岸地貌：一是基岩港湾海岸，山东半岛、浙闽沿海广泛分布，如青岛崂山海蚀崖；二是淤泥质平原海岸，江苏中北部因历史黄河淤积形成辐射状沙洲群（如条子泥湿地）。

三、对工程建设的影响及特点

交通建设：平原地区交通线路铺设较为容易，但沿海地区交通建设面临沿海台风、软土、山地阻隔等挑战，抗风、防洪、防潮成为沿海工程的核心考量。如港珠澳大桥桥塔风洞优化和沉管隧道技术（穿越深海）；软土地基区使用深桩加固（如长江大桥）或吹填造陆（如宁波舟山港）。

城市建设：华东地区沿海经济发达，城市化进程快，可能面临地面沉降、台风内涝等问题，需加强城市基础设施建设和环境保护工作，如采取海绵城市技术（如嘉兴南湖透水铺装）和立体开发及地下水回灌（如上海陆家嘴）；同时加强沿海生态防护（如红树林修复）。

港口建设：华东地区沿海港口众多，面临泥沙淤积、海岸侵蚀、咸潮入侵的制约，采用了多项工程技术创新，例如"双导堤＋吹填造陆"（如上海洋山深水港维持 15m 水深），抛石护岸（如青岛港）等综合措施应对水资源挑战。

问题五 中南地区地貌有何特点？

中南地区包含河南省、湖北省、湖南省、广东省、广西壮族自治区、海南省、香港特别行政区、澳门特别行政区。

一、总体地貌特征

中南地区地貌以平原广布、丘陵山地环绕、河网湖群密布为总体格局，属亚热带湿润季风气候区。

平原广布：以江汉平原、洞庭湖平原为核心，地势低平开阔，海拔普遍低于 50m，是长江中游重要的农业基地。

丘陵山地环绕：北部和西部为大别山、桐柏山等山地（属秦岭—大别山系东延部分），东部和南部为幕阜山、罗霄山、雪峰山等江南丘陵。丘陵海拔多在 200～500m，相对和缓。

河网湖群密布：长江及其重要支流汉江、湘江、赣江等贯穿全境，形成稠密水网；洞庭湖、洪湖等大型淡水湖泊分布广泛，具有重要的调蓄洪水和生态功能。

二、中南地区典型地貌

江汉—洞庭湖平原：位于湖北中东部、湖南北部，是长江中下游平原的重要组成部分。由长江及汉江、湘江、资江、沅江、澧水等河流冲积而成。地势低洼平坦，湖泊星罗棋布（如洞庭湖、洪湖、梁子湖等），历史上洪涝灾害频繁。

大别山及桐柏山区：位于鄂、豫、皖交界处，是秦岭向东延伸的余脉。以断块山地为主，北坡陡峭，南坡相对和缓，构成华北平原与长江中下游平原的天然分界。

武陵山石英砂岩峰林：湘西北武陵山东段（张家界世界地质公园）以泥盆纪石英砂岩垂直节理发育形成的柱峰、方山群闻名，属构造—侵蚀地貌奇观。

江南丘陵与红岩盆地：分布于江西北部、湖南中东部、湖北东南部。以古生代—中生代砂页岩、变质岩丘陵为主，地形起伏和缓。其间发育众多红层盆地（如湖南衡阳盆地、江西吉泰盆地），为丹霞地貌形成奠定物质基础。

南岭山地：湘、粤、桂、赣边界的构造分界山系（五岭），主脊以花岗岩高山为主，是华中与华南的生态屏障。其南翼的岭南地区受南岭构造影响，广东北部（韶关丹霞山）发育典型丹霞地貌，以顶平、身陡、麓缓的赤壁群峰为特征，2010 年列入世界自然遗产。广西全域发育全球最完整的热带—亚热带喀斯特序列，桂林喀斯特与环江喀斯特是"中国

"南方喀斯特"世界遗产核心区，乐业天坑群（世界地质公园）及崇左峰丛（遗产关联区）共同展示广西喀斯特的系统多样性。

三、对工程建设的影响及特点

交通建设：平原区（如江汉平原、洞庭湖区、桂东南郁江—浔江平原）首要任务是应对软土地基沉降和洪涝灾害威胁。铁路、公路路基常需采用深层搅拌桩、预压排水、CFG桩等方式进行加固处理，并配套完善的防洪排涝设施。丘陵区线路选线需灵活适应地形起伏，虽然工程难度相对低于西南高山峡谷区，但仍需合理设计坡度和曲线。喀斯特区（以广西最为典型）面临独特挑战，包括地基岩溶塌陷风险、隧道施工遭遇溶洞暗河、桥梁桩基需穿越复杂岩溶发育带等。工程中需广泛应用超前地质预报技术，并采取注浆加固、特殊支护结构等措施。选线时需尽量避开强岩溶发育区，或采用高架方式跨越不良地质段，工程挑战尤为严峻。

水利工程：该区域是长江防洪的关键区段，水利工程核心是防洪、水资源调配和灌溉。典型工程如三峡水利枢纽工程，对中下游防洪、发电、航运具有决定性作用，但也带来库区移民、生态影响等问题。平原湖区需建设大量堤防、泵站（如荆江大堤、四湖排水系统）应对洪涝。丘陵区建设众多水库（如丹江口水库——南水北调中线工程水源地）进行灌溉和供水。海绵城市建设在武汉、长沙等城市推广，缓解城市内涝。

农业工程：平原区土壤肥沃（部分存在潜育化、酸化问题），是中国重要的商品粮（水稻、小麦）、棉、油生产基地，适宜大规模机械化耕作和农田水利建设（如排灌系统）。推广生态农业模式（如"稻虾共作"）。

城市建设：沿江（如武汉、长沙、南昌）和湖区城市需防范洪水威胁和地基问题。高层建筑地基处理、地下空间开发（地铁）需考虑软土和地下水影响。

问题六 西南地区地貌有何特点？

西南地区包含重庆市、四川省、贵州省、云南省、西藏自治区。

一、总体地貌特征

西南地区地貌以高差剧变、喀斯特广布、青藏高原控势为总体格局，含横断山脉、云贵高原、四川盆地三大单元。

高差剧变：包含了从青藏高原东缘的横断山脉到四川盆地，再到云贵高原的显著地势变化。这种高差剧变的地貌特色，给西南地区的交通建设、水电开发等带来了极大的挑战，同时也造就了这一地区独特的自然风光。

喀斯特广布：以云贵高原最为典型，这里的喀斯特峰林洼地、喀斯特溶洞等景观丰富多样，形成了独特的喀斯特地貌景观。

青藏高原控势：作为青藏高原东缘的延伸，横断山脉地区的地貌特征深受青藏高原隆起的影响。这里的山脉走向、河流流向等都与青藏高原的隆起有着密切的关系。

二、典型地貌

青藏高原：西藏自治区中北部（藏北高原）、南部（藏南谷地）。辽阔高寒高原面（平均海拔＞4500m）；冰川冻土广布；内陆湖泊星罗棋布（纳木错、色林错等）；深切河谷发育（雅鲁藏布江大峡谷）。

横断山脉：川、滇、藏交界，青藏高原东缘。拥有"三江并流"（金沙江、澜沧江、怒江峡谷深逾2000m）；冰川地貌（贡嘎山海螺沟U形谷长30km）。

云贵高原：云南东部、贵州全境，西邻横断山，东接湘西。喀斯特峰林洼地（云南石林、贵州荔波）；断陷湖盆（滇池、洱海）。

四川盆地：四川中东部，北靠秦岭，南依云贵高原。底部成都平原（岷江冲积扇群）；边缘方山丘陵（川中红层砂泥岩互层，阶梯状台地）。

三、对工程建设的影响及特点

交通建设：横断山脉需跨越2000m级峡谷，云贵高原喀斯特区易塌陷。典型工程如川藏铁路的雅鲁藏布江大桥采用复合锚碇系统抗震；沪昆高铁贵州段的桥梁占比81％，避开岩溶密集区。

水电站建设：地形高差悬殊，需解决超高坝体稳定问题；地震活跃带，要求抗震设计达8度以上；峡谷区生态敏感，需控制库区滑坡风险。典型工程如白鹤滩水电站，作为世界第二高拱坝，采用低热水泥控制温度裂缝；库区安装北斗监测系统预警滑坡，搬迁人口6.2万；年发电量624亿度，满足7500万人年用电需求。

地质灾害防治：横断山脉活动断裂带位移速率达10mm/年，云贵高原岩溶塌陷区覆盖面积12万km²；季风区暴雨诱发泥石流。典型工程如昆明长水机场扩建，跑道偏移小江断裂带5km，地基采用碎石桩＋土工格栅加固，建设截洪沟系统应对单日平均降雨量200mm的极端天气。

中国地貌特征及工程建设影响总结对比表见表3-5。

中国地貌特征及工程建设影响总结对比表　　　　　　　　表3-5

地区	总体地貌特征概括	典型地貌	工程核心挑战	工程创新案例
西北	高原盆地相间、沙漠戈壁广布、山脉纵横	黄土高原、新疆"三山夹两盆"等	防风固沙、水源调配	兰新高铁防沙技术、坎儿井灌溉系统
华北	平原广布、山地环抱、海岸淤进	华北平原、燕山山脉	地面沉降、盐碱治理	京沪高速铁路超长桩基和复合地基技术、"穿黄隧道"
东北	三面环山、平原中开	松嫩平原、长白山火山群等	冻土路基、沼泽开发	哈大高速铁路冻土技术、大庆油田开发
华东	平原分布广泛、丘陵地形显著、海岸线长且岛屿众多	长江三角洲、江南丘陵等	软基处理、港口防淤	洋山深水港双导堤工程
中南	平原广布、丘陵山地环绕、河网湖群密布	江汉平原、广西喀斯特	岩溶塌陷、洪涝	三峡水利枢纽工程
西南	高差剧变、喀斯特广布、青藏高原控势	横断山脉、云贵高原、四川盆地	岩溶塌陷、高烈度抗震、超高坝工程	川藏铁路复合锚碇系统

工程地质技能训练——地貌识别和案例分析

一、地貌识别练习

1. 使用 Google Earth 识别中国不同地区的地貌差异。

2. 绘制某区域（如黄土高原沟壑区）地貌类型分布简图。

二、地貌与工程地质问题案例分析

分析对比长江三峡（侵蚀地貌）与黄河三角洲（堆积地貌）的工程地质问题。

工程实践

一、实践名称：地貌解译与工程适宜性评价（难度★★★）

二、具体要求

请自行组队，每组任意选择中国某地区的一类地貌进行地貌解译与工程适宜性评价，旨在加深对地貌类型识别、成因分析与工程风险评价方法的认识，进一步理解地貌特征对交通、水利、城市建设等工程的约束作用，提升解决实际问题能力。

第一阶段：选题与数据采集

任务1：选定研究区域与地貌类型

选择喀斯特地貌（如广西桂林、云南石林）；丹霞地貌（如广东丹霞山、福建武夷山）；海岸地貌（如海南三亚、山东青岛）等任意地貌类型。

任务2：数据获取

1. 遥感影像：天地图（Landsat 30m 分辨率）。

2. DEM 数据：USGS SRTM 1 米地形数据。

3. 地质图：中国地质调查局"地质云"平台。

4. 实地照片：通过实地考察或 Google Earth 采集地貌特写。

第二阶段：地貌解译与成因分析

任务3：地貌分类与特征描述

对选择的研究区域与地貌类型数据进行分析。

任务4：成因机制分析

对该地貌的成因进行深度分析，阐述该地貌形成的内力作用、外力作用、人类活动等因素影响（表1）。

地貌解译及成因分析表　　　　　　　　　　　　　　　　表1

所在区域	地貌类型	形态特征	判别标志	成因分析

第三阶段：工程适宜性评价

任务 5：判断地貌对工程建设的影响

结合所学内容，并查阅相关资料，总结该地貌对工程建设的影响。

任务 6：工程建设建议编制

根据该地貌特征，至少提出 3 项建议措施并说明依据（表 2）。

工程适宜性评价表　　　　　　　　　　　　　　　　　表 2

地貌类型	对工程建设的影响	工程建设建议
示例：喀斯特地貌	1. 溶蚀洼地：地表水汇集导致地基软化 2. 地下河：暗河活动引发地面塌陷 3. 陡崖：岩体风化松动，易发生崩塌	工程规划选址避让原则： ✗ 避开溶蚀洼地、暗河出口及陡崖边缘（风险等级Ⅰ级）； ✔ 优先选择阶地平台或基岩裸露区（稳定性高）。 ……

三、成果提交与考核

成果提交：小组提交包含"地貌解译及成因分析表＋工程建设建议"等内容的小组报告；

答辩汇报：随机抽取地貌单元，现场解译其地貌特征与成因、关键工程风险点、具体工程建议与实施可行性。

学习任务单

项目三 地貌特征剖析	姓名		
	班级：	学号：	
	学生自评	教师评价	导师评价
思考题	是否掌握	评分	评分
如何区分"内力作用"与"外力作用"的能量来源？			
"构造运动"与"岩浆活动"在地貌形成中分别起什么作用？			
地貌的形态分类与成因分类有何异同？举例说明（如侵蚀地貌属于哪种分类）。			
喜马拉雅山脉的"形成—成熟—衰亡"各阶段对应哪些地质作用？			
分析桂林峰林（喀斯特地貌）从形成到消亡的全过程。			
喜马拉雅山脉（褶皱山）与华山（断块山）的成因及形态差异是什么？			
塔克拉玛干沙漠的雅丹地貌与新月形沙丘分别由哪种风力作用形成？			

项目三 地貌特征剖析	姓名		
	班级：	学号：	
	学生自评	教师评价	导师评价
海蚀崖与海滩分别由侵蚀作用和堆积作用形成,各举一例说明。			
冲积平原建桥需考虑哪些地质因素？			
喀斯特地貌区修路如何避开溶洞？			
人类活动(如采矿、过度开垦)如何加速地貌演化？试举例说明。			

思政育人案例：地貌

地质奇迹——航拍中国地质公园

基础设施建设，不仅是工程技术领域的探索与实践，更是国家繁荣与人民幸福的坚实支撑。近年来，我国基础设施建设如雨后春笋，高速公路、桥梁、铁路等工程遍地开花，其壮阔景象远超学生日常所见。

"航拍中国"系列纪录片，以独特的视角和宏大的画面，将祖国大好河山的壮丽景色与基础设施建设的辉煌成就娓娓道来。广袤的大草原、雄伟的高山、宽广的平原，在镜头下展现出无尽的魅力与奇妙。同时，这些地貌类型对于人类生存与发展的重要性也跃然屏上，让人不禁感叹自然的伟大与工程师的智慧（图1～图3）。

图1 张家界国家森林公园山地地貌

观看过程中，我们应该深思：作为未来的工程师和技术人员，我们肩上承载着建设国家基础设施的重任。这不仅需要扎实的专业知识，更需要高度的责任感和使命感，为国家的进步与发展贡献自己的力量。纪录片中的每一个场景，都是对我们未来职业生涯的鼓舞与激励。

然而，我们也必须正视基础设施建设可能带来的环境问题。在建设过程中，若忽视生

图 2　吉林长白山火山岩地貌

图 3　广西喀斯特地貌

态保护，极易造成生态破坏、土地资源浪费等严重后果。

通过航拍中国地质公园记录片，不仅激发大家对祖国大好山河的热爱之情，增强专业自豪感和民族自豪感。同时，也应该关注生态文明建设的紧迫任务，成为既有责任感又有创新精神的工程师和技术人员。

模块二　剖析自然

- 模块二 剖析自然
  - 项目四　地质构造识读
    - 任务一　水平构造
      - 水平构造的定义和特殊地貌
      - 水平构造的特征
    - 任务二　倾斜构造
      - 倾斜岩层的定义和产状三要素
      - 岩层产状要素测量方法
      - 岩层产状记录方法
    - 任务三　褶皱构造
      - 褶皱的定义和基本类型
      - 褶皱的成因
      - 褶皱的形态要素
      - 褶皱的分类
      - 褶皱的野外识别
    - 任务四　断裂构造
      - 节理的定义
      - 节理的分类
      - 节理的分期与配套
      - 节理野外调查与工程评价
      - 节理玫瑰图绘制方法
      - 断层的定义和几何要素
      - 断层的分类
      - 断层野外识别
    - 任务五　地质构造与工程建设的关系
      - 地质构造制约工程建设
      - 地质构造助力工程建设
    - 任务六　阅读地质图
      - 地质图的基本内容
      - 地质构造在地质图上的表现
      - 阅读地质图
      - 地质剖面图绘制方法
  - 项目五　水文地质探究
    - 任务一　地表水的地质作用
      - 径流的形成过程
      - 流域特征对河流的影响
      - 河流的水系构成和分段依据
      - 河流的特征参数
      - 河流的侵蚀作用
      - 河流的搬运作用
      - 河流的沉积作用
    - 任务二　地下水的地质作用
      - 地下水的存在状态
      - 地下水的分类
      - 地下水的运动规律
      - 地下水的地质作用
      - 与地下水相关的地质问题

项目四　地质构造识读（技能点★★★）

在探索地质构造的奥秘之前，让我们先沉浸于一个自然奇观——瓦屋山的壮丽景象之中。瓦屋山，坐落于四川省眉山市洪雅县，是三座品字形桌山群中引人注目的北峰。自古以来，它便以居山、蜀山、老君山闻名遐迩，与峨眉山并誉为"蜀中二绝"。

瓦屋山以其独特的形态令人叹为观止：四周绝壁如削，围限出一片向东西两侧略倾的屋脊状山顶。无论你从哪个角度望去，它都宛如一座巨大的瓦屋矗立于天际，因此得名"瓦屋山"。瓦屋山位于四川省眉山市洪雅县内，海拔范围 1154～2830m，其中山顶平台平均海拔 2830m。

然而，这令人震撼的桌状山形究竟是如何形成的呢？从水平构造的稳固基础，到倾斜构造的微妙变化；从褶皱构造的曲折蜿蜒，到断裂构造的峻峭断裂，是何种地质构造的力量，造就了如此神秘而壮观的景象？在本项目中，我们将逐步揭开这一谜团。

任务一　水平构造

任务精讲（微课）
4-1 水平构造和
倾斜构造

问题一 什么是水平构造？

水平构造，指的是一个地区出露的岩层产状基本保持水平或接近水平的状态。这种构造通常出现在沉积岩中，因为沉积岩在形成时，其原始产状大多接近水平。然而，地壳的运动会对这些水平岩层产生影响，只有在构造运动影响轻微或地区经历大面积均衡升降的情况下，水平岩层才能得以较好保存。

问题二 水平构造有哪些特殊地貌？

水平构造岩层经风化剥蚀可形成一些独特的地貌景观：层理面平直、厚度稳定的岩层可形成阶梯状陡崖；交互沉积的软硬相间的水平岩层经风化可形成塔状、柱状、城堡状地形；若水平岩层的顶部为坚硬的厚岩层覆盖，不易风化剥蚀，则可形成方山和桌状山地形。

一、阶梯状陡崖

黄河壶口瀑布是中国第二大瀑布，也是世界上最大的黄色瀑布。其所在的岩层由于长期受黄河水流冲刷和风化剥蚀，形成了层理面平直、厚度稳定的阶梯状陡崖，瀑布从崖顶奔腾而下，气势磅礴。

长江三峡包括瞿塘峡、巫峡、西陵峡，两岸山势险峻，层峦叠嶂。这些山崖同样是由层理面平直、厚度稳定的岩层构成，经过长江水流长期冲刷和风化剥蚀，形成了壮观的阶梯状陡崖景观。

甘肃张掖丹霞地貌位于甘肃省张掖市，是一处由水平岩层经过长期风化剥蚀和流水侵蚀形成的阶梯状陡崖地貌。这里的岩层色彩斑斓，层理清晰，形成了独特的丹霞景观，同时也是研究地质构造和地貌演化的重要场所。

二、塔状、柱状、城堡状地形

张家界国家森林公园：张家界国家森林公园以独特的砂岩峰林地貌闻名于世，这里山峰如剑，直指云霄，形态各异的石柱、石峰拔地而起，宛如一座座天然的城堡或塔楼，是塔状、柱状、城堡状地形的典型代表。

桂林阳朔山水：桂林阳朔的山水风光以喀斯特地貌为主，但其中也不乏塔状、柱状、城堡状地形的身影。阳朔的月亮山便是一个典型的例子，其山顶有一穿透山体的巨洞，形如明月高悬，周围的山峰则呈现出塔状、柱状的特点。

新疆乌尔禾"魔鬼城"（雅丹地貌）："魔鬼城"位于新疆克拉玛依市乌尔禾区，是一处典型的雅丹地貌。这里的风蚀地貌形态各异，有的如城堡、宫殿，有的如塔楼、碑林，是塔状、柱状、城堡状地形的又一重要代表。

三、方山和桌状山地形

瓦屋山：瓦屋山山顶平台广阔平坦，四周峭壁如削，是典型的方山和桌状山地形。其形成得益于顶部坚硬的厚岩层覆盖，有效抵抗了风化剥蚀作用。

罗奈马山（南美洲北部帕卡赖马山脉最高峰）：罗奈马山是南美洲的一座著名平顶山，其山顶平坦广阔，四周被陡峭的悬崖所环绕。这座山的形成与顶部坚硬岩层的保护作用密切相关，是方山和桌状山地形的又一典型实例。

桌山（南非共和国境内山岭）：南非桌山位于开普敦市区附近，是一座海拔超过千米的巨大岩石山体。其山顶平坦如桌面，四周被陡峭的悬崖所环绕，是方山和桌状山地形的又一典型代表。

📚 **知识链接**

罗奈马山与《飞屋环游记》的艺术再现

动画电影《飞屋环游记》中，老人卡尔驾驶装满气球的房屋飞往南美洲的"仙境瀑布"，其原型为罗奈马山的天使瀑布。影片中的平顶山群地形与帕卡赖马山脉实际地貌吻合，该地区拥有众多边缘陡峭、顶部平坦的平顶山峰，为"仙境瀑布"场景提供了真实地理背景。

问题三 水平构造有哪些基本特征？

一、地质界线与等高线平行或者重合

在水平构造区域，由于岩层近似水平展布，未受到显著的褶皱或倾斜影响，因此地质界线（即不同岩层或岩性之间的分界线）往往与地形等高线保持平行或甚至重合的关系。这种特征在地质图上尤为明显，可以帮助地质技术人员快速识别水平构造区域，并理解岩层与地形之间的空间关系。当地质界线与等高线平行时，表明岩层在水平方向上延伸，且其产状（即岩层的空间位置和形态）相对稳定。水平构造示意图如图 4-1 所示。

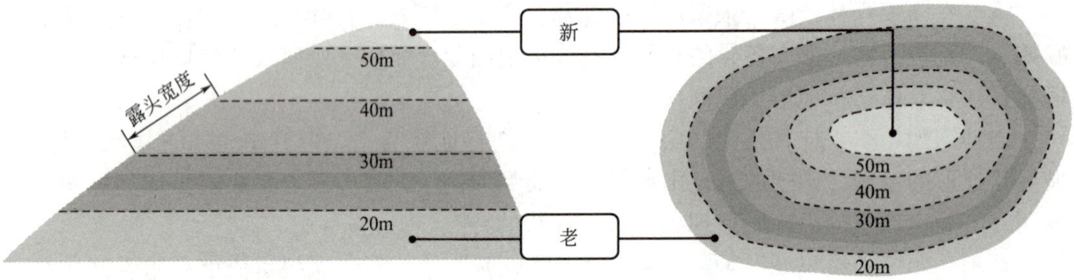

图 4-1 水平构造示意图

二、老岩层出露在地形低处，新地层出露在地形高处

在水平构造中，由于岩层是按照沉积顺序依次叠置的，老岩层位于下方，新地层位于上方。因此，在地形上，老岩层往往出露在地形较低的位置，而新地层则出露在地形较高的位置。这一特征反映了地质历史中岩层的沉积顺序和地壳的升降运动。通过观察地层的出露情况，地质技术人员可以推断出区域的地质发展史以及地壳运动对岩层分布的影响。

三、露头宽度取决于岩层厚度和地面坡度

露头宽度是指岩层在地表出露的宽度。在水平构造中，露头宽度的大小主要取决于两个因素：岩层的厚度和地面的坡度。当岩层厚度相同时，地面坡度越陡，露头宽度反而越小；当地面坡度相同时，岩层越薄，露头宽度就越小。这一特征对于地质勘探和矿产资源评价具有重要意义，因为露头宽度的变化可能直接影响矿产资源的可采性和开采成本。

四、在地形图上，两岩层界线的高差即为岩层厚度

在地形图上，相邻岩层产状或岩性不同，其界线会形成明显高差。水平构造中，岩层界线高差基本代表岩层厚度，为地质人员提供了估算方法。通过对比地形图上的岩层界线高差和实地测量的岩层厚度，地质技术人员还可以验证地形图的准确性，并进一步研究区域的地质结构。

任务二 倾斜构造

问题一 什么是倾斜构造？

倾斜构造，指的是原本处于水平状态的岩层，在地壳运动的强大作用力下，其状态发生改变，形成与水平面呈现一定夹角的构造形态。这种构造的产生，主要是由于地壳的水平挤压作用，导致岩层发生弯曲变形，从而在地质体的局部区域呈现出明显的倾斜特征。

问题二 什么是岩层产状三要素？

岩层产状，作为地质学中描述岩层空间位置和形态的关键概念，是指岩层在三维空间中的延伸方向、倾斜程度及其与水平面的相对关系。为了准确刻画这一复杂状态，我们引入了岩层产状三要素：走向、倾向和倾角。走向和倾向用方位角表示（方位角是以正北方向为起点，顺时针旋转至目标方向所形成的角度）。岩层产状要素如图 4-2 所示。

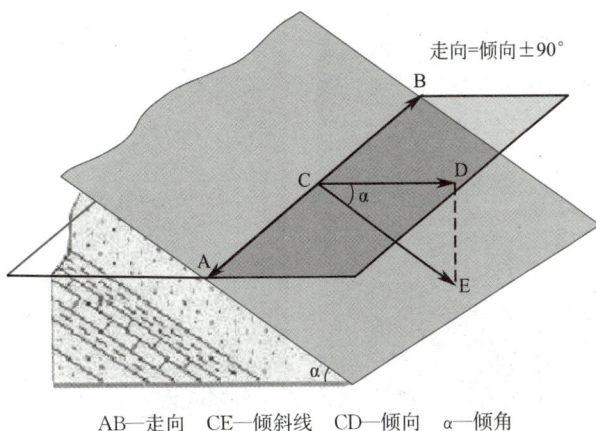

AB—走向　CE—倾斜线　CD—倾向　α—倾角

图 4-2　岩层产状要素

一、走向

走向，是指岩层面与水平面相交形成的交线（即走向线，如图 4-2 中的 AB）在水平面上的延伸方向，用方位角来表示。值得注意的是，由于岩层是向两个相反方向无限延伸的，因此走向具有两个方位角，数值相差180°。在描述时，我们通常采用"东西走向"或"南北走向"等表述方式，以体现其双向性，而非单一的"东走向"或"南走向"。

二、倾向

倾向表示岩层倾斜的方向，具体为垂直于走向线并沿层面向下所引的直线（如图 4-2 中的 CE）在水平面上的投影线（如图 4-2 中的 CD），同样用方位角来表示。与走向不同，倾向是单向的，只指向岩层倾斜的一侧。由于倾向与走向在水平面上垂直，因此它们的方位角数值相差90°，即走向＝倾向±90°。

三、倾角

倾角是描述岩层倾斜程度的重要参数，是指岩层面与水平面之间所夹的锐角（如图 4-2 中的 α），角度范围在 0°～90°。倾角的大小直接反映了岩层的倾斜程度，是判断岩层稳定性、分析地质构造特征的重要依据。

问题三 如何测量岩层产状三要素？

一、岩层产状的测量工具

通常用地质罗盘仪测定岩层产状要素，地质罗盘仪主要由磁针、倾角指示针、圆水准泡、长管水准泡、倾角刻度盘和水平刻度盘组成。倾角刻度盘以中心位置为 0°，分别向左右两侧每隔一定角度（如 5°或 10°）标记一次刻度，直至达到最大测量范围（如 90°）。水平刻度盘上的刻度从 0°开始按逆时针方向每 5°或 10°一记，连续刻至 360°，0°和 180°分别指向"N"和"S"，90°和 270°分别指向"E"和"W"。地质罗盘仪如图 4-3 所示。

任务精讲（微课）
4-2 实训二：地质
罗盘使用

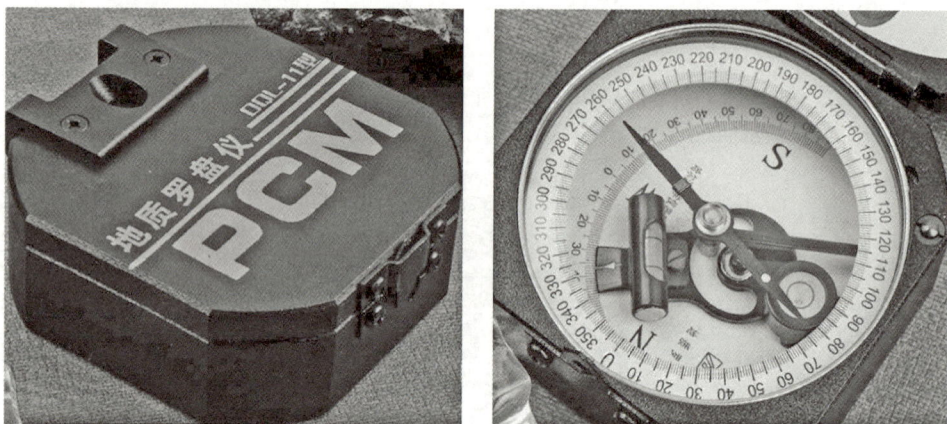

图 4-3　地质罗盘仪

二、岩层产状三要素的测量方法

岩层走向测定：罗盘长边贴于层面，放平使圆水准泡居中，北针或者南针所指刻度盘的读数（两个数值相差 180°），就是岩层走向。

岩层倾向测定：罗盘短边与走向线平行，罗盘北针指向岩层倾斜方向，调整水平，使圆水准泡居中，北针所指读数，就是岩层倾向。

岩层倾角测定：罗盘长边竖直紧贴倾斜线，使长边与走向垂直，转动罗盘背面的倾斜器，使长管水准泡居中（如果长管水准泡未居中，那么倾角指示针所指的读数将包含由于罗盘倾斜而产生的误差，导致测量结果不准确），倾角指示针所指读数就是岩层倾角。

测量岩层产状三要素如图 4-4 所示。

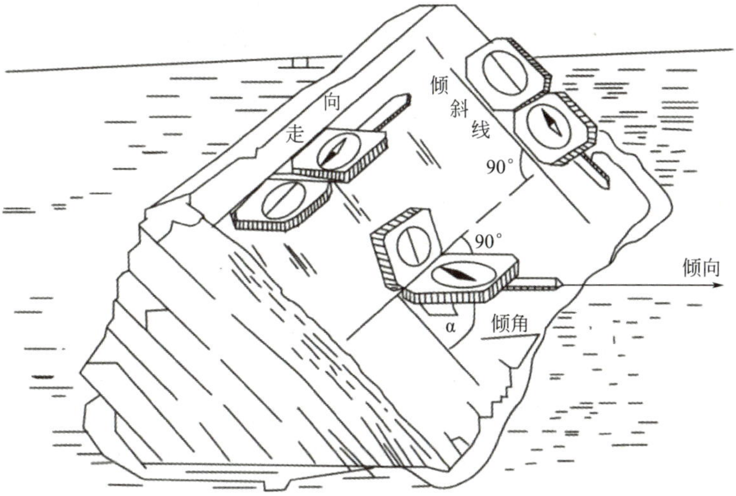

图 4-4　测量岩层产状三要素

知识链接

如何判断地质罗盘仪的南针和北针?

在地质罗盘仪的详细使用中,存在多种设计和标记方式以帮助使用者准确识别并应用罗盘进行地质测量。刻度盘上,"N"标记地理北极,"S"标记地理南极,便于快速定位。磁针设计各异,北针可能更宽或尖,颜色也可能不同。部分罗盘仪磁针带特殊标记或装饰,如北半球南针缠铁丝以平衡磁针下沉,南半球则北针缠铁丝。

问题四　如何记录岩层产状?

岩层产状的记录有两种方法。

1. **象限角法**。使用象限角法记录岩层产状时,一般记走向、倾角和倾向。倾向在这里通常与走向一起,用象限角来表示,即从一个基本方向(如北端或南端)出发,逆时针旋转到目标射线(如岩层的倾斜方向)所经过的角度,并注明所在的象限。例如,如果测得某岩层的走向为 N45°E(即北偏东 45°),倾角为 30°,倾向为 SE(即倾向南东),则可以记录为"N45°E　∠30° SE"。

2. **方位角法**。使用方位角法记录岩层产状时,一般记倾向和倾角。倾向在这里直接用方位角来表示,即从一个点的正北方向出发,顺时针旋转到目标方向(如岩层的倾斜方向)所经过的角度。例如,如果岩层的倾向方位角为 150°,倾角为 45°,则产状记录为"150°　∠45°"。

岩层的产状三要素在地质图上可用符号∠25°来表示,其中长线表示走向,短线表示倾向,数字代表倾角。

工程地质技能训练营——地质罗盘仪测定岩层产状要素

实训目标:利用地质罗盘仪和地质实训模型,通过方位角法和象限角法准确测定并记录岩层的产状要素,包括岩层的走向、倾向和倾角。

实训工具与材料：地质罗盘仪、地质实训模型（含不同产状的岩层）、岩层产状要素记录表。

实训准备：确保地质罗盘仪处于良好工作状态，磁针能够自由且平稳地旋转。检查地质实训模型，选择具有明显岩层产状特征的部分进行测量。

注意事项：

1. 安全使用：在操作地质罗盘仪时，要轻拿轻放，避免摔落或碰撞，以免损坏仪器。

2. 环境干扰：测量时应远离磁性物质或强磁场环境，以免影响地质罗盘仪的准确性。

3. 细心观察：在测定岩层产状时，要仔细观察岩层的特征，确保测量的准确性。

4. 准确记录：测量结果要及时、准确地记录在表格中，包括走向、倾向和倾角等要素。

5. 仪器保养：实训结束后，应清洁地质罗盘仪，并妥善存放，以延长其使用寿命。

岩层产状要素记录表：

岩层产状要素记录表

项目	测量结果（方位角法）	测量结果（象限角法）	备注
岩层走向			
岩层倾向			
岩层倾角			
岩层产状记录			

任务三　褶皱构造

任务精讲（微课）
4-3 褶皱构造

问题一　什么是褶皱构造？

组成地壳的岩层，受构造应力的强烈作用，使岩层形成一系列波状弯曲而未丧失其连续性的构造，称为褶皱构造。褶皱是地层产生的塑性变形的形象反映，是地壳中广泛发育的地质构造的基本形态之一，尤其在层状岩石中表现最为明显。研究褶皱的产状、形态、类型、成因及分布特点，对于揭示一个地区的地质构造及其形成和发展具有重要的意义。褶皱构造对工程建筑物也有非常大的影响。

问题二　如何判别褶皱的基本形态？

褶皱千姿百态，但基本形态只有两种，即背斜和向斜，如图4-5所示。

背斜——岩层向上拱起的弯曲形态，其中心部位（核部）岩层较老，两侧岩层较新，呈相背倾斜。（记忆口诀：背驼如拱桥，老岩藏中央）

向斜——岩层向下凹陷的弯曲形态，其中心部位（核部）岩层较新，两侧岩层较老，

呈相向倾斜。（记忆口诀：凹陷如锅底，新岩卧中央）

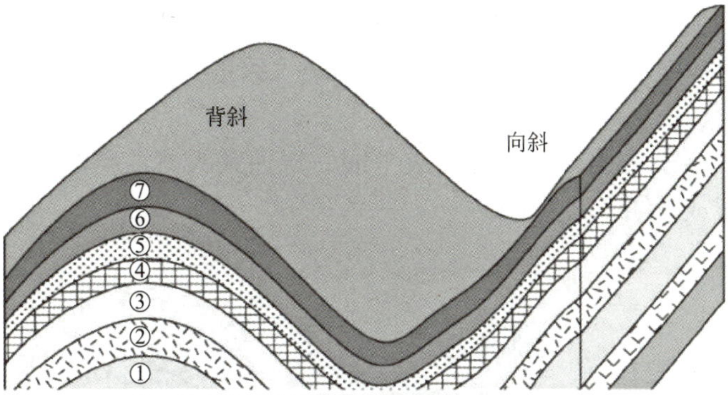

图 4-5 背斜和向斜

问题三 褶皱是如何形成的？

褶皱是地壳中岩石层发生弯曲的一种现象，其形成机制与受力方式、变形环境和岩石层的力学性质密切相关。岩层发生褶皱的作用力形式如图 4-6 所示。

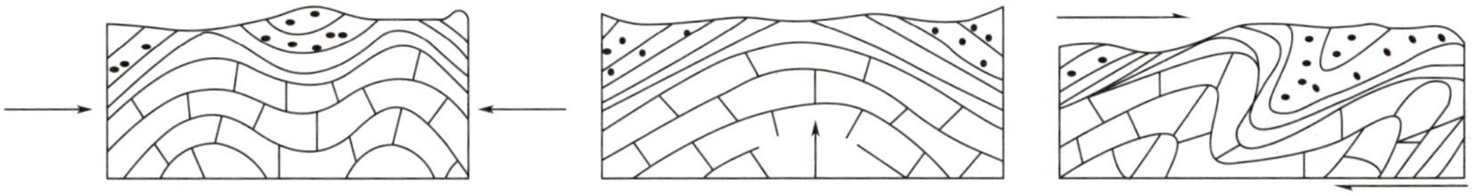

图 4-6 岩层发生褶皱的作用力形式

1. 水平侧压作用力形成褶皱：顺层或侧向挤压导致岩层在垂直于应力方向上挤压应变，形成纵弯褶皱。岩层力学性质差异起主导作用，强硬层失稳弯曲形成等厚褶皱，软层被动调整适应。进一步挤压使褶皱更紧闭。

2. 垂直作用力形成褶皱：与层面近乎垂直的外力导致岩层弯曲，形成横弯褶皱。外力可由基底断块升降、岩层重力上浮或岩浆上涌引起。横弯褶皱特点为岩层整体拉伸，常形成顶薄褶皱或顶部地堑。

3. 力偶作用形成褶皱：地区两侧出现水平力偶或剪切作用，导致岩层倾斜或弯曲。褶皱在平面上斜列式排列，褶皱轴与力偶反方向夹角渐小至平卧。剖面上岩层受力偶作用产生歪斜褶皱，轴与力偶正向或相交约 45°。

问题四 褶皱包含哪些形态要素？

褶皱构造的一个弯曲叫褶曲。褶皱的形态要素主要有核、翼、转折端、轴面和枢纽等，如图 4-7 所示。

1. 核部。核部是褶皱中心部分的岩层（图 4-6 中的①）。背斜的核是最老的岩层，向斜的核是最新的岩层。

2. **翼部**。翼部是核部两侧对称出露的岩层（图4-6中的②和③）。

3. **转折端**。转折端是从一翼转到另一翼的过渡的弯曲部分，即两翼的汇合部分，它的形态常为圆滑的弧形，也可以是尖棱或一段直线。

4. **轴面**（图4-7中EDGF围成的面）。轴面是大致平分褶皱两翼的假想面。轴面可能是平面，也可能是曲面。

5. **枢纽**（图4-7中BL）。枢纽是褶皱中同一层面最大弯曲点的连线。枢纽可以是直线，也可以是曲线或折线。

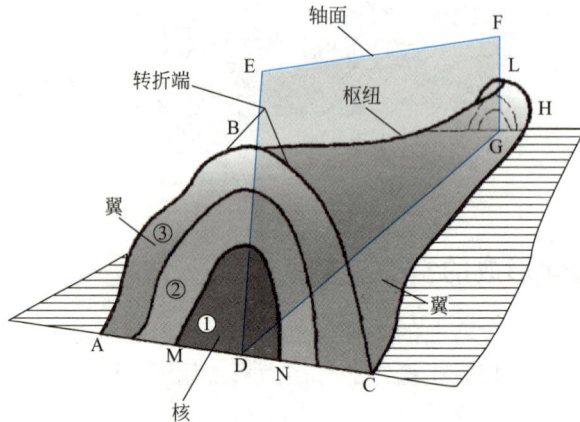

图 4-7　褶皱形态要素

问题五　褶皱如何分类？

褶皱的形态分类可以根据不同的标准进行，以下是几种主要的分类方法：

1. 按照褶皱的轴面和两翼的产状分类

按照褶皱的轴面和两翼的产状划分褶皱类型如下：

直立褶皱：轴面直立，两翼岩层倾向相反，倾角基本相等，如图4-8（a）所示。

倾斜褶皱：轴面倾斜，两翼岩层倾向相反，倾角不等，如图4-8（b）所示。

倒转褶皱：轴面倾斜，两翼岩层倾向相同，一翼岩层层位正常，另一翼老岩层覆盖于新岩层之上，如图4-8（c）所示。

平卧褶皱：轴面水平或近于水平，两翼岩层产状也近于水平，一翼岩层层位正常，另一翼岩层发生倒转，如图4-8（d）所示。一般倒转褶皱和平卧褶皱是由于受到力偶作用形成。

2. 按照褶皱纵剖面上枢纽的产状分类

水平褶皱：此类褶皱的枢纽近乎水平地延伸，其两翼的岩层走向大致保持平行并且对称分布，具体形态可参考图4-9（a）。

倾伏褶皱：此类褶皱的枢纽则呈现向一端倾伏的态势，导致两翼岩层的露头线不再平行延伸，而是形成弧形合围的状态，具体形态可参考图4-9（b）。

3. 按照褶皱在平面上的形态分类

线形褶皱：这类褶皱沿某一特定方向延伸甚远，其延伸的长度显著大于分布宽度，形

(a) 直立褶皱

(b) 倾斜褶皱

(c) 倒转褶皱

(d) 平卧褶皱

图 4-8 按照褶皱的轴面和两翼的产状划分褶皱类型

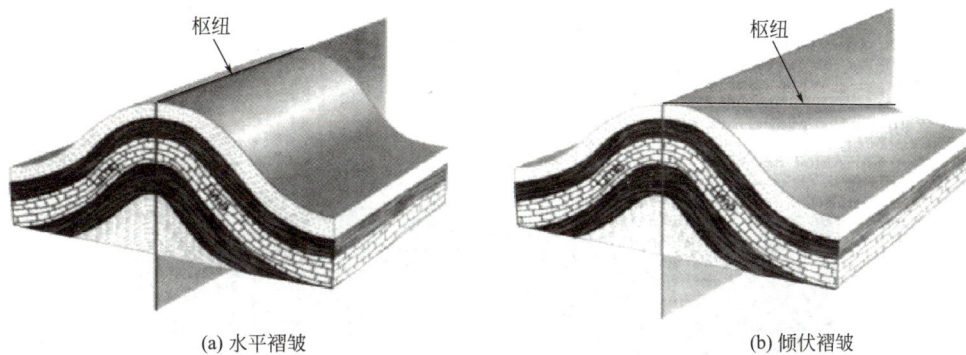

(a) 水平褶皱

(b) 倾伏褶皱

图 4-9 褶皱按纵剖面上枢纽的产状示意图

成长宽比大于 10∶1 的狭长形褶皱构造。

短轴褶皱：相较于线形褶皱，短轴褶皱在两端延伸的距离较短，其在平面上的长宽比介于 3∶1～10∶1，呈现出较为宽扁的形态。

穹隆与构造盆地：当褶皱的长宽比小于 3∶1 时，我们称之为圆形或似圆形的褶皱。其中，背斜形态的褶皱被称为穹隆，而向斜形态的褶皱则被称为构造盆地。

4. 按照褶皱在横剖面上的组合类型分类

褶皱在横剖面上的组合类型如图 4-10 所示。

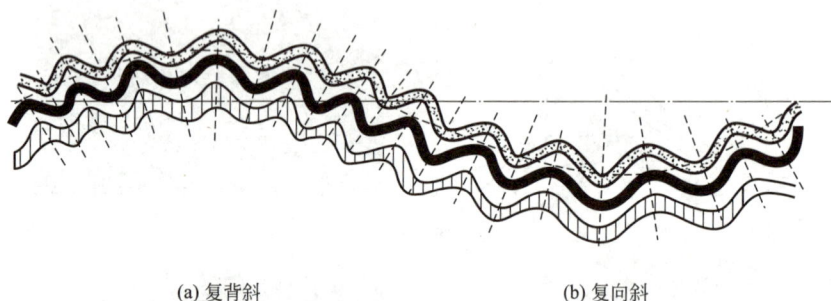

(a) 复背斜　　　　　　　　　　　　　(b) 复向斜

图 4-10　褶皱在横剖面上的组合类型分类示意图

复背斜：一个巨大的背斜，其两翼被与轴面延伸近一致的次一级褶皱所复杂化。天山、秦岭就是典型的复背斜构造实例。

复向斜：同样是一个巨大的向斜，其两翼也被与轴面延伸方向相近的次一级褶皱所复杂化。在实际地质构造中，例如四川盆地的某些区域就展现了复向斜的特征。

问题六　在野外如何识别褶皱？

在地质褶皱形成的初期阶段，背斜通常呈现为凸起的山岭，而向斜则表现为低洼的谷地，这是大自然的初步雕琢。然而，随着时间的推移，风化和剥蚀的力量不断重塑着大地，使得这些初始的地形特征逐渐模糊甚至颠倒。

由于背斜在发生褶曲时向上凸起，其顶部受张力作用，岩石破碎，容易被风化侵蚀，因此在长期的地质演变中往往会被侵蚀成谷地。相反向斜底部岩层受到挤压作用，岩性坚硬，抗风化能力强。因此，向斜在地质演变中更不容易被侵蚀。在原始地形中，向斜通常会形成谷地，但由于其底部岩层的坚固性，向斜在经过长期侵蚀后反而可能成为山岭。褶皱风化剥蚀示意图如图 4-11 所示。

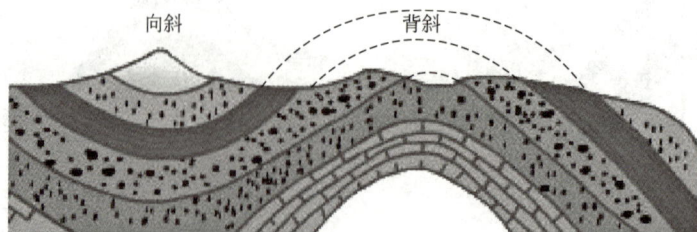

图 4-11　褶皱风化剥蚀示意图

在少数情况下，如沿山区河谷或道路两侧，岩层的弯曲可能直接暴露，是背斜还是向斜一目了然。然而，在多数情况下，地面岩层呈倾斜状态，无法直接看清岩层的完整弯曲形态。在野外实践中，我们通常以穿越法为主，追索法为辅，两者结合使用来更准确地识别褶皱构造。

首先，采用穿越法。沿选定的调查路线，垂直于岩层走向进行观察。当地层出现对称重复分布时，即可判断存在褶皱构造。如图 4-12 所示，区内岩层走向近东西，从南北方向观察，有志留系及石炭系地层两个对称中心，其两侧地层重复对称出现，可判断该地区有两个褶皱构造。其次，再分析地层新老组合关系。左半部的褶曲构造，中间是新地层 C，两侧较老地层依次为 D 和 S，故为向斜；右半部的褶曲构造，中间是老地层 S，两侧对称分布的较新地层依次为 D 和 C，故为背斜。

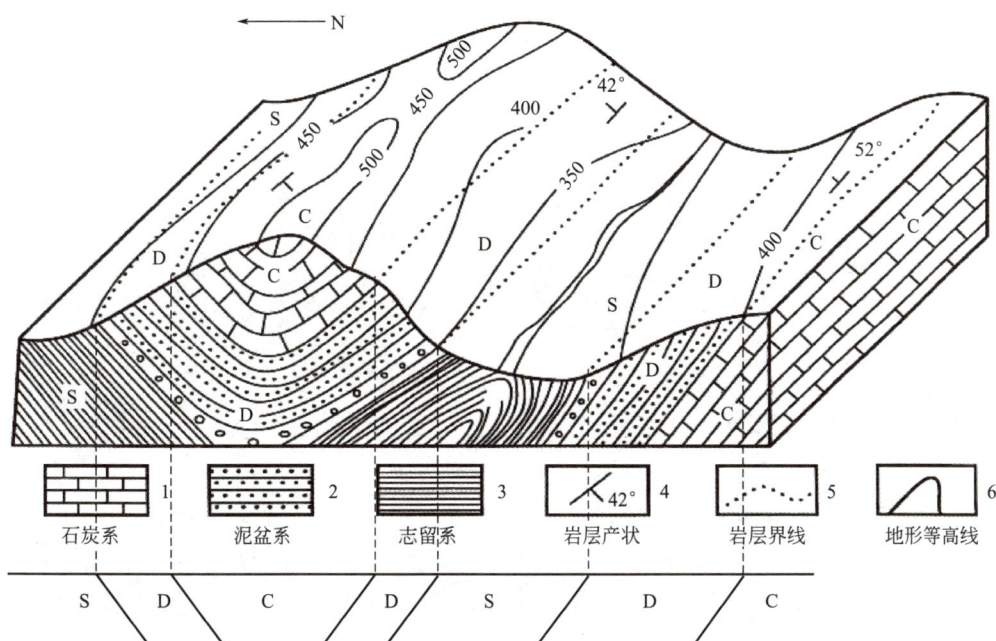

图 4-12 褶皱构造立体图

其次，采用追索法。平行于岩层的走向进行调查，观察两翼在空间上的延伸方向和倾向变化，以进一步查明褶皱的形态类型。以图 4-12 向斜为例，其两翼岩层倾向相反、倾角相近，应判定为直立向斜；而背斜的两翼岩层均向北倾斜，其中一翼层序正常，另一翼倒转，因此应判定为倒转背斜。

工程小贴士：在进行工程地质考察时，我们不能仅凭山体的高低来简单判断背斜与向斜。真正的识别需要依赖于岩层的形态特征及其变化规律。背斜在地表的显露特征是从中心向两侧延伸，岩层按照从老到新的顺序对称重复；而向斜则恰恰相反，从中心到两侧，岩层以从新到老的顺序对称排列。这一知识，是我们在复杂地质环境中准确识别背斜与向斜，进而指导工程实践的关键。

工程地质技能训练营——褶皱识别

1. 判断图 4-13 中褶皱的类型并标出轴线的位置。

图 4-13 判断褶皱类型

2. 以图 4-14 中 AB 线为穿越剖面方向,分析暮云岭地区地形地质图,标出褶皱核部的位置,并判断该褶皱的类型。

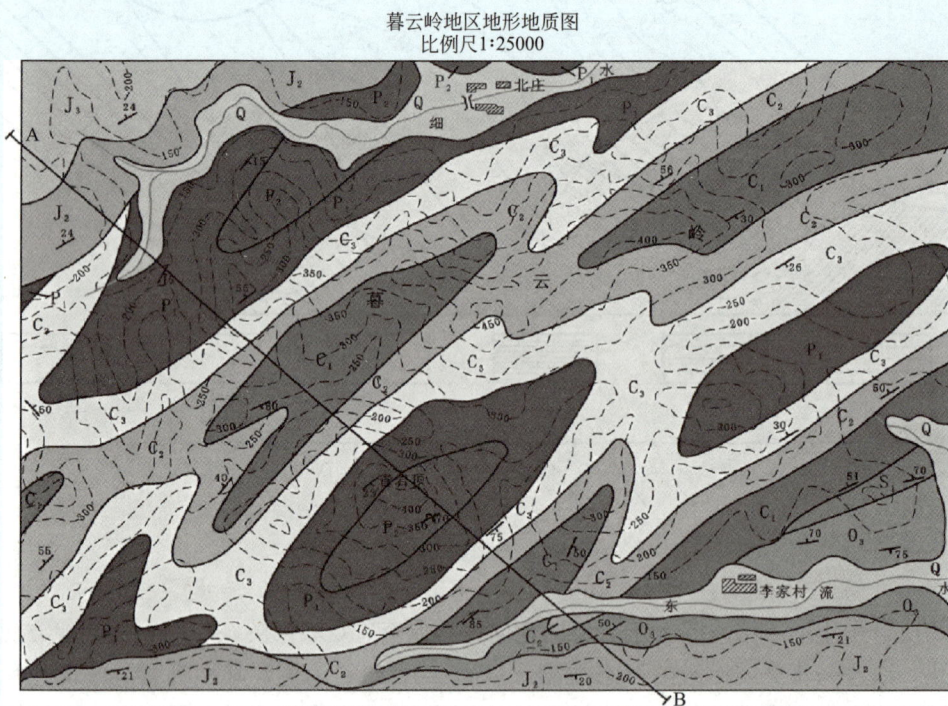

图 4-14 暮云岭地区地形地质图

任务四 断裂构造

岩层在地应力作用下发生变形,当应力超过岩石的强度,岩体的连续完整性受到破坏而产生的断裂现象,称为断裂构造。根据断裂面两侧岩块有无明显相对移位的情况,可把断裂构造分为节理和断层两类。节理，也称为裂隙，是指岩石中岩块沿破裂面没有出现明显位移的断裂；断层是指岩石在构造应力的作用下发生断裂，且沿断裂面两侧岩块有明显位移的构造现象。

断裂构造不仅在地质学研究中占有重要地位，而且在实际工程应用中也非常重要。例如，断裂构造可以作为石油、天然气二次运移的良好通道，油气沿断裂通道的运移比在岩石孔隙中运移更为容易。此外，断裂构造的研究对于评估地质环境的稳定性和潜在风险、矿产资源的分布和成矿作用有着重要影响。

问题一　什么是节理？

岩石在力的作用下发生破裂，其中没有明显位移的破裂称为节理，亦称为裂隙，标志着断裂构造的初级阶段。它广泛存在于地壳的各类岩石之中，常常将岩石切割成具有特定几何形态的裂隙系统。节理面既可能是平直的面，也可能呈现为曲面，其产状特征包括走向、倾向和倾角，且这些节理在岩石中往往平行产出，构成一组组有序的节理系。节理方向主要与受力方向有关，通常与地层方向无关。

节理的发育程度和分布特征直接影响岩石的稳定性，并可能成为断层活动的源头或岩浆上升的通道。在水文地质学中，节理扮演着地下水流动通道的角色，对地下水的补给和运移起着关键作用。此外，在矿产勘探中，节理不仅能揭示古应力场的信息，还能增加水、石油和天然气等流体的渗透性，因此，对节理的深入研究有助于矿产资源的勘探和开发。

知识链接

节理与解理：岩石与矿物的不同破裂现象辨析

节理与解理是地质学中的两个不同概念。节理是岩石受外力作用产生的裂缝，影响岩石的完整性、稳定性和渗透性。解理是矿物受力后沿一定方向破裂形成的光滑表面，是矿物的固有性质。节理属岩石层面的宏观现象，解理为矿物层面的微观现象。

问题二　节理如何分类？

节理的形成原因多样，为了系统地认识和理解，我们通常依据其成因及特征进行如下分类。

一、按成因分类

节理往往是褶皱和断层的伴生产物，然而自然界中的岩石节理并非都是由地质构造运动造成的。根据节理的成因可将其分为原生节理和次生节理。

（一）原生节理

原生节理是岩石在形成过程中即已存在的裂隙。这类节理的形成与岩石的成因密切相关。例如，细粒沉积岩在沉积过程中因缩水而形成的泥裂，玄武岩因岩浆快速冷却而形成的柱状节理，以及花岗岩在岩浆侵入过程中由于冷却不均而产生的节理等，均属于原生节理的范畴。

（二）次生节理

次生节理则是岩石成岩后，在后期地质作用过程中形成的裂隙。根据其次生作用的不同，可进一步分为构造节理和非构造节理。

1. 构造节理

构造节理是由地壳运动产生的构造应力作用所形成的节理。这类节理具有明显的方向性和规律性，往往与地质构造线或断层等有一定的空间关系。在地质构造活跃的区域，如断层附近，常可见到一系列平行或近似平行的构造节理，它们是地壳运动的重要记录。

2. 非构造节理

非构造节理则是岩石受外力地质作用（如风化作用、水的作用、生物作用等）而产生的裂隙。这类节理常局限于地表浅部岩石中，其分布和形态往往受地表环境因素的影响。非构造节理的形成是地表岩石风化、侵蚀等过程的重要表现。

🔍 知识拓展

玄武岩的柱状节理和花岗岩的球状风化

玄武岩在形成过程中，并不总是发育原生节理。那种典型的六边形节理，只有在超大规模岩浆喷发，且冷却速度极其缓慢的情况下才有可能形成。如果喷发规模较小，冷却速度较快，则会形成具有典型气孔状和杏仁状构造的玄武岩（图 4-15）。

花岗岩为深成岩浆岩，由地下岩浆冷凝而成，通常在距地表 4km 以下。冷凝时产生三组近垂直节理，切割岩体成块。接近地表时，风化加剧，尤其是节理交汇处，棱角渐被剥蚀成球形石蛋（图 4-16）。

图 4-15　玄武岩石柱正六边形节理

图 4-16　花岗岩球状风化

二、按力学性质分类

（一）张节理

张节理是岩石在张应力作用下，当应力超过其抗拉强度时产生的裂隙，具有以下主要特征：

1. 产状较不稳定，常呈现短而弯曲的形态。

2. 张节理面粗糙不平整，通常无擦痕存在。

3. 节理缝一般较宽，常被其他物质充填，形成脉状结构。

4. 张节理在形成过程中会绕过砾石和粗砂等坚硬部分（即"欺软怕硬"）。

5. 张节理可呈不规则树枝状、各种网络状，或追踪 X 型节理而形成锯齿状，也可表现为单列或共轭雁列式排列。

6. 张节理的尾端可能出现树枝状或多级分叉等现象。

7. 张节理通常平行于最大主应力方向。

（二）剪节理

剪节理是由剪应力产生的破裂面，通常伴随有轻微位移，节理面上可出现擦痕、阶步、镜面等特征，具有以下主要特征：

1. 节理面产状相对稳定，沿走向和倾向延伸较远。

2. 剪节理面平直紧闭，一般没有岩脉充填。

3. 在砾岩和砂岩等岩石中发育的剪节理，一般会穿切砾石和胶结物。

4. 典型的剪节理常呈共轭 X 型节理系出现，两组节理的运动方向相反，锐夹角平分线是最大主应力的方向。共轭的两组剪节理发育程度可能不同，当两组都发育完好时，岩石会呈现棋盘状或菱形状。

5. 主剪裂面由羽状微裂面组成，这些羽状微裂面与主剪裂面的交角一般小于 30°，多为 10° 左右，这个角度大致相当于岩石内摩擦角的一半。通过观察剪节理中羽状微裂面的排列情况，找到它们与主剪裂面相交形成的锐角，这个锐角所指的方向即为本盘错动的方向。

6. 岩石中的节理在经历多次地质运动后，其性质可能会被后期改造。例如，早期的剪节理在后期可能会被拉开，形成锯齿状的追踪张节理。

剪节理和张节理力学性质分析如图 4-17 所示。雁列张节理如图 4-18 所示。共轭 X 型剪节理如图 4-19 所示。

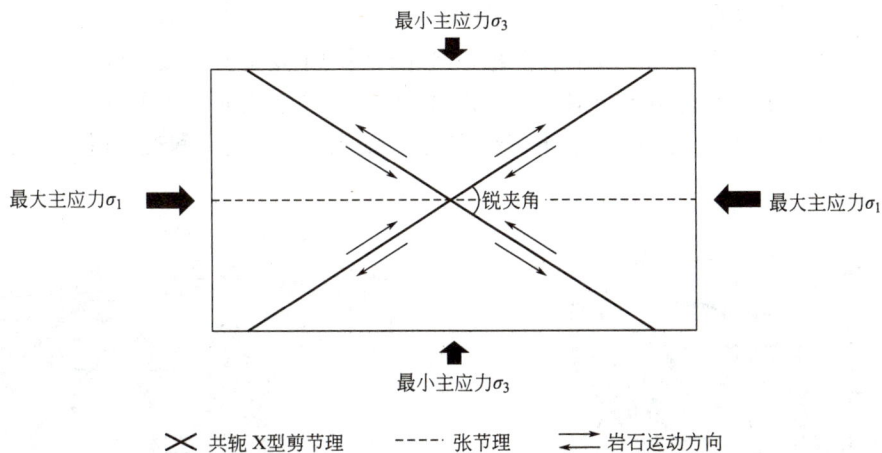

图 4-17　剪节理和张节理力学性质分析

图 4-18　雁列张节理

图 4-19　共轭 X 型剪节理

三、按节理张开程度分类

1. 宽张节理：节理缝宽度大于 5mm，表现出明显的张开状态。
2. 张开节理：节理缝宽度在 3～5mm，具有一定的张开度。
3. 微张节理：节理缝宽度在 1～3mm，张开程度较小。
4. 闭合节理：节理缝宽度小于 1mm，几乎处于闭合状态。

四、按节理与岩层产状要素的关系分类

根据节理与岩层产状分类如图 4-20 所示。
1. 走向节理：节理的延伸方向大致与岩层走向平行，两者方向一致。
2. 倾向节理：节理的延伸方向大致与岩层走向垂直，形成明显的交叉。
3. 斜交节理：节理的延伸方向与岩层走向斜交，既不完全平行也不完全垂直。
4. 顺层节理：节理面大致平行于岩层层面，与岩层产状高度一致（注：此类型虽列出，但前三种更为常见）。

五、按节理走向与区域褶皱枢纽方向、断层的主要走向等关系分类

根据节理与褶皱关系分类如图 4-21 所示。
1. 纵节理：节理走向与区域褶皱枢纽方向或断层的主要走向大致平行。
2. 横节理：节理走向与区域褶皱枢纽方向或断层的主要走向大致垂直。
3. 斜节理：节理走向与区域褶皱枢纽方向或断层的主要走向斜交，既不完全平行也不完全垂直。

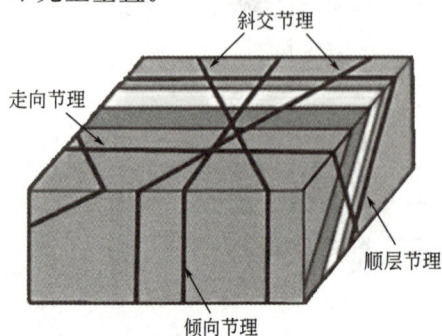

图 4-20　根据节理与岩层产状分类

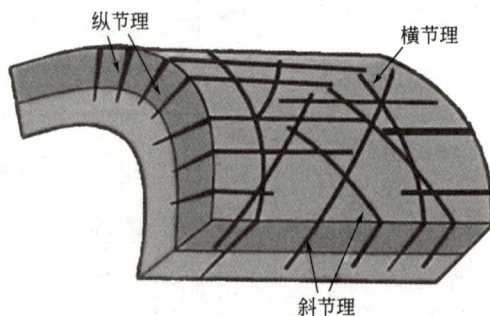

图 4-21　根据节理与褶皱关系分类

在特定情况下，如褶皱轴延伸稳定且不发生倾伏（即水平褶皱）时，走向节理相当于纵节理，倾向节理相当于横节理，斜向节理则相当于斜节理。

一、节理分期

节理分期是指将一个地区不同时期形成的节理，按期分开。根据节理的交切关系（错开、切断、限制、互切、终止、追踪、利用及改造等）以及节理与地质体（如岩脉）的关系，来判断节理形成的先后顺序。主要依据如下：

（一）节理组的交切关系

错开：后期形成的节理切断或错开前期形成的节理［图 4-22（a）］。

限制：一组节理延伸到另一组节理时突然中止［图 4-22（b）］。

互切：两组节理同时形成时，互相交切或切错，有时成共轭关系［图 4-22（c）］。

追踪、利用和改造：后期节理利用早期节理，顺早期节理追踪或对早期节理加以改造，故后期节理比早期节理更明显、更完整［图 4-22（d）］。

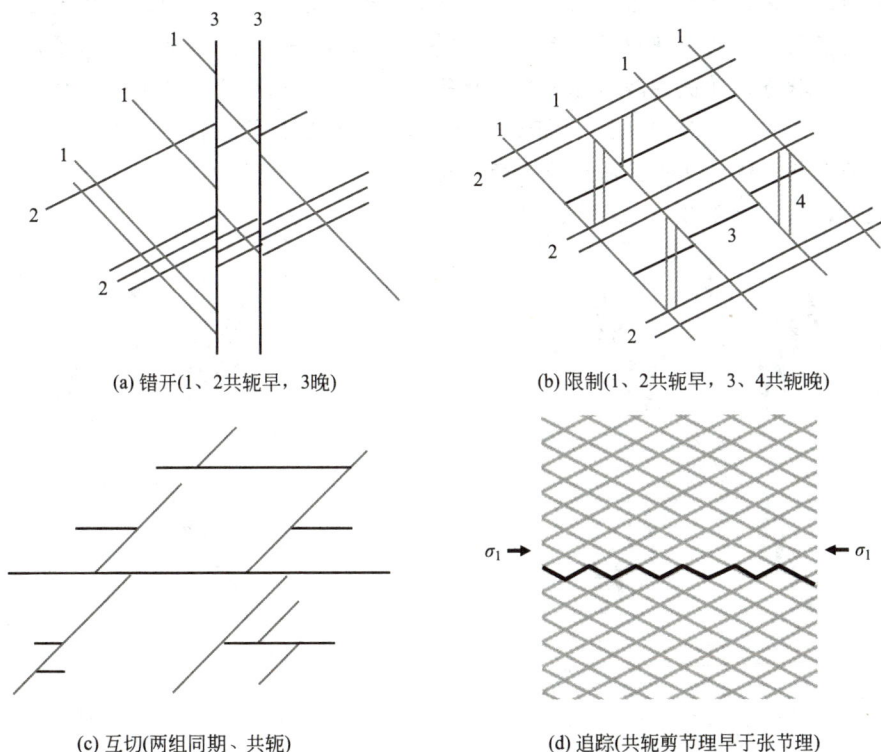

(a) 错开(1、2共轭早，3晚)　　　　　　(b) 限制(1、2共轭早，3、4共轭晚)

(c) 互切(两组同期、共轭)　　　　　　(d) 追踪(共轭剪节理早于张节理)

图 4-22　节理组分期

（二）节理与有关地质体的关系

利用岩脉、岩墙等地质体间接判定节理形成顺序。例如，一组有岩脉充填的节理被一组无岩脉充填的节理切错，则前者先形成。一组节理被侵入体所截断，而另一组节理切过该侵入体，说明前一组节理先形成，后一组晚形成。

二、节理配套

在一个地区，我们将同一时期由统一应力场作用下形成的、具有不同性质和不同方向但彼此之间存在成因联系的节理系统，称之为节理配套。节理的分期配套对于分析区域构造发展史、确定古构造应力场具有至关重要的意义。以下是共轭剪节理的配套依据：

1. 根据两组节理的形态、斜列方式以及组合形式（如雁列式张节理组合、羽列式剪节理组合等），可以确定运动方向的最大主应力方位。

2. 利用两组剪节理的相互切错确定其共轭关系（两组同期）。

3. 利用三组剪节理的交互关系、滑动方向和所夹锐角的关系进行配套（通常涉及两期节理）。

知识拓展

何为雁列状节理和羽列状节理？

在节理分析中需要同时考虑区域大应力场和局部应力场的影响。

雁列状节理组合如图 4-23 所示，其单个节理多为张节理，这通常是局部应力场为张应力的结果。然而，这些张节理以雁列式的组合方式出现，则是区域大应力场剪切作用的产物。雁列节理中的单条节理形态多样，有平直型、S 型、Z 型等，它们常表现为张开状态，并被方解石脉、石英脉等物质充填。雁列角一般较大，约为 45°。

羽列状节理组合如图 4-24 所示，无论是单个节理还是整个羽列状组合，都是剪切作用的产物。这意味着区域大应力场和局部应力场均为剪切作用。羽列状节理的羽列角较小，通常小于 30°，多为 10°左右。

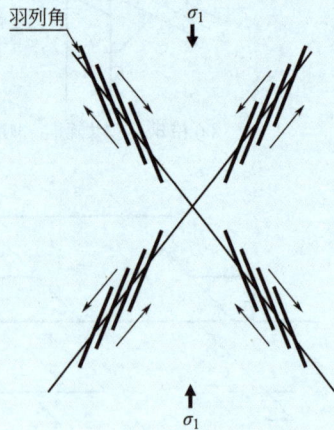

图 4-23　雁列状节理组合　　　　　　图 4-24　羽列状节理组合

问题四　如何开展节理野外调查与工程评价？

一、节理野外调查内容

1. 地质背景：调查地层分布、岩性特征、褶皱形态及断层发育情况，全面了解并掌据调查区域的地质构造基本框架。

2. 岩层及节理的产状：测量并记录岩层和节理的走向、倾向及倾角，为节理与岩层关系的分析提供基础数据支持。

3. 节理的密度：通过统计节理线密度［单位长度（通常是垂直于节理走向的方向）内节理的条数，用"条/m"表示］、节理面密度（单位面积内节理面条数，用"条/m²"表示）和节理体密度（单位体积岩体内含有的节理面条数，用"条/m³"表示）来描述节理的发育程度。

4. 节理面特征：观察并记录节理的张开程度、充填物质类型及性质、节理壁的粗糙程度以及充水情况，为节理的工程性质评价提供依据。

二、节理观测记录

在野外调查过程中，应详细记录节理的观测数据，包括位置、产状、密度、面特征等，确保数据的准确性和完整性，为后续的节理工程评价提供可靠基础（表4-1）。

节理观测登记表   表 4-1

点号及位置	地层时代及岩性	岩层产状及构造部位	节理产状	节理组系及力学性质	节理分期配套	节理密度	节理面特征及充填物	备注

三、节理工程评价

节理广泛分布且常向断层过渡，对工程稳定性有显著影响。张节理因张拉应力形成，张开度大，易成水体和软弱物质通道，工程性能差；剪节理因剪切作用形成，闭合或张开度小，工程性能相对较好。节理倾向与边坡一致时易导致失稳。节理密度大、宽度宽，或面间充填软弱介质，或充水饱和，均对工程不利，需采取相应措施确保工程安全稳定。

问题五 如何绘制节理玫瑰图？

要了解节理的分布规律和特点，就必须对野外所测量的大量节理资料进行室内整理、统计和编制图件。节理统计常用的图件包括节理玫瑰图、节理极点图和节理等密图等，其中节理玫瑰图在工程应用中最为广泛。节理玫瑰图可以分为节理走向玫瑰图、节理倾向玫瑰图和节理倾角玫瑰图。

任务精讲（微课）
4-4 实训三：
节理玫瑰图
绘制

一、节理走向玫瑰图绘制方法

（一）资料整理

1. 节理观测统计：根据工程实际需求，在主要建筑物地段选取 $1\sim4m^2$ 节理发育较为典型、具有代表性的岩体面积。将节理走向换算至北东和北西象限，每隔5°或10°为一区间进行分组；

2. 统计分析：统计每组节理的条数以及走向区间的中值（或平均值），从而确定最发育的节理组。

（二）确定玫瑰图比例尺

根据作图尺寸和各组节理数目，合理设定线条比例尺。以最多节理条数（或稍多于此）的线段长度为半径，绘制半圆。沿半圆周清晰标出东、西、北三个方向，并通过圆心绘制北线及东西线。根据需要在半圆周上标出 5°或 10°倍数的方位角。

（三）找点连线

根据各组方位角的平均值或中间值，在半圆周上作出相应记号（或辅助线）。然后，从圆心向圆周上该点的半径方向，按照该组节理数目和所定比例尺确定一点。依次连接相邻组的点，形成一条闭合折线（若某组节理数为 0，则连线返回圆心，再从圆心引出与下一组相连），即完成节理走向玫瑰图的绘制。

（四）最发育节理倾向和倾角表示方法

1. 将最发育节理组的走向沿半径延伸出半圆外，按比例划分刻度（0°，10°，…，90°）以代表倾角。

2. 切线方向表示倾向，确定条数线段的比例尺。

3. 统计该组节理在不同倾角区间内的条数，以倾角区间为底、条数为高绘制三角形，直观展示节理的倾角分布。

节理走向玫瑰图（含最发育节理倾向和倾角）如图 4-25 所示。

二、节理倾向和倾角玫瑰图绘制方法

倾向和倾角玫瑰图通常重叠绘制在同一张图上，通过不同颜色或线条进行区分，以便更全面地展示节理的倾向和倾角特征。

1. 节理倾向玫瑰图：倾向区间为 0°～360°，将节理倾向方位角按 5°或 10°的间隔进行分组。统计每组节理的条数和倾向区间中值（或平均值），找点和连线的方法与走向玫瑰图一致。

2. 节理倾角玫瑰图：倾角区间为 0°～90°，按照节理倾向方位角分组，计算每组的平均倾角。以圆半径长度代表倾角，从圆心至圆周分别对应 0°～90°。连线方法与走向、倾向玫瑰图保持一致。

节理倾向和倾角玫瑰图如图 4-26 所示。

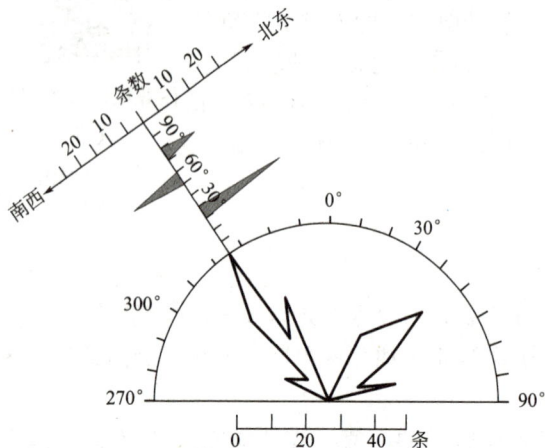

图 4-25 节理走向玫瑰图（含最发育节理倾向和倾角）

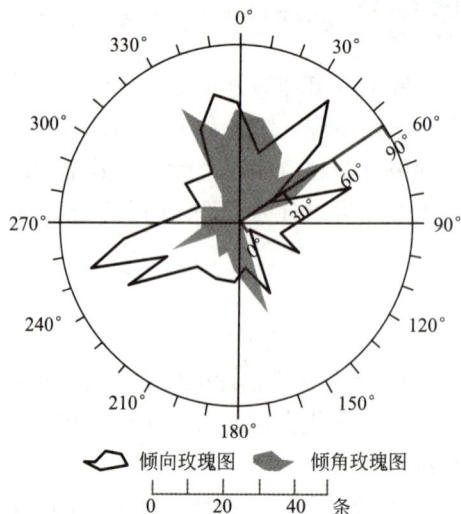

图 4-26 节理倾向和倾角玫瑰图

工程地质技能训练营——节理走向玫瑰图绘制

某坝址的地质勘察工作中，对节理进行了详细的统计，统计结果见表4-2。为直观展示该坝址节理的走向分布特征，现要求根据表4-2的数据绘制节理走向玫瑰图。

某坝址的节理统计表 表4-2

走向/°	条数	走向/°	条数	走向/°	条数	走向/°	条数
0～10	0	51～60	19	271～280	0	321～330	25
11～20	0	61～70	10	281～290	14	331～340	22
21～30	20	71～80	20	291～300	0	341～350	30
31～40	50	81～90	0	301～310	10	351～360	0
41～50	35	—	—	311～320	30	—	—

问题六 什么是断层？

断层是指岩石在构造应力的作用下发生断裂，且沿断裂面两侧岩块有明显相对位移的构造现象。断层使节理进一步发展和扩大。断层的规模不一，大的可达上千公里，小的只有几米；其相对位移量可从几厘米到几百公里。

任务精讲（微课）
4-5-1 断层-上

问题七 断层包含哪些几何要素？

断层的基本组成部分称为断层要素，它包括断层面和断层破碎带、断层线、断盘、断距等。断层几何要素示意图如图4-27所示。

任务精讲（微课）
4-5-2 断层-下

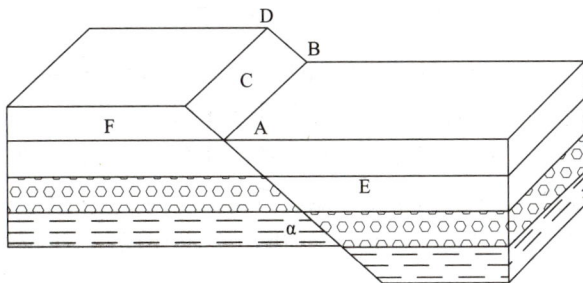

AB—断层线；C—断层面；E—上盘；F—下盘；α—断层倾角；DB—滑距

图 4-27 断层几何要素示意图

1. 断层面和断层破碎带：两侧岩块发生相对位移的破裂面，称为断层面。大的断层往往不是一个简单的面，而是多个面组成的错动带，因其间岩石破碎，故称为断层破碎带。

2. 断层线：断层面和地面的交线，或为断层面在地表的出露线，称为断层线。断层线表示断层构造所延伸的方向。断层线的长短反映了断层的规模所影响的范围，它是很重要的地质界线之一。

3. 断盘：断盘，是指断层面两侧的岩块。如果断层面是倾斜的，位于断层面上侧的岩块，称为上盘；位于断层面下侧的岩块，称为下盘。如果断层面是直立的，可用方位来表示：东盘、西盘、南盘以及北盘等。

4. 断距和滑距：断距，是指断层两盘相当层（或对应层）之间的相对位移距离。滑距，是指断层两盘实际的位移距离，即错动前的一点在错动后被分成两个对应点之间的实际距离。单条断层的位移量通常从断层的端点向中心点（或断裂带中心）逐渐增加。

问题八 断层如何分类？

一、根据断层两盘相对位移分类（记忆口诀：正断上盘落，断面平且直；逆断上盘升，断面多曲折）

1. 正断层。上盘相对下降，下盘相对上升的断层称为正断层，如图 4-28（a）所示。正断层主要是受到地壳拉张力和（或）重力作用形成的。在拉张力作用下，地壳被拉伸，岩石因超过其强度极限而破裂，并沿断层面发生相对滑动，其断层面倾角较陡，通常在45°以上，以 60°左右较为常见。断层面往往较为平直，当断层带较宽时，常常可以观察到断层角砾的存在。

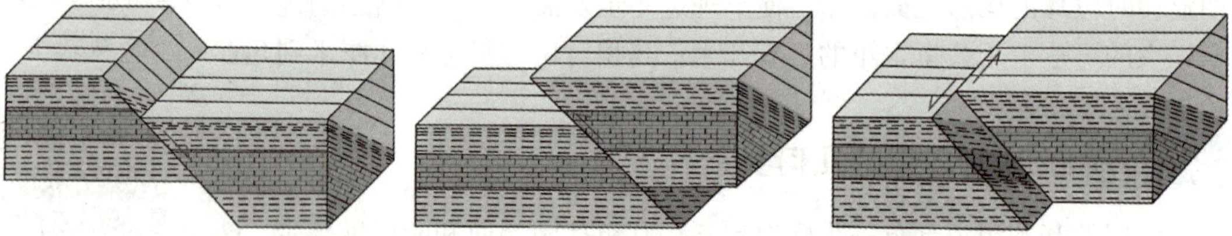

(a) 正断层　　　　　　　　(b) 逆断层　　　　　　　　(c) 平移断层

图 4-28　根据断层两盘相对位移分类

2. 逆断层。上盘相对上升，下盘相对下降的断层称为逆断层，如图 4-28（b）所示。逆断层的形成与地壳的挤压运动或地幔物质上升等作用密切相关。当岩石层受到挤压或抬升时，会形成逆断层。逆断层断裂带较紧密，常出现擦痕，在断裂带内还可能发育有构造透镜体等特征构造。逆断层的活动往往与地震活动密切相关。逆断层的断裂带是地震的高发区域，对人类生活和安全构成潜在威胁。逆断层按断层面倾角的不同又可细分为以下三种类型。

（1）冲断层。倾角大于 45°的逆断层称为冲断层。冲断层的断层面倾角较陡，断层两盘的相对位移较大，常常伴随着强烈的地震活动。

（2）逆掩断层。倾角在 25°～45°的逆断层称为逆掩断层。逆掩断层的断层面倾角适中，断层两盘的相对位移较小，但也可能引发地震。此外，逆掩断层常常与褶皱构造相伴生，是地壳挤压作用的重要表现。

（3）辗掩断层。倾角小于 25°的逆断层称为辗掩断层。辗掩断层的断层面倾角较缓，断层两盘的相对位移较小，但由于断层带较宽，常常伴随着广泛的塑性变形和构造透镜体的发育。辗掩断层是地壳长期缓慢挤压作用的结果，其活动性相对较低，但也可能在特定条件下引发地震。

推覆构造是一种特殊的地质构造现象，其中巨大的外来岩席（即推覆体）沿着一个近于水平的滑动面（倾角通常较小，约为 10°～15°）发生长距离的滑移（位移通常大于15km），可以视为辗掩断层的一种。这种滑移过程中，常常可以观察到较老的岩层覆盖在较新的岩层之上，形成了一种看似"飞来"的奇特地貌，故有时也被称为"飞来峰"。

在推覆构造中，当逆冲断层和推覆构造发育地区遭受强烈侵蚀切割时，部分外来岩块会被剥蚀掉，从而露出下伏的原地岩块。这种由上盘岩席环绕、四周以断层线为界的下盘局部露头，地质学上称为"构造窗"。"飞来峰"与"构造窗"示意图如图 4-29 所示。

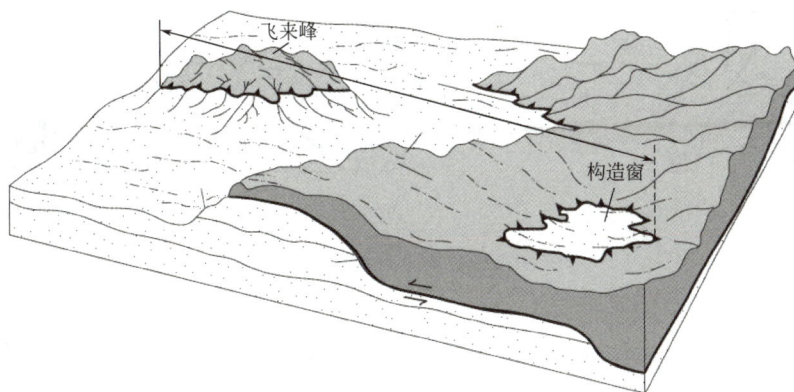

图 4-29   "飞来峰"与"构造窗"示意图

3. 平移断层。断层两盘沿断层走向相对滑动，而无显著上下垂直移动的断层称为平移断层，也称走滑断层或平推断层，如图 4-28（c）所示。平移断层的形成与剪切应力有关。这种应力主要来自两旁的剪切力作用，导致断层两盘沿断层走向相对位移，而无上下垂直移动，断层面较为平直、光滑。

对于走滑断层，当垂直于断层走向观察时，根据对盘（即观察时位于断层一侧的岩盘）的运动方向，可以将其分为左行和右行。对盘向左运动称为左行走滑断层，对盘向右运动称为右行走滑断层，如图 4-30 所示。

右行走滑断层　　　　　　　　　　左行走滑断层

图 4-30   右行和左行走滑断层

此外，还存在一种斜向滑动断层，其滑移矢量可以分解为走滑分量和倾滑分量。根据这两个分量的相对大小，可以进一步命名为正—平移断层、平移—正断层、逆—平移断层、平移—逆断层等。在这些命名中，以后一个分量（即倾滑分量或走滑分量中较大者）为主来确定断层的性质。

🔍 **知识拓展**

断层形成的安德森模式

安德森模式认为，地壳中的岩石在受到三个相互垂直的主应力（最大主应力 σ_1、中间主应力 σ_2、最小主应力 σ_3）作用，当岩石的强度无法抵抗这些应力的作用时，就会发生断裂，形成断层。根据安德森模式，不同的应力状态会形成不同类型的断层，主要包括正断层、逆断层和平移断层（图 4-31）。

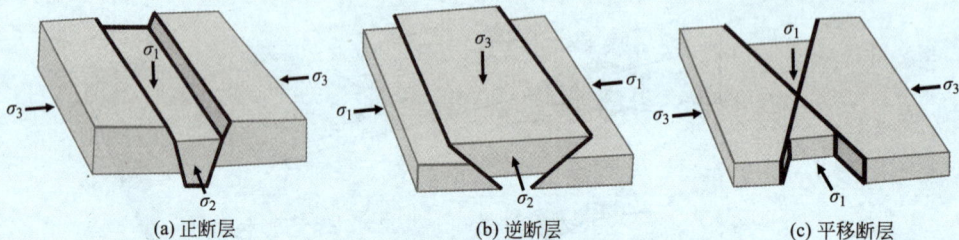

(a) 正断层　　　　(b) 逆断层　　　　(c) 平移断层

图 4-31　断层形成的安德森模式

1. 正断层

应力状态为 σ_1 直立，σ_2 和 σ_3 水平，且 σ_2 与断层走向一致。在拉伸应力作用下，上盘岩石相对下盘岩石向下滑动。这种应力状态常见于板块边界的拉伸区域或裂谷地带，断层面倾角往往较大。

2. 逆断层

应力状态为 σ_3 直立，σ_1 和 σ_2 水平，且 σ_2 与断层走向一致。在挤压应力作用下，上盘岩石相对下盘岩石向上滑动。这种应力状态常见于板块碰撞带或褶皱山脉的根部，断层面倾角一般较小。

3. 平移断层

应力状态为 σ_2 直立，σ_1 和 σ_3 水平，且 σ_1（或 σ_3，但通常考虑 σ_1 因为其与断层走向斜交的情况更常见）与断层走向斜交。在剪切应力作用下，断层两侧的岩石沿断层面发生水平滑动。断层面多近于直立，断层形成后，地质体的位置发生水平错移。这种应力状态常见于板块边界的转换断层或走滑断裂带。

二、按断层规模分类（图 4-32）

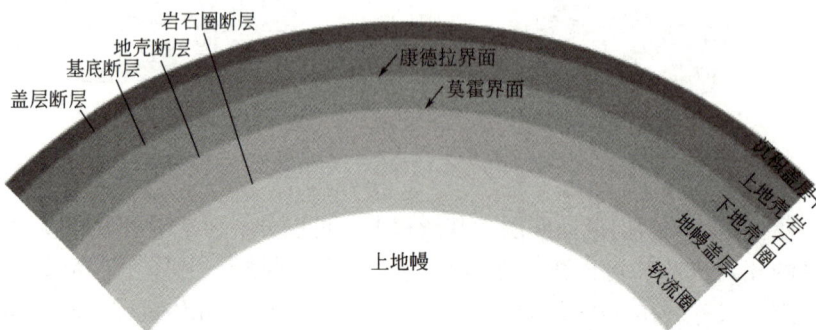

图 4-32　按断层规模分类

岩石圈断层：切穿整个岩石圈并到达软流圈的断裂。

地壳断层：切穿地壳并到达莫霍界面的断裂。

基底断层：位于地壳变质基底中的断裂。

盖层断层：位于沉积盖层中的断裂。

三、按断层走向与褶皱轴向的关系分类

纵断层：断层走向与褶皱轴向基本平行。通常情况下，纵断层多为逆断层。

横断层：断层走向与褶皱轴向基本垂直。通常情况下，横断层多为正断层。

斜断层：断层走向与褶皱轴向斜交。通常情况下，斜断层以平移断层为主。

四、断层组合类型

断层在地壳中的实际发育情况很少是孤立的，它受区域性或地区性地应力场的控制，并经常与相关构造相伴生。在各构造之间，依一定的力学性质，以一定的排列方式有规律地组合在一起，形成不同形式的断层带，根据其出露的形状，可分为：

1. 阶梯状断层。若干条断层走向大致平行，倾向大体相同，上盘向同一方向呈阶梯状依次下降的断层组合类型。

2. 地垒和地堑：

地垒：两侧断盘相对下降，中间断盘相对上升的断层组合形式。

地堑：两侧断盘相对上升，中间断盘相对下降的断层组合形式。地垒常成为块状山地，地堑常成为盆地、谷地。

阶梯状断层、地垒和地堑如图 4-33 所示。

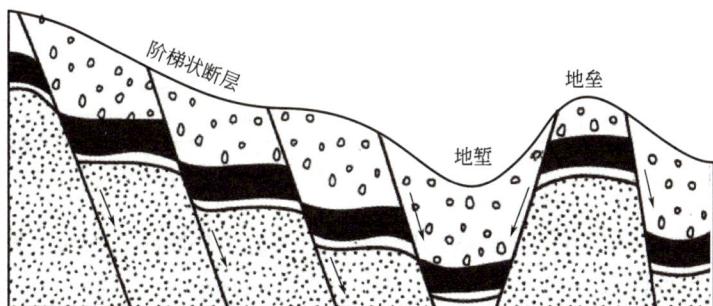

图 4-33 阶梯状断层、地垒和地堑

3. 叠瓦状断层。若干条断层大致平行排列，逆冲方向大体一致，上盘依次上推，覆盖成叠瓦状的断层组合类型，如图 4-34 所示。该区域应力由拉张转为挤压，上盘原本下

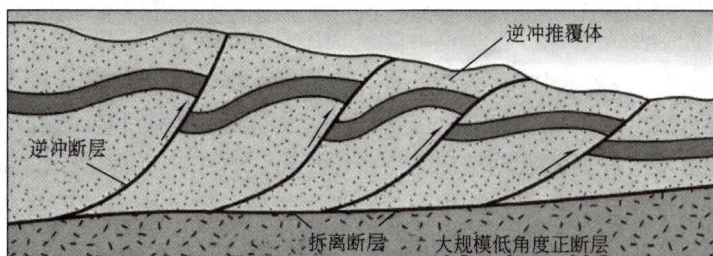

图 4-34 叠瓦状断层

沉的岩层被反向推高，在拆离断层之上形成新的逆冲断层。

问题九 **在野外如何识别断层？**

由于断层面两侧岩体产生了相对位移，在地表形态和地层构造上反映出一定的特征和规律性，这就为野外识别断层提供了依据。

一、构造上的特征

构造上的特征主要有擦痕、阶步、破碎带、构造上的不连续和牵引构造等。

1. 擦痕和阶步。 断层面上下盘错动摩擦而留下的痕迹称为断层擦痕。擦痕一端粗而深，一端细而浅，由粗深端向细浅端指示对盘的方向。手感觉顺一个方向比较光滑，指示对盘运动方向。

阶步是指在断层滑动面上与擦痕直交的微细陡坎，正阶步陡坎面向对盘运动方向，反阶步指示本盘运动方向。正阶步眉峰常呈弧形弯转，反阶步眉峰常呈棱角直切。

擦痕和阶步如图 4-35 所示。根据擦痕和阶步判断断层两盘运动方向如图 4-36 所示。

图 4-35 擦痕和阶步

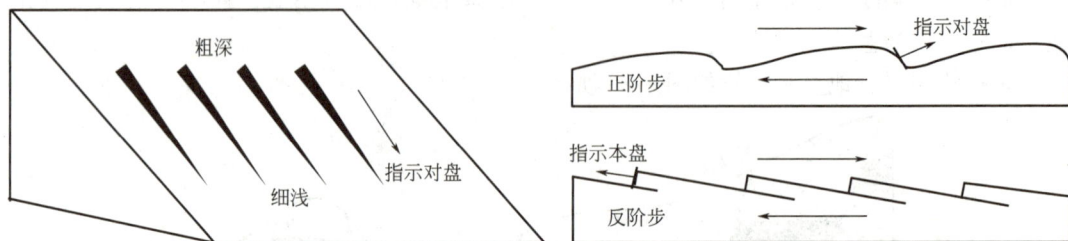

图 4-36 根据擦痕和阶步判断断层两盘运动方向

2. 破碎带。 破碎带是指在断层活动中，由于两盘岩体的相对运动，导致断层面附近岩石遭受破坏，形成碎石和粉末的区域。这些碎石经过胶结作用，可以形成多种特殊的岩石类型，如断层角砾岩、糜棱岩、假玄武玻璃等，而粉末状物质则被称为断层泥。断层角砾岩如图 4-37 所示。断层泥如图 4-38 所示。

（1）断层角砾岩。断层角砾岩仍保留着原岩的基本特征，其粒度通常大于 2mm。胶结物主要由磨碎的岩屑、岩粉以及外来物质组成。角砾的大小不一，磨圆程度也各不相同，这些角砾可能杂乱无章地分布，也可能呈现出一定的定向排列。

（2）糜棱岩。糜棱岩是韧性断层的产物，其形成与断层活动中的塑性变形和研磨作用密切相关。糜棱岩具有细粒化、片理化等特征，是研究断层活动和岩石变形的重要对象。

（3）假玄武玻璃。假玄武玻璃是在断层挤压研磨过程中，局部岩石因高温熔化并迅速冷却而形成的黑色玻璃状岩石。其外貌与玄武玻璃相似，因此得名"假玄武玻璃"。同时，它也被视为一种"地震化石"，能够反映地震活动的信息。

（4）断层泥。断层泥是岩石在断层强烈研磨作用下形成的泥状物质，通常未固结。

（5）构造透镜体。构造透镜体是由于岩石在断层活动中受到挤压和拉伸作用而形成的椭球形或透镜状岩体。当构造透镜体和断层角砾有规则地斜列时，其长轴与断层面的锐夹角可以指示断层对盘的运动方向。

图 4-37　断层角砾岩

图 4-38　断层泥

3. 构造上的不连续。断层常常会将岩层、岩墙或岩脉错断，从而导致构造上的不连续性。同时，这种构造上的不连续性还会造成岩层产状的突然变化。断层引起的褶皱核部宽窄变化如图 4-39 所示，在上升盘中，背斜的核部会变宽，而向斜的核部会变窄。倾斜褶皱轴迹的错移并非由平移作用所引起，而直立褶皱轴迹的错移则是由平移作用造成的。例如，在图 4-40 中，从出露的地层可以看出，该区域中间岩层较老，两侧岩层较新，发育为背斜。在 F1 断层中，倾向一侧（即上盘）的核部变窄，这说明该侧为下降盘，上盘下降，判断这是一个正断层。

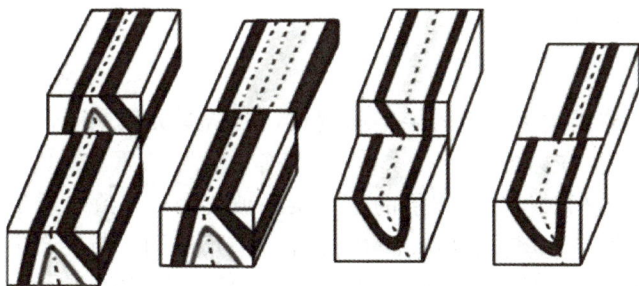

图 4-39　断层引起的褶皱核部宽窄变化

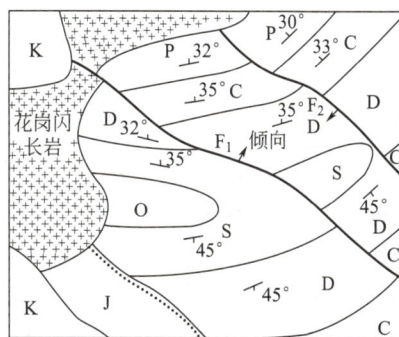

图 4-40　断层引起的构造线不连续

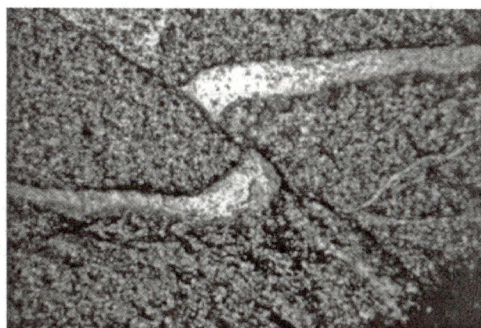

图 4-41　牵引构造

4. 牵引构造。牵引构造如图 4-41 所示，是指在断层两盘相对滑动的过程中，紧邻断层面（带）的岩层发生的明显弧形弯曲。这种弯曲现象被认为是两盘相对错动对岩层拖曳作用的结果。通过观察牵引方向，可以判断断层上下盘的移动方向，弧形弯曲突出的方向指示本盘运动方向。断层带中的牵引及其指示的两盘移动方向如图 4-42 所示。

图 4-42 断层带中的牵引及其指示的两盘移动方向

二、岩层的特征

岩层特征主要有岩层中断、岩层的重复和缺失等。图 4-43 为走向断层地层重复与缺失示意图。

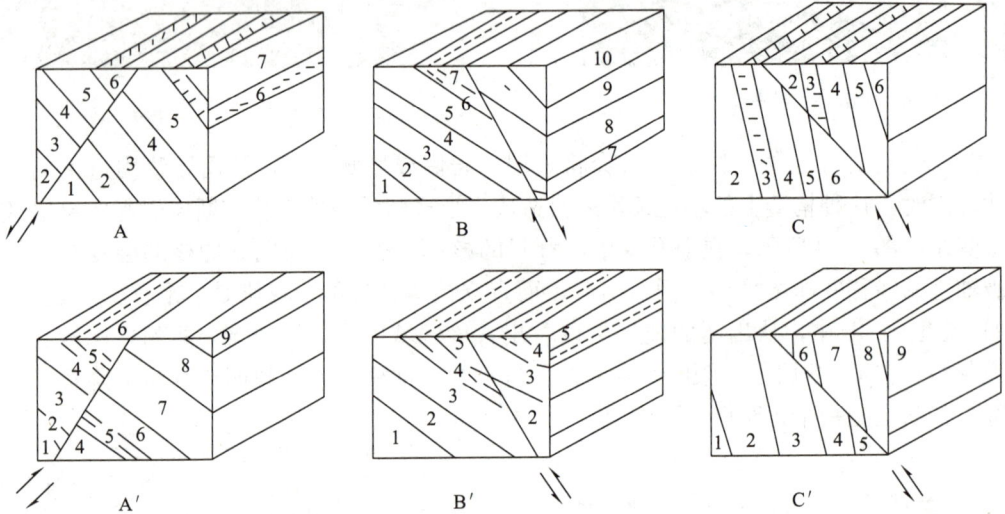

图 4-43 走向断层地层重复与缺失示意图

1. 沿走向方向岩层中断：在单斜岩层地区，沿岩层走向观察，若岩层突然中断，呈现交错的不连续状态，这往往是断层的存在标志。

2. 岩层的重复和缺失：由于断盘的相对位移，岩层的正常层序被改变，导致岩层出现不对称的重复或缺失。断层造成的地层重复与褶皱造成的地层重复有所不同：断层产生的岩层重复是顺次（或依次）出现的重复，而褶皱造成的岩层重复则是对称性的。此外，由于断层倾角通常大于岩层倾角，因此在地质剖面上，正断层通常表现为新地层覆盖在老地层之上（如图 4-43 中 A、B、C 所示），而逆断层则表现为老地层盖在新地层之上（如图 4-43 中 A′、B′、C′ 所示）。

断层性质与地层重复、缺失现象的关系见表 4-3。

断层性质与地层重复、缺失现象的关系 表 4-3

断层性质	断层倾斜与地层倾斜的关系		
	二者倾向相反	二者倾向相同	
		断层倾角大于地层倾角	断层倾角小于地层倾角
正断层	地层重复（A）	地层缺失（B）	地层重复（C）
逆断层	地层缺失（A′）	地层重复（B′）	地层缺失（C′）

知识链接

不整合接触与断层导致岩层缺失的区别

不整合接触和断层都可能导致岩层在地质记录中"缺失"，但成因和性质迥异。不整合接触是因地壳抬升、气候变化等，岩层暴露受风化剥蚀，导致真实缺失，那一层岩层已不复存在。断层发生时，断盘沿断层面移动，岩层被错断、位移，造成视觉上的"缺失"。实际上岩层未消失，只是位置错动，移至他处。

三、地形地貌上的特征

地形地貌特征主要有断层崖、断层三角面、河流纵坡的突变、河流及山脊的改向等。

1. 断层崖和断层三角面。断层上升盘突露于地表形成的陡崖称为断层崖，正断层由于上盘相对下降，下盘相对上升，因此相对容易在地表形成这种陡崖地貌。瓦屋山断层崖、雷波断层崖和华山北坡断层崖都是存在典型断层崖地貌的地区，如图 4-44 所示。断层崖在经受流水的长期侵蚀后，会形成一系列横穿崖壁的 V 形谷，谷与谷之间突出的三角形状地貌，被称为断层三角面，如图 4-45 所示。由逆断层形成的断层崖和断层三角面经过崩塌、剥蚀后，可形成与断层面真实倾向相反的断层崖和断层三角面。

(a) 华山断层崖   (b) 雷波断层崖   (c) 瓦屋山断层崖

图 4-44　断层崖

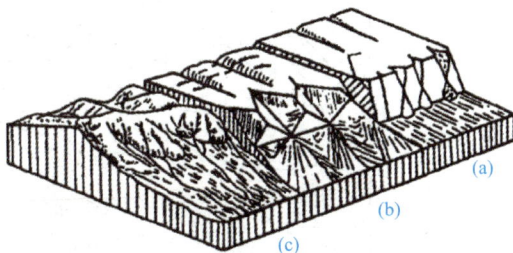

(a) 断层面剥蚀成冲沟；(b) 冲沟扩大，形成三角面；
(c) 继续侵蚀，三角面消失

图 4-45　断层三角面及其形成过程

2. 河流纵坡的突变。当断层横穿河谷时，可能使河流纵坡发生突变，造成河流纵坡不连续。但河流纵坡的突变，不一定都是由于断层导致的，也可能是河床底部岩石抗侵蚀能力不同所致。

3. 河流及山脊的改向。水平方向相对位移显著的断层可将河流或山脊错开，使河流流向或山脊走向发生急剧变化。

4. 断陷盆地。断陷盆地是断层围限的陷落盆地，由不同方向断层所围或一边以断层为界，多呈长条菱形或楔形，盆地内有厚的松散物质。

四、水文地质特征

断层的存在常常对水系的发育产生控制和影响，可能导致河流的急剧改向，甚至切断河谷。1920年海原地震时，地表破裂带上形成了断塞塘，这是断层活动对地表水系影响的一个实例。构造断陷湖主要受断层控制，通常发育在地堑式断陷盆地的低洼处。例如云南省的滇池、洱海，青海省的青海湖以及俄罗斯东西伯利亚著名的贝加尔湖，都是断陷湖的典型代表。

断层使岩层变得易风化侵蚀，进而形成谷地，这种地形条件有利于地下水的富集、埋藏和流动。因此，在断层带附近，常常可以观察到泉水、湖泊、洼地呈线状、串珠状分布在地表，单个湖泊、洼地的形态也往往具有一定的方向性。

工程地质技能实训——断层识别

1. 根据地质构造线（如地层界线、地层年代等）特征（图4-46），分析并判断断层两盘（上盘与下盘）的相对运动方向，并确定断层的类型（正断层、逆断层或平移断层）。

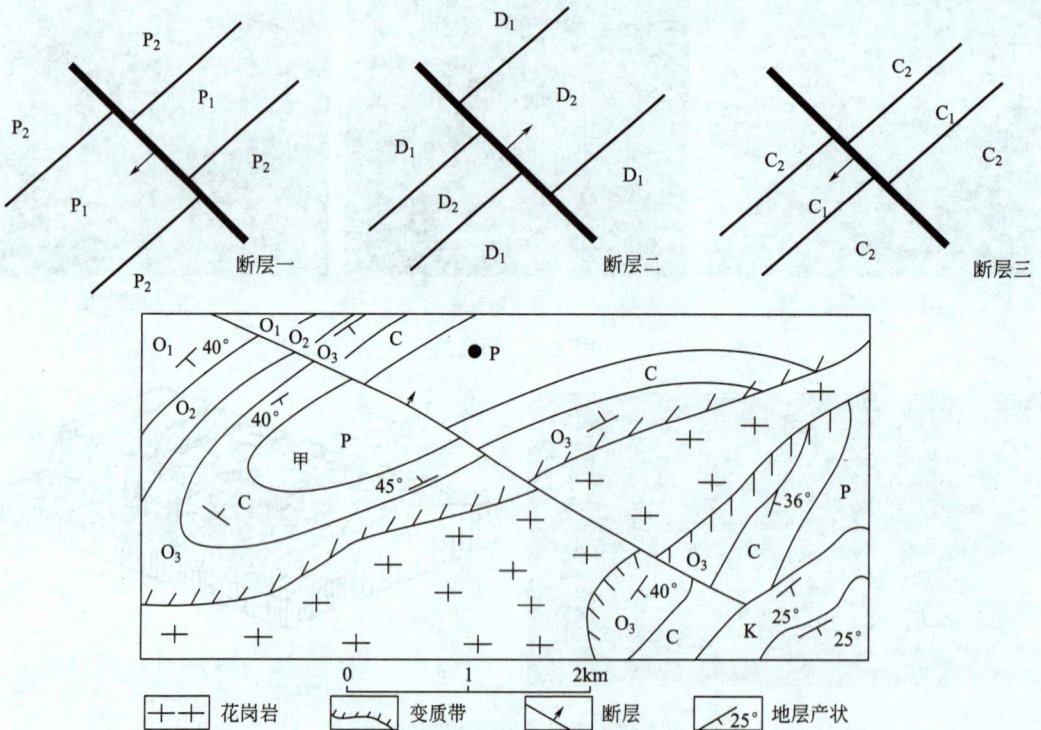

图 4-46　断层识别实训 1

2. 观察断层附近地层或岩体的牵引方向（图4-47），分析并判断断层上盘与下盘的相对移动方向，进而确定断层的具体类型（正断层、逆断层或平移断层）。

图 4-47 · 断层识别实训 2

任务五 地质构造与工程建设的关系

从前序任务可知，一般所说的地质构造包括水平构造、倾斜构造、直立构造，背斜和向斜构造、节理和断层构造等。交通工程建设无一不与地质构造有着密切的关系。

任务精讲（微课）
4-6 地质构造与工程建设的关系

问题一 地质构造如何制约工程建设？

一、地质构造对路基工程的制约

1. 当岩层水平、直立时，对边坡稳定性是有利的，如图 4-48（a）和图 4-48（b）所示。一般可根据岩性坚固程度及裂隙发育程度，确定边坡的稳定性，如夹有软弱岩层时，应抹面护壁以防止风化。

2. 当岩层倾向与边坡坡向相同，岩层倾角等于或大于边坡坡角时，一般情况下边坡相对稳定，如图 4-48（c）右边坡所示。岩层倾角小于边坡的坡角时，边坡最易滑动，称为顺向边坡，如图 4-48（d）～（f）右边坡所示。

3. 当岩层倾向与边坡坡向相反时，若岩层完整、层间结合好，边坡是稳定的，如图 4-48（d）左边坡所示。若岩层内有倾向坡外的节理，层间的结合差且岩层倾角大，容易发生倾倒破坏，如图 4-48（e）左边坡所示。

4. 断层破碎带的岩体通常较为松散，节理发育，往往是地下水活动的通道。当挖方边坡与断层面平行（特别是当断层面倾向路基时），由于断层破碎带岩体的不稳定性，极易产生滑坍现象，如图 4-48（f）左边坡所示。一般来说，线路垂直通过断层比顺着断层方向通过所受的危害要小。

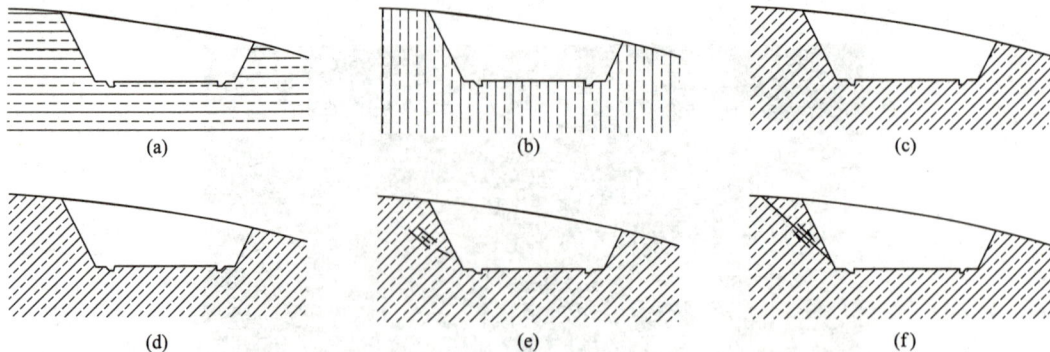

图 4-48　地质构造与路基工程关系

二、地质构造对桥基工程的制约

1. 在确定桥位之前，首要任务是勘察桥位可能穿越的地层、岩性、地质构造，特别是要详细分析桥位与大型构造线、断层破碎带的关系，以确保桥位选择的合理性。

2. 桥位选定后，应对桥墩位置进行具体探测，查清墩位基岩是否存在软弱结构面，以确保桥墩的稳定性。

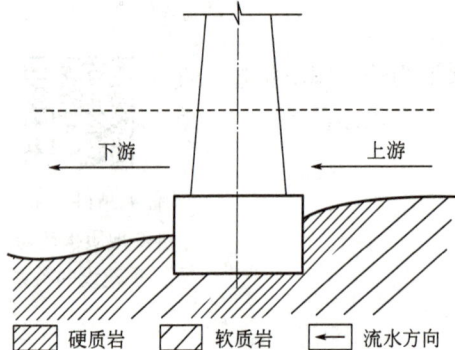

图 4-49　桥基不稳定示意图

3. 桥基的稳定性直接受岩层产状、软弱结构面等因素的影响。

当岩层产状倾向下游，且存在软弱夹层时，水的冲蚀作用会威胁基础的稳定性。若软弱夹层较厚，还可能导致基础产生差异沉降，进而造成墩身歪斜或倾覆，如图 4-49 所示。当两种不同岩层接触，且接触面较陡时，桥基可能因接触面（多为软弱结构面）的不稳定而受到影响。因此，最好将桥基设计在单一、稳定的岩层之上。

4. 在确定桥位时，应尽可能避开断层破碎带。因为断层破碎带岩体破碎、易风化渗水，受桥基和桥体荷载后容易出现沉陷；或者可能沿断层破裂面错动的方向，导致桥墩发生滑移或倾斜。断层构造对桥基影响示意图如图 4-50 所示。

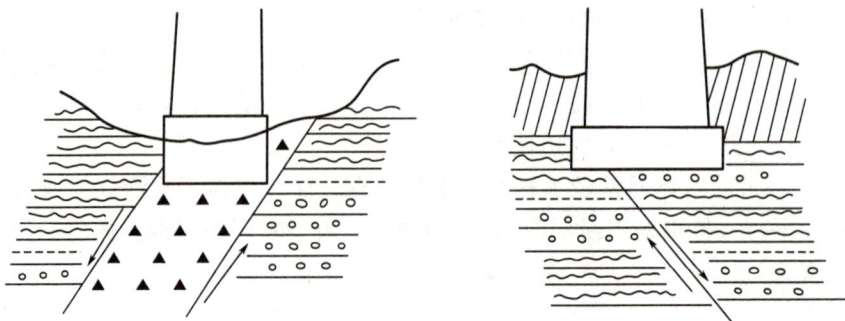

图 4-50　断层构造对桥基影响示意图

三、地质构造对隧道工程的制约

1. 隧道穿过水平或近于水平构造且又是硬质厚层状的岩层，一般都是较为稳定的。如果是松软的薄层岩层，则开挖后可能会有顺层剥落或坍塌的危险，尤其是易风化的极软质岩及含水的松软岩层，则在施工中会造成更大的困难，如图 4-51（a）所示。

2. 隧道穿过直立构造且少地下水的岩层，一般是稳定的。如果层次较薄，并有软弱夹层，加上有少量的地下水活动，则会产生较大的地层压力，有掉块和坍塌冒顶的可能，如图 4-51（b）所示。

3. 在单斜构造地区，岩层倾角的大小和岩性对隧道的稳定性有极重要影响。若倾角平缓且岩质坚硬，则是较稳定的；若倾角大，夹有软弱层，且有地下水活动，则地层侧压力较大，如图 4-51（c）所示。如在塑性强的黏性土质中，可能引起隧道边墙的坍塌或顺层滑动。

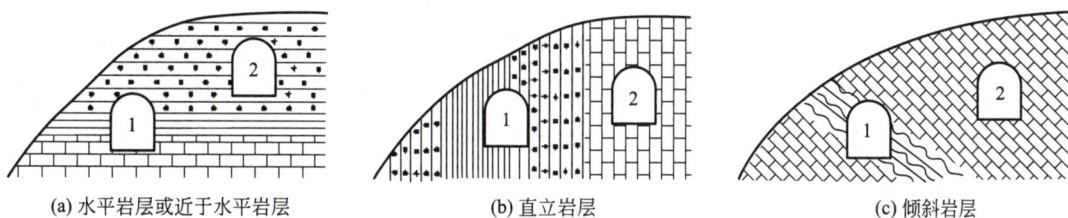

(a) 水平岩层或近于水平岩层　　(b) 直立岩层　　(c) 倾斜岩层

图 4-51　岩层产状与隧道工程的关系

4. 褶曲与隧道工程的关系密切。如果隧道从向斜轴部穿过，由于两侧岩层向轴部挤压和核部向下坠落，会产生较大的地应力，对隧道工程不利。而如果从背斜轴部穿过，轴部张节理可能呈辐射状发育，且顶部受水面积大，地下水易向核部汇集，同样对隧道工程造成不利影响。因此，在褶曲地段修筑隧道时，通常选择在褶曲的翼部穿过，以避开这些不利因素，如图 4-52 所示。

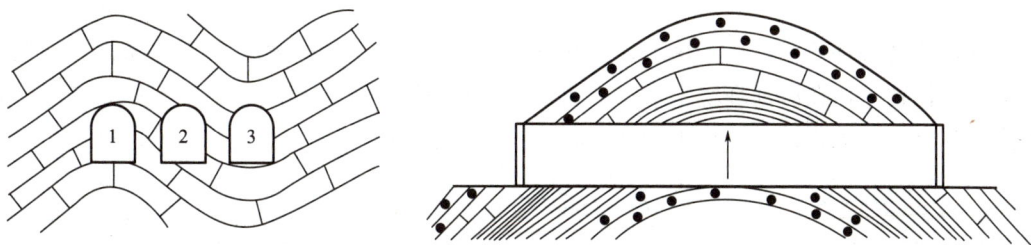

图 4-52　褶曲轴部与隧道工程关系

5. 断层对隧道工程极为不利，在隧道定向测设时，对活动性断层或宽度较大的断层破碎带地段，切忌与断层构造线平行或小交角布线，应尽量远离或绕避。若必须穿越、无法绕避时，则应使隧道中线与断层构造线呈直交或近于直交穿越，以减少对隧道工程的影响范围，如图 4-53 所示。

隧道穿越走向逆断层时，应查清上盘岩体含水层的层位及其厚度，以防掘进中隧道内涌水给工程造成的危害，如图 4-54 所示。隧道内涌水极易引起洞内坍方，支撑受压折断，坑道变形，衬砌严重开裂，渗水、漏水等。

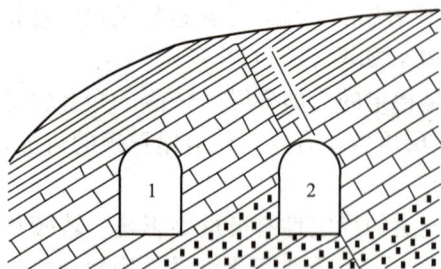

图 4-53　断层与隧道关系

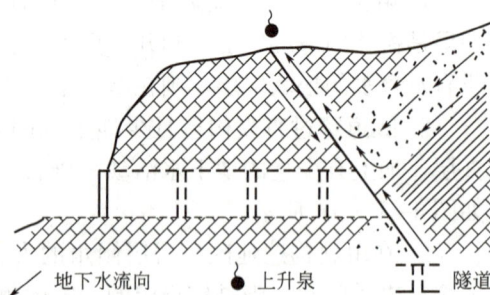

图 4-54　隧道内涌水机制

（图例）地下水流向　　●上升泉　　隧道

四、地质构造对其他工程的制约

褶皱构造中，向斜受压力作用，结构稳定，适合作码头地基；背斜受张力作用，结构不稳，不宜建重要工程。断裂构造可能导致河床断裂、航道受阻，是水库渗漏和大坝失稳的主要原因，增加溃坝风险。水库大坝选址和设计时，必须充分考虑断裂构造影响，同时警惕大水库可能使附近断层复活。

问题二　地质构造如何助力工程建设？

一、背斜构造——油气勘探的指向标

石油和天然气因密度小于水，会沿岩层孔隙和裂缝向上运移，在背斜轴部聚集。背斜的拱形结构为油气提供了稳定储集空间，且不易储存地下水，减少了油气被水稀释或冲刷的可能，有利于油气长期保存。

二、向斜构造——煤铁矿产的富集地

向斜构造底部低凹，易汇集水，是地下水储藏区，也为沉积物堆积创造条件。地质历史时期，植物遗体在湿地环境中堆积形成煤层，向斜底部成为煤层主要分布区。同时，某些金属矿产（如沉积铁矿）也可能在向斜构造中富集。

三、断裂构造——地下水源的涌出口

岩层裂缝发育为岩隙水储存和运移提供通道，岩隙水易沿断层线出露，成为可利用水资源。同时，断层带附近岩石破碎，易侵蚀成洼地，洼地利于地表水汇集，为农业灌溉、生活用水等提供便利。

工程地质技能实训——路基边坡稳定性分析

　　分析地质构造对路基边坡稳定性的影响，并判断下列边坡的稳定性（图 4-55），简述理由。

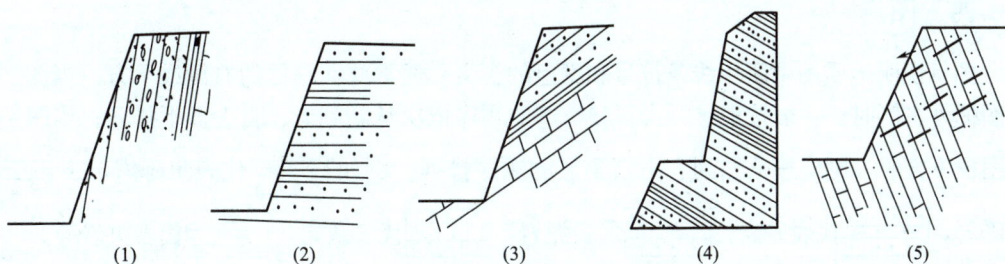

图 4-55　路基边坡稳定性分析实训

任务六　阅读地质图

地质图是反映一个地区各种地质现象和地质条件的图件，它采用规定的图例符号、线条和颜色，按一定的比例尺将自然界的地质情况缩小并投影绘制在地形底图上。

地质图种类繁多，包括普通地质图、水文地质图、工程地质图等。其中，普通地质图是用来表示一个地区的地形、地层岩性、地质构造特征及地质发展历史的地质图，简称地质图。

问题一　普通地质图包含哪些基本内容？

一幅完整的地质图应包括以下基本内容：

一、平面图

平面图是地质图的主体部分，通常占据图幅的大部分区域，包括以下内容：

1. 地理概况：包括图区所在的地理位置（经纬度、坐标线）、主要居民点位置（城镇、乡村等）、地形地貌特征等。

2. 一般地质现象：展示各种不同地质年代的地层种类、岩性、产状、分布规律及地层界线以及各种地质构造类型（如褶皱、断层等）。

3. 特殊地质现象：包括崩塌、滑坡、泥石流、喀斯特地貌、泉和重要的蚀变现象等。

二、剖面图

在平面图上选择一至数个有代表性的方向绘制图切剖面，以展示岩层、褶皱、断层的空间形态、产状及地貌特征。一般位于地质图框外的正下方，有时也附在地质图的右侧或单独绘制成一幅图。

三、柱状图

柱状图综合反映一个地区各地质年代的地层特征、厚度、岩性变化及接触关系等。一般位于地质图框外的左侧。

四、图例

图例说明地质图中所用线条符号和颜色的含义。通常放在图框的右侧或下方，当图例置于图框外右侧时，一般按地层、岩石和构造的顺序依次从新到老、自上而下排列；当图例置于图框下方时，则应按从左到右由新到老的顺序排列。例如 ▲△△ 代表角砾岩，⊙○○ 代表砾岩，∴∴∴ 代表砂岩，‒‒‒ 代表泥岩，▥▥ 代表灰岩，☰☰ 代表页岩等。

五、比例尺

比例尺的大小反映了图的精度。一般放在图名下方正中位置，用数字比例尺或线条比例尺表示。比例尺越大，图的精度越高，对地质条件的反映也越详细、越准确。地质图的比例尺一般根据工程的类型、规模、设计阶段和地质条件的复杂程度来确定，可分为大比例尺地质图（1:25000～1:1000）、中比例尺地质图（1:100000～1:50000）和小比例尺地质图（1:1000000～1:200000）。工程建设地区的地质图通常为大比例尺地质图。

六、图名

图名是地质图的标题，简要而明确地反映地质图的主题、内容、地区或特定地质特征。它通常位于地质图的显著位置，如上部中央或上部左侧。若比例尺较大，图幅面积较小，且地名不为人们所熟知，则应在地名前加上所属的省（区）、市或县名。

七、责任栏

责任栏应说明地质图的编制单位、编审人员、成图日期等信息。一般位于地质图框外的右下方，有时也放在图的右下方或图例的下方。

问题二 地质构造在地质图上如何表现？

地质构造在地质图上的表现方式多种多样，主要包括岩层的产状、褶皱、断层、接触关系等。

一、岩层的产状

岩层的产状是指岩层在三维空间中的延伸方向和与大地水准面的交角关系，通常用走向、倾向和倾角三个要素来表示。在地质图上，岩层的产状可以通过以下几种方式表现：

（一）水平岩层

地形平坦且未经河流切割时，地质图常仅显示最新岩层顶面。地面起伏大或有河流切割时，可见下层老岩层。地质图上，水平岩层界线与等高线平行或重合，同一岩层各点出露标高一致，岩层厚度等于顶底面高度差。水平岩层在地质图上的表现如图4-56所示。

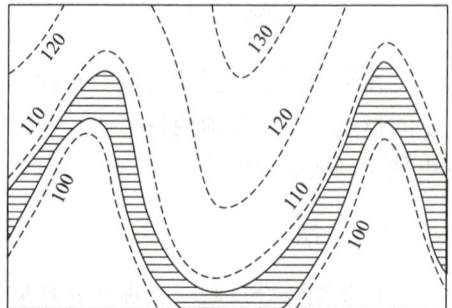

图4-56 水平岩层在地质图上的表现

（二）直立岩层

岩层界线在地质图上按岩层走向呈直线延伸，不受地形影响，并与地形等高线以直角相交。

（三）倾斜岩层

1. V字形法则

单斜构造的地层界线与地形等高线斜交，形成 V 字形弯曲，称为 V 字形法则。其弯曲程度与岩层倾角的大小和地形坡度的大小有关，倾角越小，V 字形越紧闭；倾角越大，V 字形越开阔。根据岩层倾向与地面坡向的关系，V 字形法则有三种主要的表现形式：

（1）岩层倾向与地面坡向相反。岩层露头线或地质界线的弯曲方向与等高线一致。岩层露头线或地质界线的弯曲度小于等高线的弯曲度 ［图 4-57（a）］。在河谷中，V 字形的尖端指向上游。在山脊处，V 字形的尖端指向下坡。

（2）岩层倾向与地面坡向相同，且岩层倾角大于地面坡度。岩层露头线或地质界线的弯曲方向与等高线相反 ［图 4-57（b）］。在河谷中，V 字形的尖端指向下游。在山脊处，V 字形的尖端指向上坡。

（3）岩层倾向与地面坡向相同，且岩层倾角小于地面坡度。岩层露头线或地质界线的弯曲方向与等高线一致。岩层露头线或地质界线的弯曲度大于等高线的弯曲度 ［图 4-57（c）］。在河谷中，V 字形的尖端指向上游。在山脊处，V 字形的尖端指向下坡。

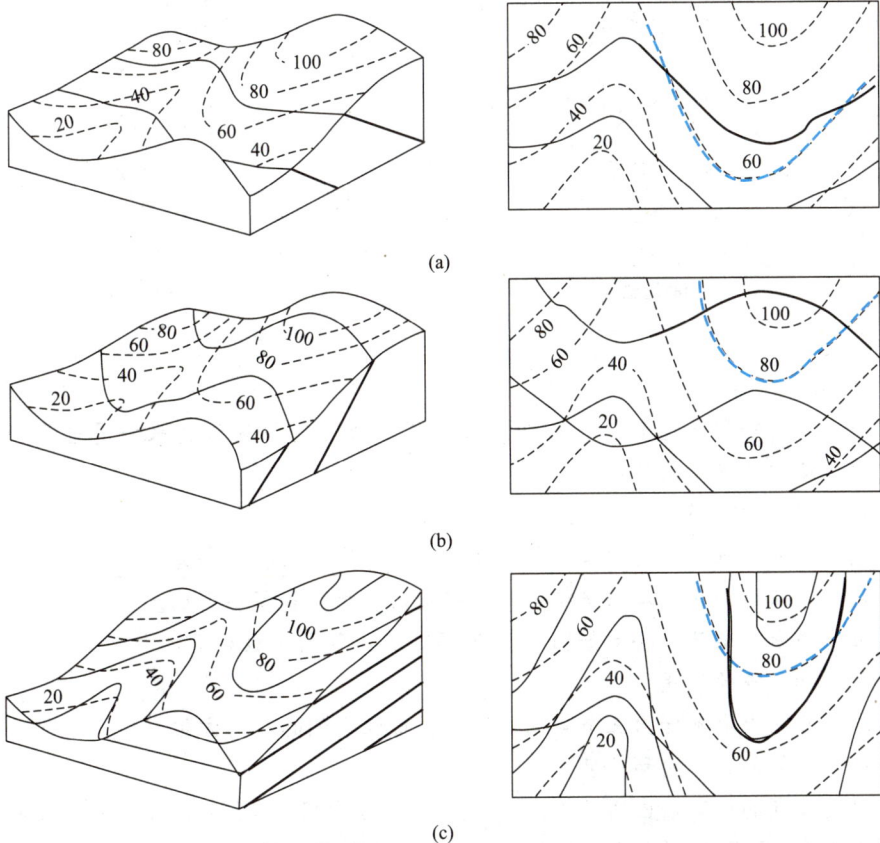

(a)

(b)

(c)

图 4-57　倾斜岩层在地质图上的表现

🔍 知识拓展

间接方法测定岩层产状要素

1. 在地形地质图上求岩层产状要素

在地形地质图上，岩层面与同一等高线的两交点可确定一条走向线。走向线是指岩层面上与岩层走向平行的线。利用两条不等高程的走向线，可以比较它们在不同高度上的延伸方向，从而确定岩层的倾向和倾角。地形地质图上求岩层产状要素如图4-58所示，以下是具体的作图步骤：

（1）确定走向线

在地形地质图上，找岩层面与同一等高线的两交点，连接成走向线。

（2）确定另一条走向线

选择与第一条走向线不等高程的另一条岩层走向线。

（3）判断岩层倾向

观察两条走向线方向，倾向为较低走向线所指方向。

（4）计算岩层倾角

测量两条走向线之间的水平距离，并根据比例尺换算成实际长度。利用反正切函数计算倾角〔倾角＝arctan（BC/AC）〕。

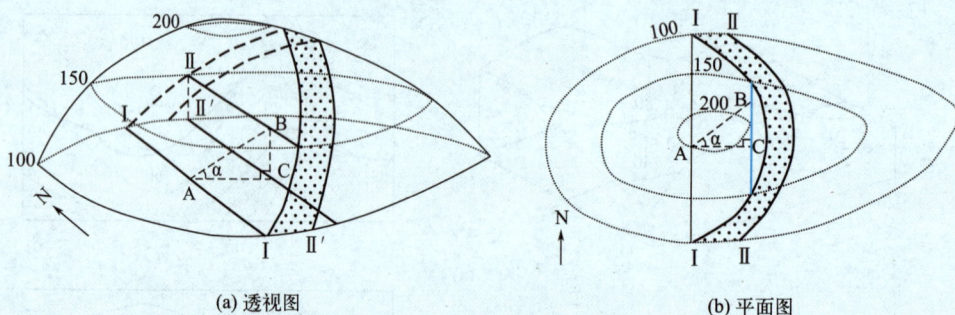

(a) 透视图　　　　　　　　(b) 平面图

图4-58　地形地质图上求岩层产状要素

2. 用三点法求岩层产状要素

三点法是一种通过测量岩层面上三个不共线点的位置信息来推算岩层产状的方法。需满足以下前提条件：

（1）三点位于同一岩层面且不在一条直线上。

（2）已知三点的相对方位、相互间的水平距离以及相对高差。

（3）三点范围内岩层面平整，产状稳定，无褶皱和断层影响。

三点法求岩层产状要素如图4-59所示，具体作图步骤如下：

（1）标出点的位置

在平面图上准确标出三个点的位置，并标注它们的相对方位。

（2）计算倾斜方向和角度

通过三点的标高作出两条等高线（如图4-59中CF和DB）；在D′B′线上任取一点O作其垂线OF即为倾向线，倾斜方向通常指向较低点的方向。

按平面图比例尺在 D′B′ 线上截取线段 OE′、E′F，则 α 即为倾角。可以用量角器量出其角度，或利用反正切函数计算倾角〔倾角＝arctan（OE′/OF）〕。

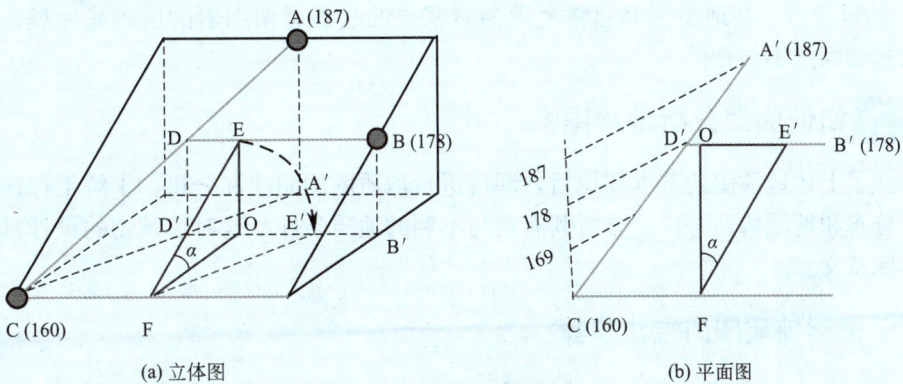

图 4-59　三点法求岩层产状要素

二、褶皱

褶皱是岩层在应力作用下产生连续弯曲的塑性变形产物，主要包括背斜和向斜两种基本形态。在地质图上，背斜表现为两翼岩层对称出现，核部为较老的岩层，两翼为较新的岩层；向斜表现为两翼岩层对称出现，核部为较新的岩层，两翼为较老的岩层。为了突出褶皱轴部的位置以及褶皱的形态类型，常在褶皱核部地层的中央用下列符号表示："—┼—"表示背斜；"—┼—"表示向斜；"—┼—"表示倒转褶皱。

三、断层

断层在地质图上也是通过地层分布的规律和特征，结合规定的符号来表示的。在断层出露的位置用下列符号表示断层的性质和类型。

"↓30"代表正断层，其中长线表示断层出露位置和断层线延伸方向，带箭头的短线表示断层面倾向，数字表示断层面倾角，不带箭头的双短线所在的一侧为断层的下降盘。

"↓30°"代表逆断层，不带箭头的双短线所在的一侧为断层的下降盘，其他符号含义同上。

"⇄"代表平移断层，其中箭头表示两盘相对滑动的方向，其他符号含义同上。

四、地层接触关系

1. **整合接触**：在地质图上表现为两套地层的界线大体平行，较新地层只与一个较老地层相邻接触，且地质年代连续，用实线"——————"表示。

2. **平行不整合接触（假整合）**：在地质图上表现为两套地层的界线大体平行，较新地层也只与一个较老地层相邻接触，但地质年代不连续，用虚线"------------"表示。

3. **角度不整合接触（不整合）**：在地质图上表现为两套地层的界线不平行，较新地层与几个较老地层接触，产状不同，地质年代不连续，用波浪线"〰〰〰〰"表示。

4. 沉积接触：在地质图上通常表现为沉积岩覆盖在岩浆岩或变质岩之上，且两者之间的接触面是平行的或近似平行的。

5. 侵入接触：在地质图上通常表现为岩浆岩的边界穿切围岩的层理或片理，且两者之间的接触面是不规则的。

问题三 如何阅读分析地质图？

掌握了上述地质图的基本知识后，即可进行地质图的阅读和分析，了解工程区域的地层岩性分布和地质构造特征，分析其有利与不利的地质条件，这对建筑物的设计具有很重要的实际意义。

一、阅读地质图的方法步骤

1. 先看图和比例尺，了解地质图所表示的内容、图幅的位置、地点范围及其精度。例如图中比例尺是 1：5000 时，图上 1cm 相当于实地距离 50m。

2. 阅读图例，了解图中有哪些地质时代的岩层及岩层的新老关系，并熟悉图例的颜色及符号；附有地层柱状图时，可与图例配合阅读，综合地层柱状图较完整、清楚地表示地层的新老次序、分布程度、岩性特征及接触关系。

3. 分析地形地貌，了解本区的地形起伏、相对高差、山川形势、地貌特征等。

4. 阅读地层的分布、产状及其与地形的关系，分析不同地质年代的分布规律、岩性特征及新老接触关系，了解区域地层的基本特点。

5. 阅读地质构造，了解图上有无褶皱以及褶皱类型、轴部、翼部的位置，了解有无断层以及断层性质、分布及断层两侧地层的特征，分析本地区地质构造形态的基本特征。

6. 综合分析各种地质现象之间的关系、规律性及其地质发展简史。

结合工程建设的要求，对图幅范围内的区域地层岩性条件和地质构造特征进行初步分析评价。

二、阅读地质图案例解析

（一）凌河地区地质图的阅读分析

1. 比例尺

凌河地区地质图如图 4-60 所示。该地形地质图的比例尺为 1：20000，图区面积约 9.72km^2。

2. 地形地貌

东北部和东南部及北部地势较高（海拔 1000～1162m），中部及西部较低（海拔 200～300m），地势由东向西逐渐降低。凌河从东向西流经该区的中部，南北两岸有数条支流汇入凌河。

3. 地层岩性和接触关系

由图例可知，本地区出露的地层由老到新分别为：中泥盆统（D_2）白云岩、砂岩；下石炭统（C_1）页岩、煤层；中石炭统（C_2）页岩、砂岩；上石炭统（C_3）薄层石灰岩；下二叠统（P_1）泥灰岩；上二叠统（P_2）页岩；下白垩统（K_1）砾岩；上白垩统（K_2）砂岩。

凌 河 地 质 图
附图1 比例尺1:20000

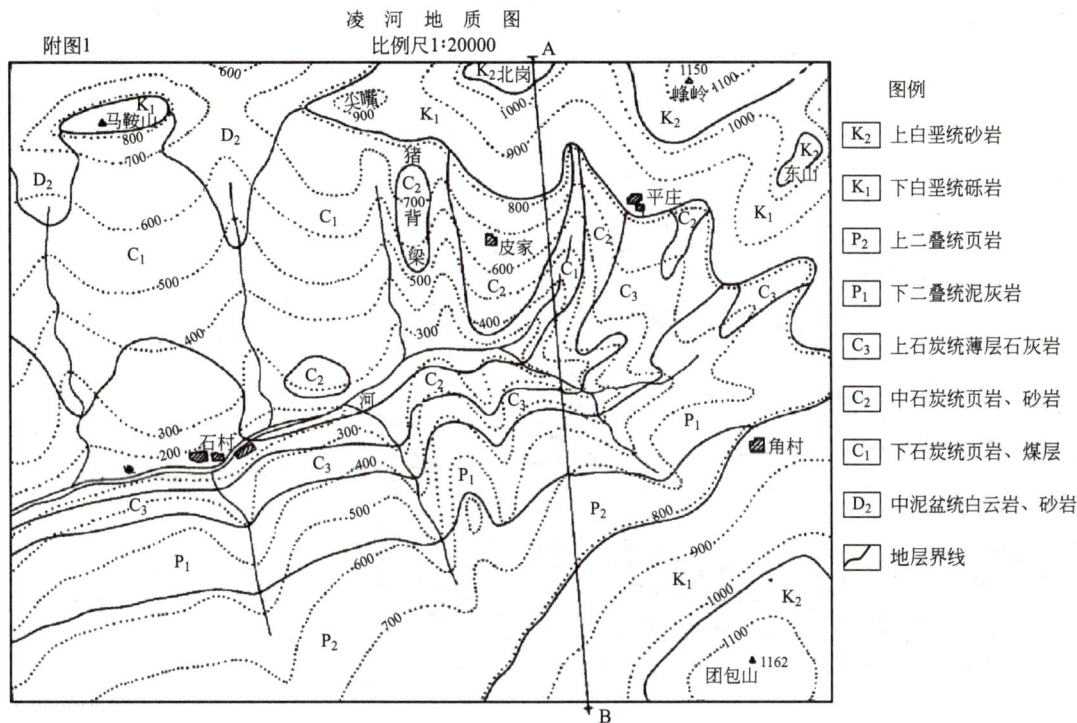

图例

K_2	上白垩统砂岩
K_1	下白垩统砾岩
P_2	上二叠统页岩
P_1	下二叠统泥灰岩
C_3	上石炭统薄层石灰岩
C_2	中石炭统页岩、砂岩
C_1	下石炭统页岩、煤层
D_2	中泥盆统白云岩、砂岩
▱	地层界线

图 4-60 凌河地区地质图

C_1 与 D_2 之间缺失 D_3 地层，存在沉积间断，为平行不整合接触，K_1 与 P_2 之间缺失 T 和 J 地层，存在沉积间断，为角度不整合接触。

4. 地质构造

根据地层分布和露头形态特征，该区的新地层 K_1 和 K_2 分布在图区的东南、东北及北部的山顶，露头界线与地形等高线平行或重合，因此 K_1 和 K_2 为水平岩层。

图区出露的 D_2、C_1、C_2、C_3、P_1、P_2 等老地层分布在图区的中部及凌河的两岸岸坡上，露头界线与地形等高线呈现不同的相交关系，为倾斜岩层。根据 V 字形法则，在凌河的北岸岸坡，地层界线与地形等高线的弯曲方向相反，表明岩层的倾向与坡向相同，即岩层向南倾斜，岩层倾角大于岸坡坡角。在凌河的南岸岸坡，地层界线与地形等高线的弯曲方向相同，且地层界线的弯曲程度小于地形等高线，表明岩层的倾向与坡向相反，即岩层向南倾斜。

5. 地质发展简史

从下石炭统（C_1）与中泥盆统（D_2）之间存在的平行不整合接触关系来看，这个时期地壳运动主要表现为抬升运动，下石炭统（C_1）重新沉积。

从下白垩统（K_1）与下伏老地层（D_2、C_1、C_2、C_3、P_1、P_2）之间存在的角度不整合接触关系来看，这个时期该区域受到强烈挤压，发生褶皱抬升，出现角度不整合，下白垩（K_1）又开始沉积。

(二) 黑山寨地区地质图的阅读分析

1. 比例尺

黑山寨地区地质图如图 4-61 所示。该地质图比例尺为 1：10000，即图上 1cm 代表实际实地距离 100m。

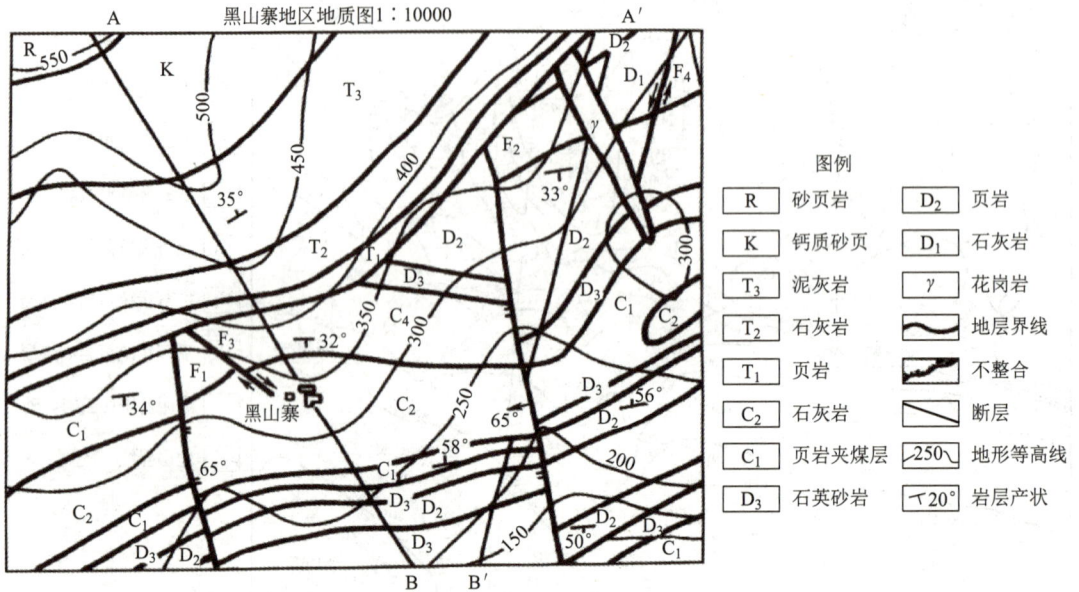

图 4-61　黑山寨地区地质图

2. 地形地貌

本地区西北部最高，高程大于 550m，东南较低，小于 150m，相对高差大于 400m。有一山岗，高程为 300 余米。

3. 地层岩性

黑山寨地区综合地层柱状图如图 4-62 所示。

本区出露地层从老到新有：

古生界：下泥盆统（D_1）石灰岩、中泥盆统（D_2）页岩、上泥盆统（D_3）石英砂岩，下石炭统（C_1）页岩夹煤层、中石炭统（C_2）石灰岩；

中生界：下三叠统（T_1）页岩、中三叠统（T_2）石灰岩、上三叠统（T_3）泥灰岩，白垩系（K）钙质砂岩；

新生界：第三系（R）砂、页岩。

除沉积岩层外，还有花岗岩脉（γ）侵入，出露在东北部，侵入在三叠系以前的地层中。

4. 接触关系

R 与 K 产状不同，为角度不整合接触。K 与 T_3 之间，缺失 J，但产状大致平行，故为平行不整合接触。T_3、T_2、T_1 之间为整合接触。T_1 与下伏石炭系（C_1、C_2）及泥盆系（D_1、D_2、D_3）直接接触，中间缺失 P 及 C_3，且产状呈角度相交，故为角度不整合接触。C_2 至 D_1 各层之间均为整合接触。

花岗岩脉（γ）切穿泥盆系（D_1、D_2、D_3）及下石炭统（C_1）地层并侵入其中，故为侵入接触，因未切穿上覆下三叠统 T_1 地层，故 γ 与 T_1 为沉积接触，说明花岗岩脉（γ）形成于下石炭世（C_1）以后，下三叠世（T_1）以前，但规模较小。

地层单位			代号	柱状网	厚度/m	地层岩性描述
界	系	统				
新生界	第三系		R		30	砂岩为主，局部为砂页岩互层
						———— 角度不整合 ————
中生界	白垩系		K		250	燕山运动，褶皱上升，缺失老第三系 为钙质砂岩夹页岩
						———— 平行不整合 ————
	三叠系	上	T_3		222	缺失侏罗系地层 上部为泥灰岩夹薄层钙质页岩 中部为厚层灰岩夹薄层泥灰岩 下部为页岩夹泥灰岩
		中	T_2			
		下	T_1			———— 角度不整合 ————
古生界	石灰系	中	C_2		103	海西运动，缺失上石灰系及二叠系地层 C_2为中、厚层灰岩夹薄层灰岩 C_1为页岩夹煤层，岩性软弱
		下	C_1			
						———— 整合 ————
	泥盆系	上	D_3		205	上部厚层石英砂岩，坚硬抗压强度高 中部为页岩，层理发育、岩性软弱 下部中厚层灰岩，性脆，有溶洞
		中	D_2			
		下	D_1			

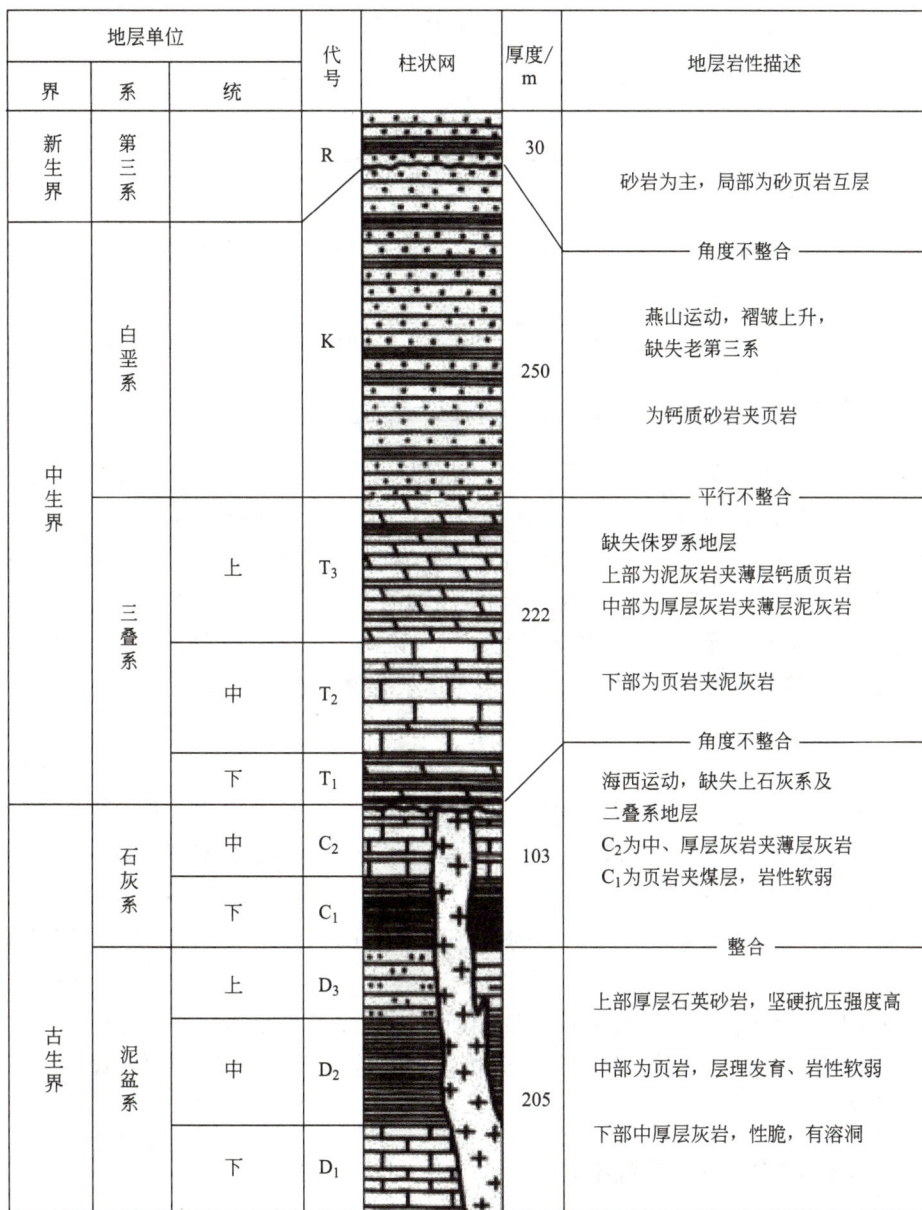

图 4-62 黑山寨地区综合地层柱状图

5. 地质构造

黑山寨地区地质剖面图如图 4-63 所示。

（1）岩层产状：R 为水平岩层；T、K 为单斜岩层，倾角约为 35°。

（2）褶皱：D_1 至 C_2 由北部到南部形成三个褶皱，依次为背斜、向斜、背斜：

1）东北部背斜：背斜核部较老地层为 D_1，北翼为 D_2；南翼由老到新为 D_2、D_3、C_1、C_2；两翼岩层产状对称，为直立褶皱。

2）中部向斜：向斜核部较新地层为 C_2，北翼即上述背斜南翼；南翼出露地层为 C_1、

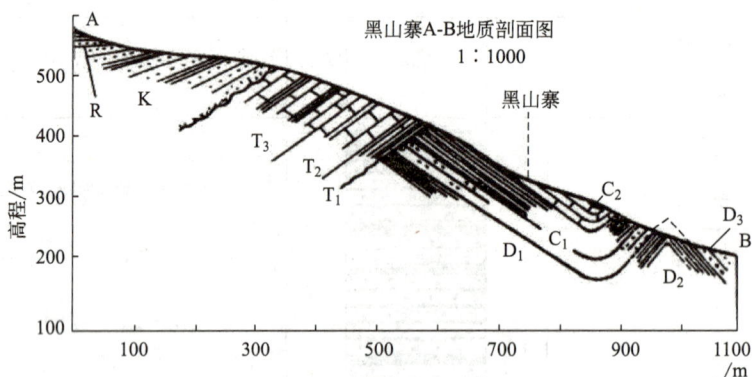

图 4-63　黑山寨地区地质剖面图

D_3、D_2、D_1；由于两翼岩层倾角不同，故为倾斜向斜。

3）南部背斜：核部为 D_1 两翼对称分布 D_2、D_3、C_1，为倾斜背斜。

（3）断层：本区共发育有四条断层。F_1、F_2 为两条规模较大的断层，倾角约为 65°，断层面倾角较陡，两断层都是横切向斜轴和背斜轴的正断层。

从断层两侧向斜核部 C_2 地层出露宽度分析，说明 F_1 和 F_2 之间的岩层相对下降，所以 F_1 和 F_2 断层的组合关系为地堑。F_3、F_4 为二条规模较小的平移断层。

6. 地质发展简史

三个褶皱发生在中石炭世（C_2）之后，下三叠世（T_1）以前，因为从 D_1 至 C_2 的地层全部经过褶皱变动而 T_1 以后的地层没有受此褶皱影响。但 T_1～T_3 及 K 地层呈单斜构造，产状与 D、C 地层不同，它可能是另一个向斜或背斜的一翼，是另一次构造运动所形成，发生在 K 以后，R 以前。

F_1、F_2 两断层为受张应力作用形成的正断层，而 F_3、F_4 则为剪切应力所形成的扭性断层。

因为断层没有错断 T_1 以后的岩层，说明断层也形成于 C_2 之后，T_1 之前。

从该区褶皱和断层分布时间和空间来分析，它们是处于同一构造应力场，受到同一构造运动所形成。

问题四　如何绘制地质剖面图？

任务精讲（微课）
4-7 实训四：地质
剖面图绘制

地质剖面图能够将地质平面图中的二维信息转化为直观的三维剖面视图，从而更清晰地展示地层的垂直分布、岩层的产状、地质构造的特征以及地形与地质结构的相互关系。借助地质剖面图，我们可以更深入地了解地下的地质情况，为矿产资源勘探、工程地质评价、地质灾害预测以及环境地质研究等提供重要的依据。

一、地质剖面图绘制步骤

（一）阅读地质平面图

在绘制地质剖面图之前，首先需要仔细分析图区的地形特征、地层分布以及岩层的产状等变化情况，为接下来的剖面选择做好准备。在地质平面图中，实线通常代表地层分界线，它清晰地勾勒出不同地层的分布范围；虚线则代表等高线，通过等高线的疏密和走向，我们可以大致了解地形的起伏状况。

红水河地区地质剖面图如图 4-64 所示，从图中可以看出，该区域呈现出两边高中间低的河谷地貌特征。

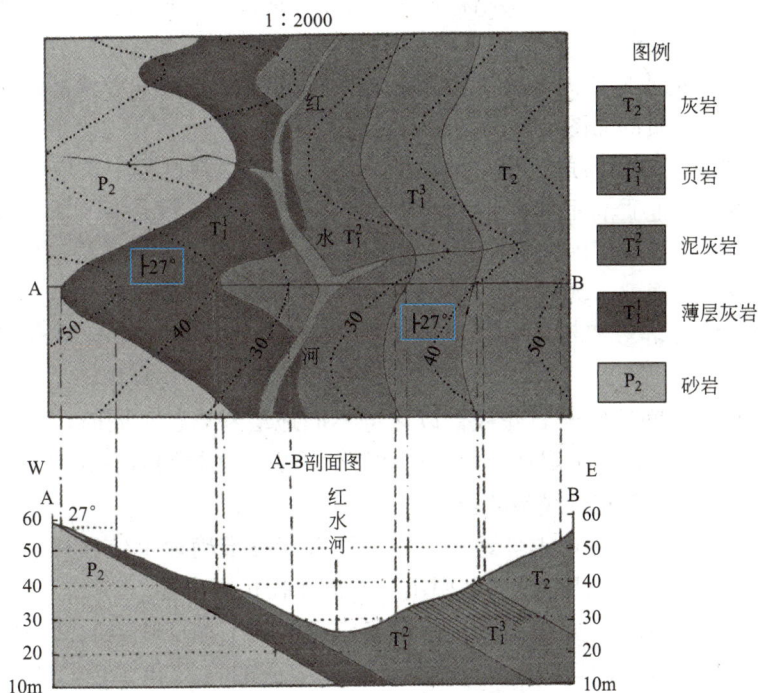

图 4-64　红水河地区地质剖面图

地层产状符号描述了地层产状符号的含义，长线代表走向线，短线代表倾向线。根据地层产状符号可以判断该区域为向东倾斜的单斜岩层。我们也可以利用 V 字形法则来辅助判断岩层的产状。

(二) 选择地质剖面

在选择地质剖面时，我们需要遵循一定的原则，以确保所绘制的剖面图能够准确地反映地层的真实情况。具体来说，剖面应尽量垂直该地区地层的走向，以便剖面图能够更清晰地展示地层的垂直变化和层序关系；同时，剖面应选择通过地层出露较全且包含图区主要构造部位的位置。如果在阅读地质图时有特定的研究目的或剖面需求，我们也可以根据实际需要选择在相应的位置绘制剖面。

在地质图上，剖面线的位置应用细线准确标出，剖面线的两端应清晰标注剖面代号，如图 4-64 中的 A-B 剖面，以便区分和识别不同的剖面图。

(三) 绘制地形剖面图

1. 绘制剖面基准线（水平线），其长短应与所选剖面线一致。在基准线的两端，均应画上垂直线条比例尺，且水平比例尺与垂直比例尺应保持一致。

比例尺的上端应标注方位和剖面代号，剖面图的放置方位通常是从左到右由西到东。

137

基线标高一般取比剖面所过最低等高线高度要低 1～1.5cm，以确保地形剖面图能够完整地展示地形的起伏变化。以图 4-64 为例，剖面所切过的最低等高线为 30m，且比例尺为 1：2000（即图中 1cm 代表实际 20m），则基准线标高可取为 30m—20m＝10m。

2. 将剖面线与地形等高线的交点投影到相应高度的水平线上。

3. 用平滑曲线连接各投影点，即可得到反映地形起伏的地形剖面线。在连接过程中，应注意曲线的平滑度和准确性，以确保地形剖面能够真实地反映地形的起伏状况。

（四）绘地质剖面图

1. 将剖面线与地质界线的各交点投影到地形剖面线上。这一步骤是绘制地质剖面图的基础，它确保了地质剖面图与地形剖面图的准确对应。

2. 根据岩层的倾向和倾角大小，绘制地质界线。在绘制过程中，应注意界线的准确性和连贯性，以确保地质剖面图的清晰易读。如果某些地质界线是基于推测或假设而绘制的，那么这些界线应该使用虚线来表示。例如，在向斜或背斜等地质构造中，由于核部地层可能被覆盖或变形强烈，其界线需基于趋势推测。此时应使用虚线绘制推测段，并在其两端与已确定的实线界线平滑连接（连接处为虚线），以形成完整且符合规范的地质剖面图。

3. 在地质界线之间绘制岩石花纹，以区分不同地层和岩性。同时，应在岩石花纹下方注明地层时代，以便读者了解地层的年代和演化历史。在绘制岩石花纹时，应注意确保地层界线的长度大于岩石花纹线条的长度。

4. 在地质剖面图上标注标志性地名，以便读者能够准确地定位和理解地质剖面图所展示的区域。标志性地名可用竖向虚线引出，并标注在相应位置。

5. 注明图名、比例尺，并绘制图例。图名应简洁明了地反映地质剖面图的主题和内容；图例则应清晰地展示不同地层、岩性和构造特征的符号和颜色，图例尺寸通常为 1.2cm×0.8cm，但也可根据实际需要进行适当调整。

二、案例解析——尖峰地区地质剖面图

（一）剖面选择与分析

尖峰地区地质剖面图如图 4-65 所示。A-B 剖面大致垂直于褶皱枢纽方向，并穿过区域主要构造，为深入分析尖峰地区的地质构造提供了有利视角。

（二）褶皱特征分析

由图 4-65 可知，尖峰地区的褶皱轴向近似为南北向，发育一个大背斜和一个大向斜。背斜用"∧"符号表示，向斜用"∨"符号表示。大向斜内部发育有次级褶皱，这些褶皱的形成时间介于 T_1^3 地层沉积之后和 K 地层沉积之前。

绘制褶皱构造剖面时应注意以下几点：

1. 不整合界线的绘制顺序

当剖面切过不整合界线时，应先绘制不整合面以上的地层和构造，再绘制不整合面以下的地层和构造，以确保地层关系的准确性。

在图 4-65 中，可通过寻找被 K 岩层覆盖的 T_1^1 和 T_1^2 岩层的界线与剖面线的交点，来确定 T_1^2 在剖面图上的准确范围。然而，在实际操作中，由于地层复杂性和不确定性，直接找到这些交点可能存在困难，需结合地质知识和技术手段进行综合判断。

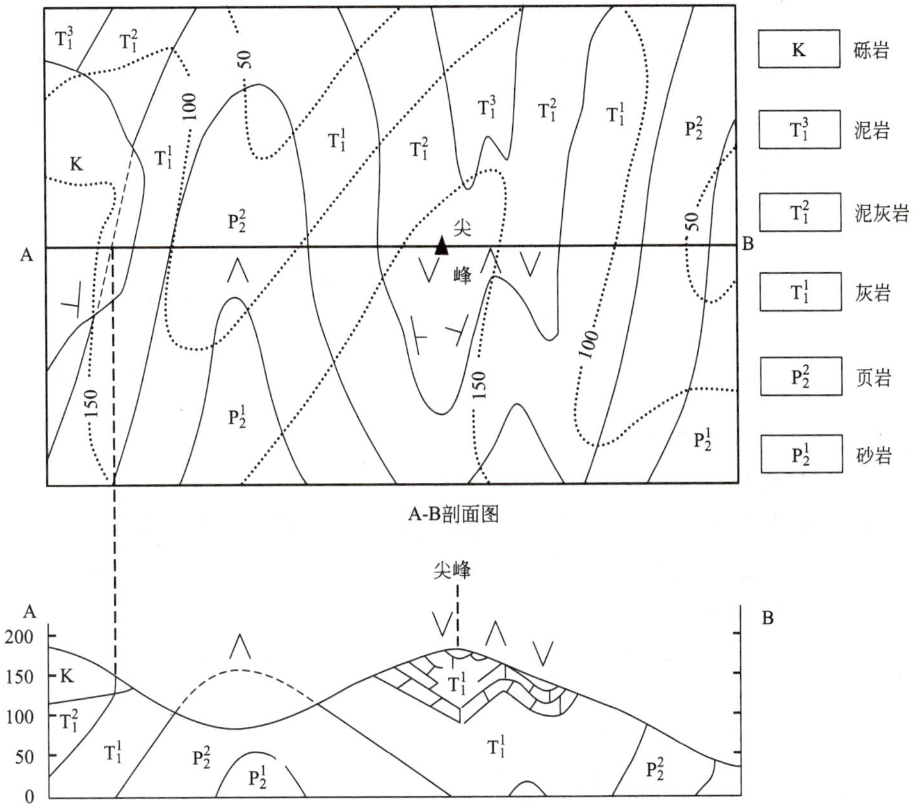

图 4-65 尖峰地区地质剖面图

2. 断层的绘制顺序

当剖面线切过断层时，应先绘制断层，再绘制断层两侧的地层和构造，以准确反映断层对地层的影响和断层两侧的地层关系。

3. 视倾角的转换

当剖面线与地层斜交时，为了准确反映地层在剖面图上的倾斜和走向，需将地层的真倾角转换为视倾角进行绘制。

4. 次级褶皱细节表现

在绘制褶皱构造剖面图时，应从褶皱的核部开始绘制，再逐渐延伸至两翼，并注意细致表现次级褶皱的形态和特征，以确保剖面图的完整性和准确性。

工程地质技能训练营——地质图识读

1. 根据图 4-66 回答问题：

（1）简述图 4-66 中各种符号的含义。

（2）请在下图中用"∧"和"∨"符号标识出所有褶皱的位置。

（3）绘制 AB 线所切剖面图。

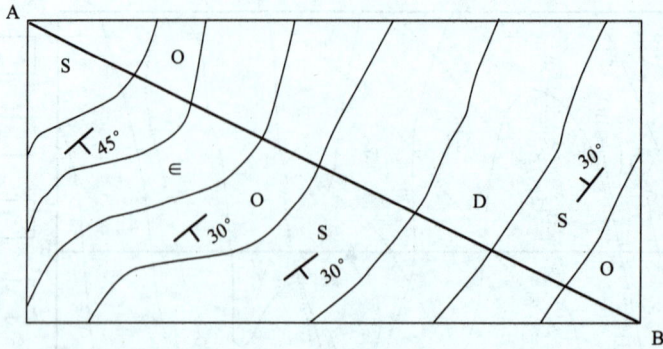

图 4-66　地质图 1

2. 根据图 4-67 回答问题：

（1）利用 V 字形法则判断断层面倾向。

（2）根据地质构造线（如地层界线、地层年代等）特征，分析并判断断层两盘（上盘与下盘）的相对运动方向，并确定断层的类型（正断层、逆断层或平移断层）。

（3）在图 4-67 上求解断层面倾角 α。

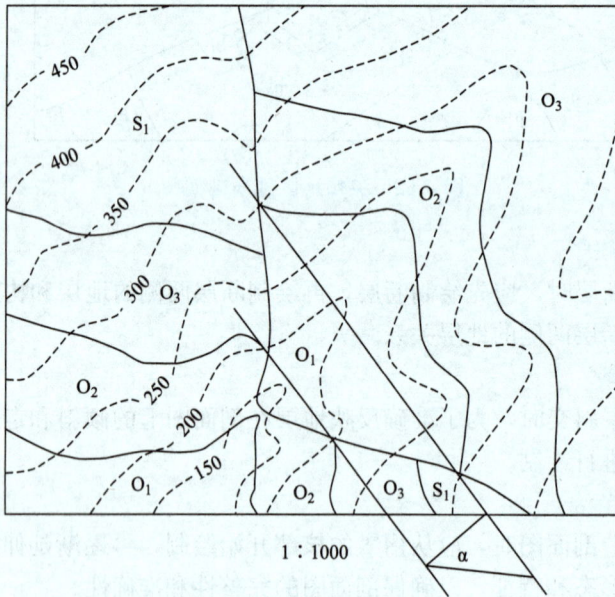

图 4-67　地质图 2

工程实践

请自行组队，每组选择以下两项任务进行深入研究和实践。通过团队合作，旨在加深对地质构造知识点的理解和掌握，并提升解决实际问题的能力。

问题一：川西褶皱带地质探究（难度：★★★）

川西褶皱带是我国重要的地质构造区之一，以其复杂的褶皱构造和丰富的地质现象而著称。请各小组通过团队合作，利用地质云网站等资源，完成以下任务：

1. 川西褶皱带地质图下载与分析

访问地质云网站，下载川西地区的公开地质图。仔细阅读并分析地质图，确定川西褶皱带的大致范围。在地质图上标出主要褶皱的位置，并描述褶皱的形态（如背斜、向斜等）、规模（如长度、宽度等）和分布规律。

2. 褶皱性质分析

结合地质图和课堂所学知识，对标出的主要褶皱进行详细分析，包括褶皱的成因机制、发育历史等。分析褶皱带内不同褶皱之间的空间关系，探讨它们的组合特征和相互影响。

3. 地质意义探讨

分析褶皱带与地震活动、矿产资源分布等地质现象的关联，评估其对地质环境和人类活动的影响。

提交要求：提交一份详细的报告，内容包括下载的地质图、褶皱性质分析报告及地质意义探讨。

问题二：哀牢山—红河断裂带探究（难度：★★★）

哀牢山—红河断裂带是地质学上重要的构造带之一。请各小组通过团队合作，完成以下任务：

1. 位置查找与卫星地图观察

利用网络地图工具，查找哀牢山—红河断裂带的准确位置。在卫星地图上仔细观察该断裂带，寻找并标记出断层的明显标志，如地表破裂、山脊错位、河谷形态异常等。

2. 断层性质分析

结合课堂所学或网络资料，分析哀牢山—红河断裂带的断层性质（如正断层、逆断层或平移断层）。探讨该断裂带的形成机制以及对周边地形地貌的影响。

3. 地质意义探讨

查阅资料，探讨断裂带与地震活动的关联，评估其对地震发生、分布和强度的可能影响。研究断裂带对矿产资源分布的控制作用，分析其对矿产勘查和开发的地质指导意义。

提交要求：提交一份报告，包括哀牢山—红河断裂带的位置、卫星地图观察记录、断层性质分析及地质意义讨论。

问题三：腾冲温泉度假酒店分布与断层带关系探究（难度：★★★）

腾冲市因其丰富的地热水资源和独特的地理位置而成为温泉旅游的胜地。请各小组通过团队合作，完成以下任务：

1. 腾冲温泉度假酒店位置查找

利用网络地图工具，查找腾冲市内主要温泉度假酒店的分布位置，在地图上准确标记出这些酒店的位置，以便后续分析。

2. 地图连线与观察

在地图上将找到的温泉度假酒店按照实际位置连点成线，仔细观察这些点是否呈现出线状、串珠状分布特征。

查阅资料，明确标识出腾冲市三条弧形断裂带（古永—梁河水热活动带、瑞滇—腾冲（市区）—小陇川水热活动带、龙川江—龙陵—瑞丽水热活动带）的所在位置，并在地图上标出。

3. 断层性质与温泉活动分析

结合课堂所学知识，深入分析腾冲市三条弧形断裂带的断层性质（如正断层、逆断层或平移断层）。

探讨断层活动对温泉形成和分布的具体影响，包括断层活动如何促进地热水的上升和聚集，总结这种地质作用与温泉度假酒店的关联。

提交要求：提交一份详实的报告，内容包括腾冲温泉度假酒店的分布图、地图连线观察记录（包括线状、串珠状分布的分析）、断层性质与温泉活动分析报告。

学习任务单

项目四 地质构造识读	姓名：		
	班级：	学号：	
	学生自评	教师评价	导师评价
思考题	是否掌握	评分	评分
水平岩层露头宽度与岩层厚度、地面坡度有什么关系？			
倾斜构造的三大产状要素是什么？			
绘图说明褶皱基本类型和形态要素。			
野外如何识别褶皱和断层？			
节理和断层有什么区别？			
断层的类型及分类依据是什么？			
雁列式张节理和 X 型剪节理是如何形成的？			

项目四 地质构造识读	姓名：		
	班级：		学号：
	学生自评	教师评价	导师评价
思考题	是否掌握	评分	评分
如何根据擦痕、阶步、牵引构造等特征判断断层两盘的相对运动方向？			
简述节理玫瑰图的绘制步骤。			
单斜岩层与路基工程有什么关系？什么工况对路基边坡有利？			
隧道穿越褶皱构造时，从褶皱的哪个部位穿越比较有利？			
断层对隧道工程有什么影响？无法避开时，应如何穿越？			
如何用 V 字形法则判断岩层倾向？			
如何利用地形地质图求岩层产状要素？			
简述阅读地质图和绘制地质剖面图的主要步骤。			

思政育人案例：地质构造
秦岭地质构造分析——巍巍大秦岭，悠悠生态情

（一）华山花岗岩地貌之奇

华山，秦岭之瑰宝，其地质成因引人入胜。约1.3亿年前，秦岭造山带处于挤压向伸展转换的地球动力背景中。早期挤压使下地壳增厚，随后在向伸展机制转化过程中，下地壳减压增温，部分熔融形成酸性花岗质岩浆上升侵位，铸就华山坚硬花岗岩山体。受燕山、喜马拉雅运动持续影响，华山山脉隆升，渭河盆地凹陷，一高一低间，花岗岩体破裂，垂直节理发育，峻峭悬崖、危岩奇峰应运而生，"华山如立"之奇观由此铸就。

华山陡峭崖壁警示着垂直节理控制的岩体稳定性风险（易发崩塌），故工程建设须避让此类地形；而山前渭河冲积平原具备稳定地基，恰为城镇发展提供空间。这深刻诠释了"识地质规律，顺自然之势"的可持续发展观（图1）。

（二）太白山绿色明珠之秘

太白山，秦岭之巅，青藏高原以东第一高峰，以高、寒、险、奇、富饶、神秘著称。作为秦岭终南山世界地质公园之核心，其第四纪冰川地貌地质遗迹堪称"中国天然地质博物馆"。太白山山体形成可追溯至6亿年前震旦纪，彼时秦岭地区为汪洋大海，地面凹陷下沉，石灰岩、白云岩渐成。4亿年前加里东运动，此地上升隆起，褶皱成山，太白山雏形初现。海西、印支、燕山、喜马拉雅等多期构造变动，使太白山块体急剧上升，北仰南缓，渭河谷地相对下降，形成险峻高山。约1.15万年前更新世末，全球性气温下降，太白山区大雪纷飞，冰川冰斗积累增厚，剥蚀携带风化松动岩石，终铸太白山现今独特的高山冰川地貌。

　　正是这漫长而剧烈的地质构造隆升与冰川精雕细琢，塑造了太白山高耸的山体、冰斗湖、石海、石河等独特景观，形成了复杂多样的高山生境（湖泊、湿地、草甸、原始森林）。这独特的"地质构造—地貌"组合，奠定了太白山作为"绿色明珠"的生态基石，使其成为重要的水源涵养地与生物多样性热点区域，滋养着丰富的动植物资源（图2）。

　　通过对秦岭两大名山——华山与太白山地质构造成因的探析，使学生不仅掌握地质构造专业知识，领略大自然的鬼斧神工，更深刻理解地质构造如何奠定生态系统的基础，塑造独特的生态价值。本案例旨在引导学生领悟"绿水青山就是金山银山"的深刻内涵，强化尊重自然规律（识地质规律、顺自然之势）、保护生态基底、追求人与自然和谐共生的责任意识，服务于国家生态文明建设的战略需求。

图1　大自然的力量——华山奇观

图2　大自然的馈赠——太白山奇观

项目五　水文地质探究（技能点★★）

【案例导入】

　　水是塑造地球地貌的关键地质营力。地表河流、冰川与地下水流通过侵蚀、搬运、沉积及溶蚀作用，持续改造地表形态。

　　长江作为典型范例，完整展现了水动力地质作用的多元过程：源自青藏高原的冰川融水汇流成河，以强大侵蚀力切割出三峡等深切峡谷；中下游江水挟带巨量泥沙，在鄱阳湖、长江口等低洼区沉积形成沙洲与三角洲。在长江流域的江汉平原，过度开采导致地下水位下降，引发地面沉降，直接威胁区域生态安全。

　　长江流域的演变历程，生动诠释地表水与地下水作用的动态交织。深入解析水循环的地质效应，既是理解地表形态演化的钥匙，也是预判地质风险、实现人地和谐的基础。本项目将系统探讨地表水与地下水的地质作用机制，揭示水作为"无形雕刻师"是如何塑造地球家园的。

任务一　地表水的地质作用

　　地表水涵盖多种存在形式，如湖泊、冰川、沼泽以及流动的河流。其中，河流作为地表水最主要的动态载体，其持续流动的特性使其具备了强大的地质营力，即通过侵蚀、搬运和沉积作用，显著地塑造着地表形态。本任务将重点探讨河流的地质作用过程。

问题一　径流是如何形成的？

　　降落到地面上的雨水，除下渗、蒸发等损失外，在重力作用下沿一定方向和路径流动的水流称为地面径流。地面径流长期冲刷地面，形成沟壑，进而汇聚成小溪，最终汇集成河流。地表径流和部分地下径流最终汇入河流，成为其持续流动的水源基础。因此，理解径流的形成过程是认识河流活动的前提。

　　径流形成过程是指从降水开始，水分在流域内经过一系列物理过程，最终形成并流出流域的水流的全过程。这一过程一般分为四个过程：降水—流域蓄渗—坡面漫流—河槽集流。

一、降水过程

降水是径流形成的初始条件，雨水或融雪等水分来源降落到地面，为径流提供了水源。降水量用降落在地面上的雨水深度表示，单位为 mm。单位时间内的降水量称为降水强度，单位为 mm/h 或 mm/d。每次降水，可能覆盖某一地区，也可能降落在该地区的局部地区，降水强度也有时均匀有时不均匀，降水的变化直接决定着径流过程。

二、流域蓄渗过程

降水开始时，并不立即形成径流，部分雨水被植物截留；部分落到地面被土壤吸收并渗入地下，称为入渗。单位时间的入渗量称为入渗率，常用 f 表示。随着降水的继续，土壤趋于饱和，局部地面上的水被蓄留在坑洼中，称为填洼。植物截留、入渗和填洼合称为蓄渗。

三、坡面漫流过程

当降水强度超过地面的吸收能力时，多余的水分会在地面形成薄层水流，沿着坡面缓慢流动，这就是坡面漫流。随着水流的汇集，逐渐形成较大的地表径流。

四、河槽集流过程

流域内的降水，除部分截留和蒸发外，一部分形成地面径流，一部分渗入地下，通过土壤和岩石的孔隙、裂缝等流动，形成地下径流。地表径流和地下径流最终汇入河流、湖泊等，形成河槽集流。河槽中的暴雨洪水主要来源于地面径流，而枯水期的补给多来自地下径流。

问题二 流域特征对河流有何影响？

径流是河流赖以存在和持续流动的水源基础。然而，径流的产生、汇集与运动并非无序，而是严格地发生在特定的地理单元之内，即流域。流域为河流划定了天然的集水范围，决定了哪些区域产生的降水最终汇聚成该河流的水量。因此，要深入理解河流的特性，就必须探究其背后的流域特征。

流域是汇集地面水和地下水的区域，通常由分水线（或称为分水岭）所包围。这个区域内的雨水、融雪水等水流会自然汇集，并最终流入共同的出口，如河流、湖泊或海洋。

一、分水岭（线）

当地形向两侧倾斜，使得雨水能够分别汇入两条不同的河流时，这一地形的脊线就起到了分水的作用，被称为分水岭（或分水线）。分水岭（线）如图 5-1 所示。

二、流域面积

流域面积是指地面分水线所包围区域的水平投影面积（用 F 表示），是衡量河流规模的核心指标。在降水、蒸发等条件一致时，流域面积与河川径流量呈正相关，下游因汇水区域扩大，水量通常更丰富。

图 5-1 分水岭（线）

三、流域形状

流域形状可以分为扇形流域和羽形流域两种。扇形流域（扇形或圆形）因支流集中汇入，易引发快速洪水；羽形流域（如羽毛状）因支流分散，汇流平缓，洪水风险较低。

四、流域闭合性

根据地面分水线与地下分水线是否重合，可分为闭合流域和非闭合流域两类。

闭合流域：地面分水线与地下分水线完全重合，流域内所有降水（地表水＋地下水）均向同一出口汇集。河流径流量完全源于本流域降水，水量平衡计算可靠；但内流区封闭流域易导致河流矿化度升高，形成咸水湖。

非闭合流域：地面与地下分水线不重合，存在跨流域的地下水量交换。邻域地下水可流入本流域（如太行山东麓河流受华北平原地下水补给），增加枯季流量；本流域地下水向邻域流失（如河西走廊河流渗入巴丹吉林沙漠），加剧旱季断流风险。同时污染物通过地下径流迁移至相邻流域，增大污染跨域传播风险。

知识链接

扇形流域与羽形流域的典型案例

海河流域是扇形流域的代表。北运河、永定河、大清河、子牙河和南运河五大支流交汇于天津附近后入海，这些支流像一把巨扇铺在华北平原上，形成了扇形流域的显著特征。闽江流域是典型的羽形流域，其特点是干流粗壮，支流短小且平行排列，从左右相间汇入干流，形似羽毛状。

问题三 河流的水系构成和分段依据是什么？

一、河流的水系构成

一条河流及其所有支流共同构成脉络相通的体系，称为水系或河系。水系通常以干流的名称命名（如长江水系、黄河水系）。水系中，汇集区域径流并最终注入海洋或湖泊的主要水道，称为干流。直接或间接流入干流的河流，称为支流。支流根据其汇入干流的直接程度进行分级：

一级支流：直接汇入干流的支流。

二级支流：汇入一级支流的支流。

三级支流：汇入二级支流的支流，依此类推。

二、河流的分段依据

一条发育完整的河流，从源头到河口，依据其地貌形态、坡度、水流速度、河谷特征及主导的地质作用，可纵向划分为五个典型河段：

1. 河源：河流的起点，开始有稳定水流的地方。通常位于山地或高原（如冰川、泉水、湖泊出口）。

2. 上游：紧接河源，流经山区或高地的河段。

3. 中游：上游以下至下游之前的过渡河段。

4. 下游：靠近河口的河段，流经平原地区。

5. 河口：河流的终点，注入海洋、湖泊或其他河流的地方。消失在沙漠中的河流称为无尾河，可以没有河口。河口处断面扩大，水流速度骤减，常有大量泥沙沉积而形成三角形沙洲，称为河口三角洲。

问题四 河流的特征参数有哪些？

河流的基本特征一般用河流长度、弯曲系数、横纵断面面积及纵比降等表示。

一、河流长度

从河源到河口的距离，称为河流长度，通常在（1：100000）～（1：50000）的地形图画出河道中泓线，用分规逐段量取，分规开距常用1～2mm。

📖 知识链接

中泓线和深泓线

中泓线是指河道中各横断面上最大水流速度所在点的连线，即河流主流的轴线，反映水流的主要路径。深泓线是指河道中各横断面上最低点（河床最深处）的连线，反映河床形态，如图5-2所示。河流长度是指从河源到河口沿水流路径的实际距离，而非河床深度。因此，应沿代表水流主线的中泓线量取。

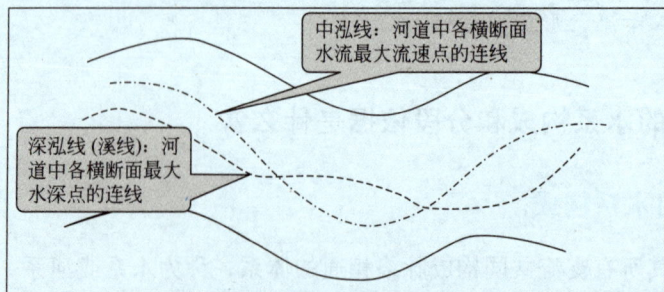

中泓线：河道中各横断面水流最大流速点的连线

深泓线（溪线）：河道中各横断面最大水深点的连线

图5-2　中泓线和深泓线

二、弯曲系数

河道全长与河源到河口的直线长度之比，称为河流的弯曲系数，河流的弯曲系数计算示意图如图 5-3 所示，用 Φ 表示，即：

$$\Phi = \frac{L}{l} \tag{5-1}$$

式中：L——河长；

l——河源到河口的直线长度。

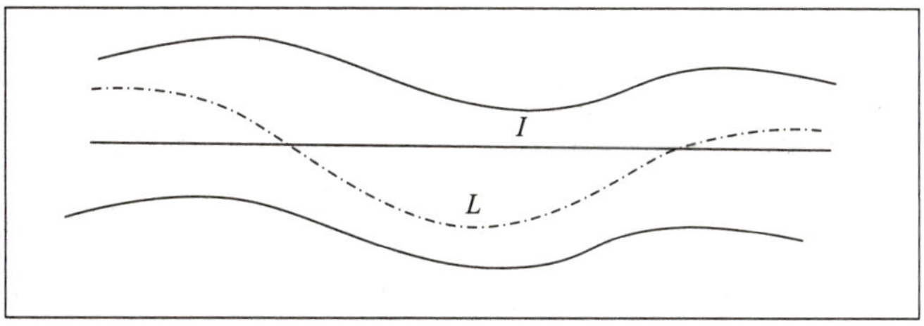

图 5-3 河流的弯曲系数计算示意图

三、河流横断面

垂直于水流方向的断面称为横断面。洪水位以下的河床横断面，通常由河槽和河滩两部分组成，如图 5-4（a）所示。

河槽是河流宣泄洪水和输送水沙（包括底沙）的主要通道。植被通常不易生长。洪水期水流湍急，底沙运动强烈。

河滩位于河槽两侧，是洪水期水流漫溢时被淹没的滩地。河滩上通常生长有草类、树木或农作物，被洪水淹没的频率相对较低。洪水漫滩时流速减缓，底沙运动微弱，以泥沙淤积（沉积）作用为主。

河槽内部又可分为主槽和边滩，主槽是河槽中水深最大、流速最快、常年过流的核心水道（深泓线通常位于主槽内）；边滩通常位于河槽的凸岸一侧（河流弯曲处的外侧），是由泥沙堆积形成的相对稳定的地貌单元（常呈新月形），枯水期常出露水面。其形态和位置会随水流条件变化而调整。横断面仅有河槽而没有明显的河滩称为单式断面，如图 5-4（b）所示；横断面既有河槽又有河滩称为复式断面，如图 5-4（c）所示。

四、河流纵断面

沿河流深泓线的剖面称为河流的纵断面。长江干流纵断面图如图 5-5 所示。

五、河流的纵比降

中泓线上单位长度内的水面落差，称为河流水面比降；深泓线上单位长度内的河底落差，称为河底比降。设河段前后两断面的水位或河底高程分别为 Z_1、Z_2，两断面间的长度为 L，则纵比降的定义为：

$$J = \frac{Z_1 - Z_2}{L} \tag{5-2}$$

(a) 河槽和河滩

(b) 单式横断面

(c) 复式横断面

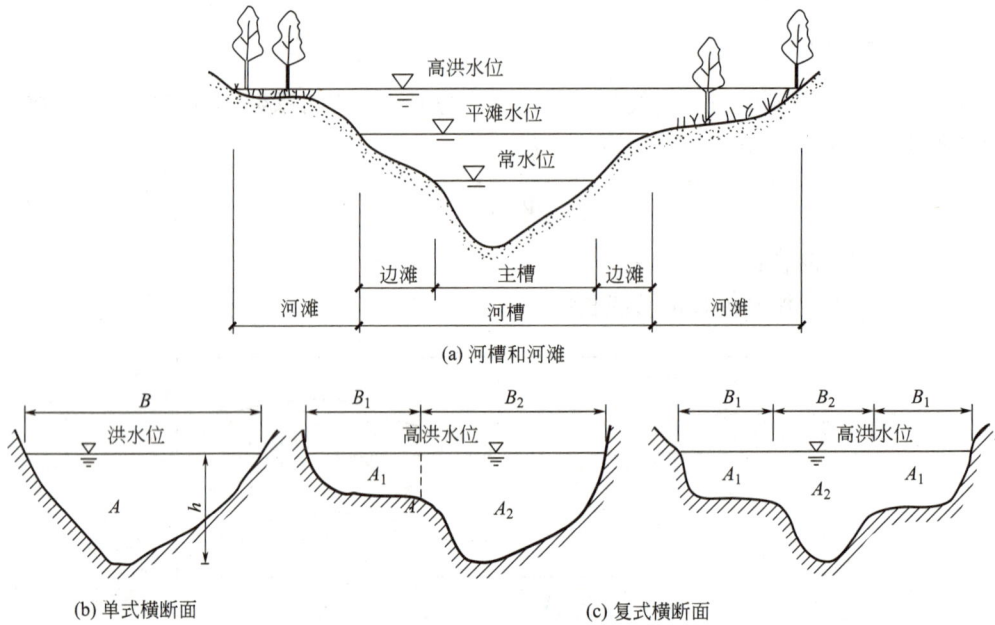

图 5-4　河流横断面

图 5-5　长江干流纵断面图

由于河流纵比降沿程变化显著，在天然不规则河床的水力计算中，需采用能量坡度等效法确定平均纵比降。如图 5-6 所示，能量坡度等效法核心原则是原河床剖面与等效平均坡降线在计算区间内围成的面积相等（$\omega_1 = \omega_2$），确保水流势能损失总量一致，图中蓝线代表该河流的等效平均坡降线。

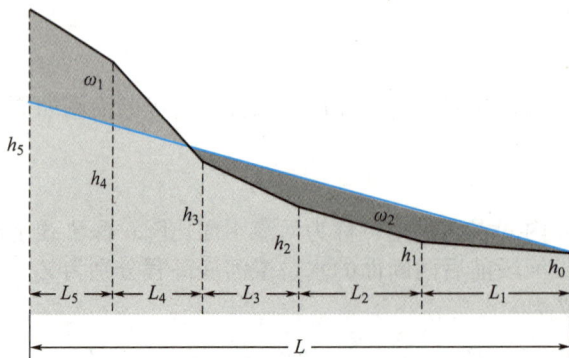

图 5-6　能量坡度等效法示意图

河流的侵蚀作用有什么特点?

河水在流动过程中对河床产生冲刷,形成河流的侵蚀作用;其将剥蚀产物携带至适宜环境沉积,体现搬运作用;当流速降低时,被搬运物质发生堆积,即沉积作用。三者贯穿全流域,相互关联,但在不同河段常以某一种作用为主导。

河流的侵蚀作用主要包括溯源侵蚀、下蚀作用和侧蚀作用三种形式。

溯源侵蚀是指河流不断向河流源头方向伸长,通过侵蚀作用使河流源头不断向远处移动的现象。这种侵蚀作用通常发生在河流的上游山区,由于地势陡峭,水流湍急,河流具有强大的侵蚀力,能够不断切割和侵蚀河床及两岸的岩石,从而使河流源头逐渐向上游方向移动。

下蚀作用是指河流切割河底,使河床逐渐变深的过程。下蚀的强弱主要取决于流速和流量的大小,同时也与组成河床的物质性质有关。

侧蚀作用是指河流对河岸的冲刷和破坏,使河岸逐渐后退或变形。河流在流动时,水流往往呈螺旋状流动,这种流动方式使得水流对凹岸(即河流弯曲处的内侧)的侵蚀作用更为强烈。在凹岸,水流速度较快,湍流强度大,能够携带更多的泥沙和砾石对河岸进行冲刷和破坏。而在凸岸(即河流弯曲处的外侧),水流速度相对较慢,泥沙和砾石容易在此堆积,形成河漫滩。由于凹岸的不断侵蚀和凸岸的不断堆积,河流在长时间的作用下会逐渐形成曲折蜿蜒的形态,即人们常说的"九曲十八弯"。

总结来说,河流的侵蚀作用在不同河段表现出不同的特点。上游河谷窄,呈 V 形,以溯源侵蚀、下蚀作用为主;中游河道逐渐开阔,以侧蚀作用为主,形成 U 形河谷;下游河谷更宽阔,河道两旁为冲积平原,以侧蚀、堆积作用为主,河谷呈槽形。这些不同的侵蚀作用共同塑造了河流的形态和特征(图 5-7 和图 5-8)。

牛轭湖是一种特殊的河流侵蚀地貌,它的形成与河流的侧蚀作用密切相关。牛轭湖的形成过程通常包括以下几个阶段:

(一) 河道弯曲

河流在流动过程中,由于地转偏向力的影响,会发生自然偏转。随着时间的推移,凹

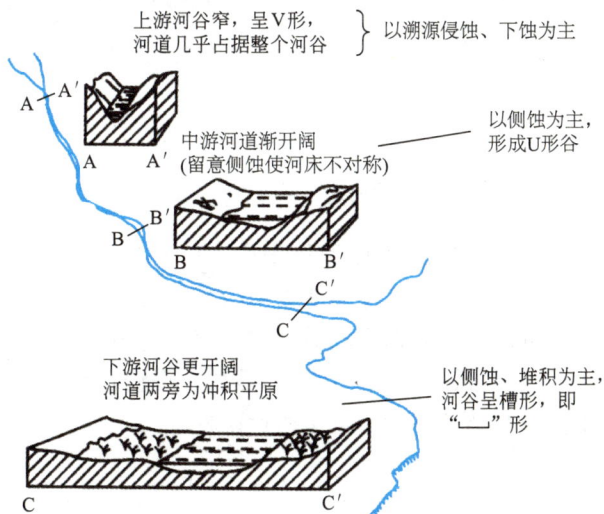

图 5-7 河流的侵蚀作用

(a) V形河谷 　　　　　　　　　(b) U形河谷 　　　　　　　　　(c) 槽形河谷

图 5-8　三种典型河谷形态

岸（河流弯曲处的内侧）不断受到侵蚀，而凸岸（河流弯曲处的外侧）则不断堆积泥沙，使得河道逐渐变得弯曲。

（二）弯曲加剧

随着河流的持续冲刷和侵蚀，凹岸的侵蚀作用进一步加强，凸岸的堆积作用也不断增强。河道弯曲的程度逐渐加剧，形成更加复杂的河道形态。

（三）截弯取直

在雨季或河流流量增大的情况下，河水流速会突然增加。弯曲河道的临近处可能会被河水冲破，形成一条更短、更直的新河道，这个过程被称为"截弯取直"。

（四）牛轭湖形成

截弯取直后，原有的弯曲河道被废弃，流速变慢，泥沙逐渐沉积。随着时间的推移，被废弃的河道逐渐被水填满，形成牛角状的湖泊，即牛轭湖。牛轭湖形成过程如图 5-9 所示。

图 5-9　牛轭湖形成过程

问题六　河流的搬运作用有什么特点？

河流具有一定的搬运能力，能够将侵蚀作用产生的碎屑物质通过不同方式向下游输送，最终在湖泊或海洋盆地中沉积。其搬运能力与流速密切相关，在粒径、水深等其他条件不变时，流速增加 1 倍可使被搬运物质的最大粒径或重量增大至原来的 4 倍（搬运能力与流速平方成正比）；当流速降低时，水流挟沙力减弱，泥沙石块将逐步沉积。

河流的搬运方式主要分为物理搬运和化学搬运两种。

一、物理搬运

物理搬运（图 5-10）通过水流机械作用运输物质，具体包括三种形式：

1. **悬移质搬运**：细颗粒（黏土、粉沙）悬浮于水中长距离运输，是河流搬运的主要方式。例如，黄河年均悬移质输沙量可达 16 亿 t，长江约为 5 亿 t。

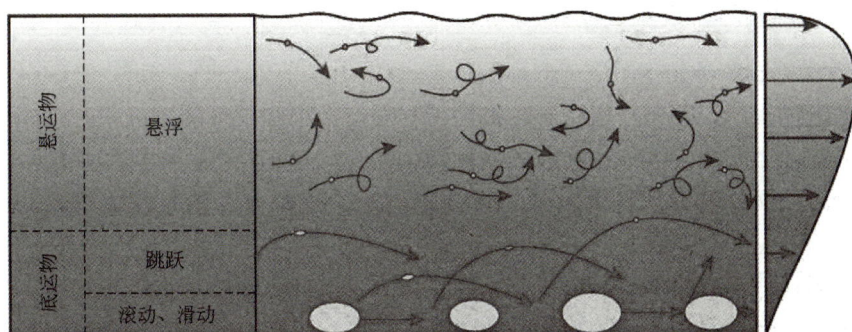

图 5-10　物理搬运

2. **跃移质搬运**：沙、砾石等中粗颗粒在急流中以跳跃方式移动，其运动高度与流速平方成正比。

3. **推移质搬运**：巨石和粗砾沿河床滚动或滑动，需水流剪切力超过颗粒有效重力方可起动。

二、化学搬运

化学搬运主要通过溶解作用进行，水中的离子（如 Cl^-、Ca^{2+}）可被长期搬运至极远距离（如海洋），并在特定条件下（如蒸发、pH 变化）形成化学沉积。

问题七 河流的沉积作用有什么特点？

流速降低使河流携带的物质沉积下来，这一过程称为沉积作用，河流的沉积物被称为冲积层。

一、沉积作用发生的原因

河流沉积作用的本质是水流搬运能力的衰减。当河流流速降低或流量减小时，其动能不足以维持对碎屑物质和溶解质的有效搬运，导致以下两种沉积过程：

1. **机械沉积**：流速降低使水流挟沙力减弱，颗粒物按粒度大小依次沉降（粗粒先沉积，细粒后覆盖），形成具有垂直层理的沉积序列。

2. **化学沉积**：水温、pH 值或离子浓度等化学条件改变时，溶解态物质（如钙离子、二氧化硅）因过饱和而析出沉淀，常见于湖泊、泉口等静水环境。

二、沉积作用的空间分布规律

沉积作用的空间差异与河道形态密切相关，主要发生于以下特征性位置：

1. **河床形态突变区**：坡度变缓或河床展宽处，水流扩散导致流速骤降（如干支流交汇口下游）。

2. **螺旋流作用区**：弯曲河道凸岸因横向环流作用，形成边滩沉积体。

3. 水动力终结区：河流出口处（如河口）因流速趋近于零，悬浮物快速堆积形成三角洲或洪积扇。

三、沉积的分选作用与冲积层特征

1. 分选作用与磨蚀作用

河流搬运过程中，流速逐渐减小，被携带物质按大小和重量陆续沉积。

纵向分选：上游河床沉积物较粗大（巨砾、卵石），向下游逐渐过渡为细沙、黏土。

断面分选：河床断面上，粗大颗粒先沉积，细小颗粒后沉积并覆盖其上，形成垂直层理。

平面分选：河流平面和断面上，沉积物颗粒大小呈规律性变化，称为分选作用。

搬运中物质间摩擦、碰撞导致棱角磨圆，形成砾石、卵石和沙，称为磨蚀作用。良好的分选性和磨圆度是河流沉积物的典型特征，沉积作用下形成的各类河床如图 5-11 所示。

(a) 巨石河床

(b) 砾石河床

(c) 卵石河床

(d) 沙质河床

图 5-11 沉积作用下形成的各类河床

2. 冲积层的空间差异

山区河流：底坡陡、流速大，沉积作用弱，冲积层以巨砾、卵石和粗沙为主。

山前平原：河流出山后流速骤降，形成规模较大的冲积扇，分选性和磨圆度显著提高，常见于山麓地带。

中下游平原：流速持续降低，冲积层逐渐过渡为细沙、粉沙和黏土，形成广阔冲积平原。

河口区：流河口区主要的冲积层类型是以细沙、粉沙和黏土为主的三角洲沉积物。若泥沙堆积速率超过海流搬运能力，则形成三角洲（如尼罗河三角洲，如图 5-12 所示）。若海流侵蚀或地壳下降主导，则泥沙被卷走，无法形成显著冲积层。

图 5-12　尼罗河三角洲

四、河流沉积作用与沉积岩的关系

河流沉积的冲积层（砾石、沙、粉沙、黏土等）是沉积岩的重要物质来源。冲积层被后续沉积物覆盖后，在高温高压环境下经历压实作用（颗粒重新排列、孔隙水排出）和胶结作用（矿物沉淀填充孔隙），最终固结为河流相沉积岩（如砂岩、页岩、砾岩）。这一过程通常需数百万年，例如现代黄河三角洲的沉积物需下伏至地下 2～3km 方可成岩。我们也可以通过河流沉积岩推演古河流流向和流域气候。

知识链接

三十年河东，三十年河西

"三十年河东，三十年河西"是大家熟悉的一句成语，用以形容时过境迁、今昔巨变或世态炎凉。是否真有一个地方，三十年前在黄河的东面，三十年后又到了黄河的西面呢？在黄河的变迁史上，这却是千真万确的事实。根据现存历史文献记载，在 1949 年以前的 3000 年间，黄河下游决口泛滥至少有 1500 余次，较大的改道有二三十次。

河流的演变，不仅是当前水流和泥沙运输的影响结果，还与前期多年内自然条件和人类条件的影响有关。学习河流的变化规律时，应注意不同河段和不同时段中河流形态变化的相互联系，不能孤立地看待问题，而忽略了事物发展的过去、现在和将来的相互联系和影响，否则难以全面把握河流变化的内在规律。

任务二　地下水的地质作用

地下水，即赋存于地表以下岩土孔隙、裂隙和溶洞中的水（主要以液态形式存在），不仅是重要的水资源，更是一种强大的地质营力。尽管其运动相对缓慢隐蔽，但地下水通过持续的剥蚀（溶蚀）、搬运和沉积作用，深刻地塑造着地下岩土结构，并影响着地表形态。

问题一 地下水有哪些存在状态？

地下水以气态、液态和固态三种物理形态存在于岩土体孔隙、裂隙及溶洞系统中，其动态分布与转化直接受地质构造、水文条件及环境温压场控制。在特定地质－水文条件下，不同形态的水可通过相变（如冻结/融化、蒸发/凝结）或渗流作用相互转化，例如，冻土区液态水因低温冻结为固态，而深部高温环境中的固态水则可能熔融为液态；未饱和带中的气态水可通过压力梯度运移，并在温度降低至露点时凝结为液态。

一、气态水

以水蒸气状态和空气一起存在于未被水饱和的岩土空隙中，常由水蒸气压力大的地方向水蒸气压力小的地方运移，当温度降低到露点时气态水便凝结成液态水。

二、液态水

（一）结合水

由于土颗粒以分子吸引力和静电引力将液态水牢固吸附在颗粒表面，这种水称为吸着水；在吸着水膜的外层，水分子仍受静电引力的作用，被吸附在颗粒表面构成的水膜称为薄膜水。吸着水和薄膜水统称结合水，它们具有一定的抗剪强度，必须施加一定的外力才能使其发生变形。结合水的抗剪强度由内层向外层减弱。

（二）毛细水

在岩、土体细小孔隙、裂隙中，由于受表面张力和附着力的支持而充填的水称毛细水。当两者的力量超过重力时，毛细水能上升到地下水面以上的一定高度，毛细水对土体的性质影响较大。

（三）重力水

当岩、土体空隙（孔隙、裂隙、溶洞）被水饱和，且水分子主要受重力支配，能够在连通空隙中自由运动的水称为重力水。井中抽取的和泉眼流出的地下水都是重力水。重力水是水文地质研究的主要对象。

三、固态水

固态水指存在于温度处于或低于0℃的岩土体（冻土）中的冰。土中水的冻结与融化影响着土的工程性质。

问题二 地下水如何分类？

由于地下水赋存环境复杂多样，目前普遍依据"埋藏条件"和"含水层空隙性质"这两个主要因素对地下水进行分类（克里门托夫分类法）。首先，按埋藏条件可将地下水分为包气带水、潜水和承压水（图5-13），这种分类描述地下水的赋存状态与动力特征。其次，按含水层空隙性质可将地下水分为孔隙水、裂隙水和岩溶水（喀斯特水），这种分类主要揭示含水介质的渗透性、储水能力与水流规律。

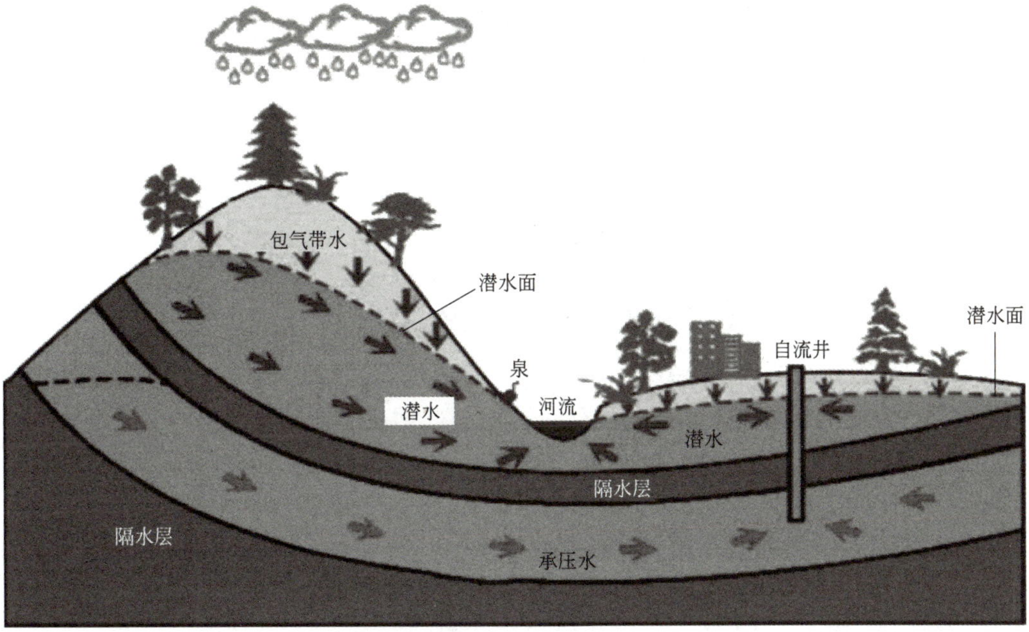

图 5-13 地下水按埋藏条件分类

一、按埋藏条件分类

(一) 包气带水

包气带水严格来说并非一个均质单一的水体类型。它指的是包气带（非饱和带）中存在的各种形态的水，包括结合水、毛细水、气态水以及局部的上层滞水（如果存在隔水透镜体），如图 5-14 所示。

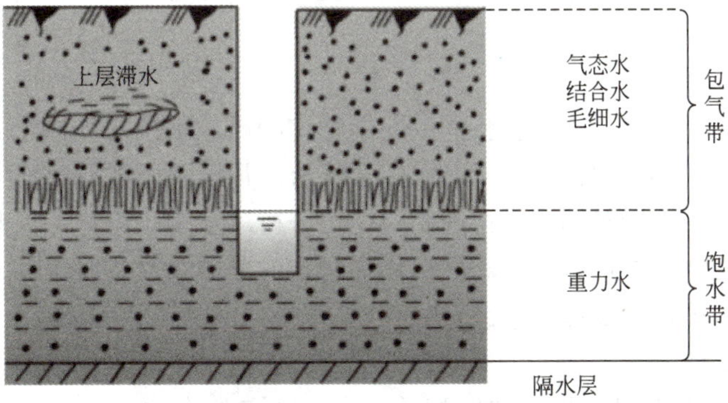

图 5-14 包气带水

(二) 潜水

1. 潜水的概念

饱水带第一个稳定隔水层之上、具有自由水面的含水层中的重力水称为潜水（图 5-15）。潜水的自由表面称潜水面，潜水面上任一点的高程称该点的潜水位。潜水面到地表的距离称潜水埋深。潜水面到隔水底板的铅直距离称潜水含水层厚度。潜水在重力作用下从高处向低处流动时，称潜水流；在潜水流的渗透途径上，任意点的水位差与该两点之间的水平距离之比称潜水流在该段的水力坡度。

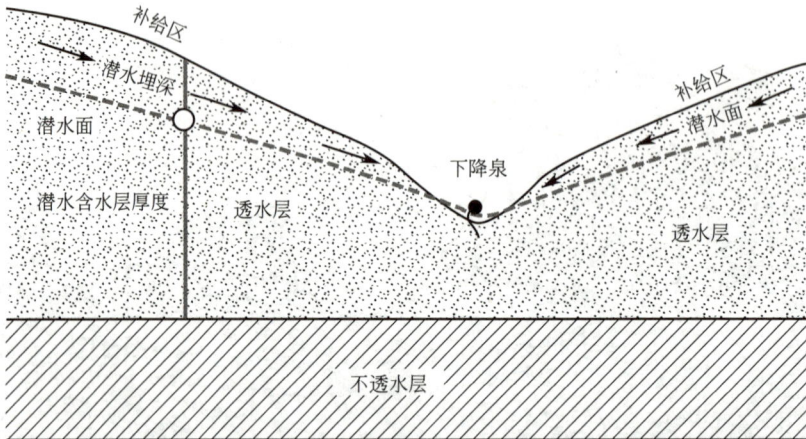

图 5-15　潜水含水层要素图示

2. 潜水的主要特征

潜水通过包气带接受大气降水、地表水等补给，一般情况下潜水分布区与补给区一致，潜水的动态有明显的季节变化。潜水面的起伏小于地形的起伏。

潜水的排泄通常有两种方式：一种是水平排泄，以泉的方式排泄或流入地表水等。另一种是垂直排泄，通过包气带蒸发进入大气，在干旱、半干旱地区，潜水通过毛细作用上升至地表蒸发，水中溶解盐分滞留地表，导致土壤盐渍化。

3. 等水位线图及水文地质剖面图

潜水面反映了潜水与地形、岩性、气象水文等因素之间的动态关系，同时能表征潜水的埋藏条件、运动特征及变化规律。为清晰展现潜水面形态，通常采用以下两种图示方法并综合应用：

（1）等水位线图

等水位线以平面图形式表示：将同一时期测定的潜水水位高程标绘于地形图上，通过内插法绘制等值线（即等水位线），如图 5-16 所示，其绘制原则与地形等高线图一致。因潜水面具有动态性，不同时期等水位线图对比可分析潜水变化趋势，因此图中应标注水位观测时间，建议绘制区域最高水位和最低水位时期的典型等水位线图。

基于等水位线图可获取以下信息：

确定潜水的流向及水力坡度。流向为等水位线的法线方向，由高水位值指向低水位值（图 5-16 中箭头方向）。沿水平流向取相邻两点，两点的水位高差除以两点在平面上的实际距离，就得到两点间的平均水力坡度。

确定潜水与河水的相互关系。潜水与河水一般有以下三种关系（图 5-17）：

潜水补给河水：河岸两侧等水位线与河流斜交，锐角均指向河流上游（常见于山区中上游）。

河水补给潜水：等水位线与河流斜交，锐角均指向河流下游（常见于下游平原区）。

1—地形等高线；2—等水位线；3—等埋深线；4—潜水流向；5—埋深为0m区（沼泽地）；
6—埋深为0～2m区；7—埋深为2～4m区；8—埋深大于4m区。

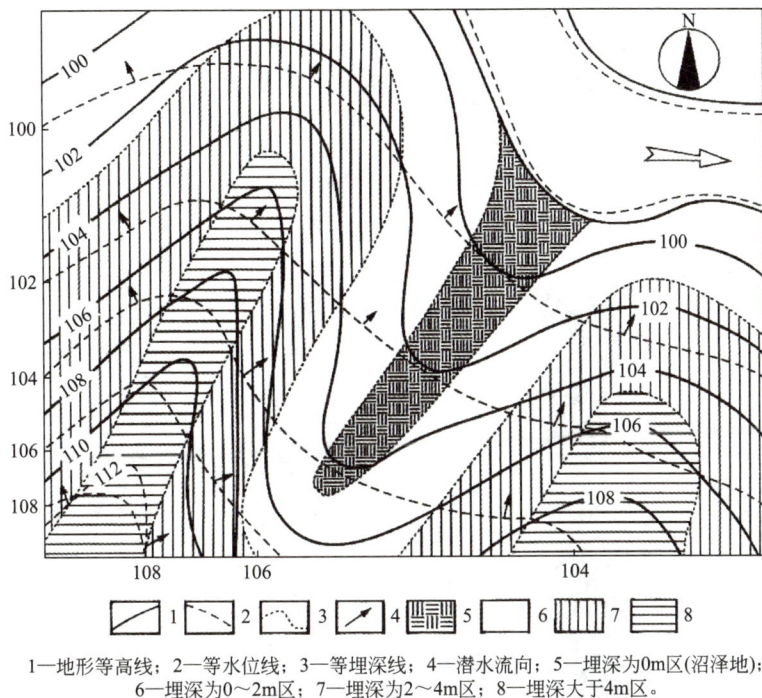

图 5-16 潜水等水位线及埋藏深度图

河水与潜水互补：等水位线与河流斜交，两岸锐角指向相反方向（常见于山前冲洪积扇）。

(a) 潜水补给河水　　(b) 河水补给潜水　　(c) 河水与潜水互补

图 5-17 潜水与河水补给关系

确定潜水面埋藏深度。潜水面的埋藏深度等于该点的地形高程与潜水位之差。各点的埋藏深度值可绘出潜水等埋深线。

确定含水层厚度。当等水位线图上有隔水层顶板等高线时，同一测点的潜水水位和隔水层顶板高程之差即为含水层厚度。

（2）水文地质剖面图

基于地质剖面绘制，可综合表达潜水位、含水层厚度、岩性结构、潜水面坡度及与地表水体关系等水文地质特征，直观反映垂直方向上的水文地质条件，如图 5-18 所示。

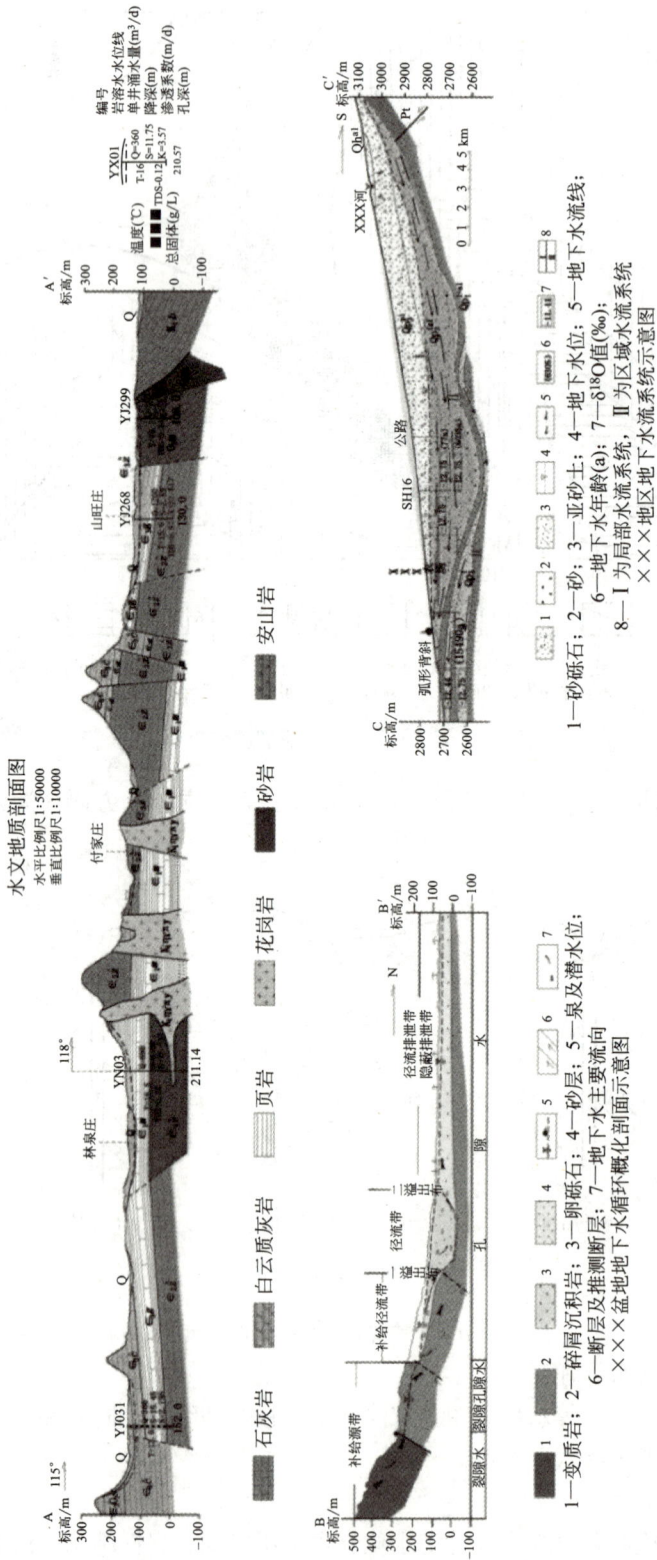

图 5-18 地质剖面图

知识链接

新疆坎儿井

坎儿井与长城、京杭大运河并称中国古代三大工程，始于西汉，已有 2000 余年历史，是干旱区利用地形坡度无动力引取地下水的智慧结晶（图 5-19）。现存 1540 条（截至 2024 年 4 月），71.95％集中于吐鲁番（1108 条），哈密盆地亦有分布，形成地下水利网络。

坎儿井由通风竖井、地下暗渠、地面明渠等组成，结构示意图如图 5-20 所示。

竖井是坎儿井系统中的通道部分，它们位于不同的高度上，便于工人进入地下进行暗渠的挖掘和维护。暗渠是坎儿井系统的核心部分，通常开挖于包气带以下的潜水含水层（如砂砾石孔隙水），通过地下暗渠截取侧向径流或局部潜水溢出带的水量。在暗渠中，地下水会沿着一定的坡度自然流动，直至流出地面。

明渠负责将暗渠中流出的水输送到农田或蓄水池中，而蓄水池则用于储存和调节灌溉用水。

图 5-19　新疆坎儿井

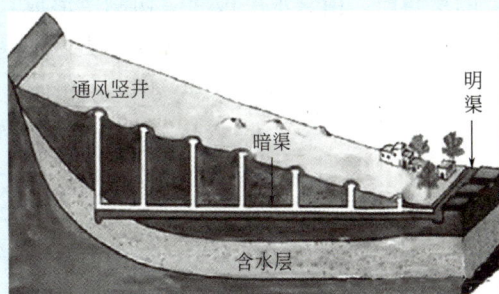

图 5-20　坎儿井结构示意图

（三）承压水

1. 承压水及其特征

充满于两个隔水层之间、含水层中具有水头压力的地下水称为承压水（图 5-21）。由于隔水板的存在，承压含水层能明显地划分出补给区、承压区和排泄区三部分。钻孔揭穿隔水顶板进入承压含水层后，地下水在静水压力作用下上升至含水层顶板以上某一高度，该稳定水位称为承压水位。

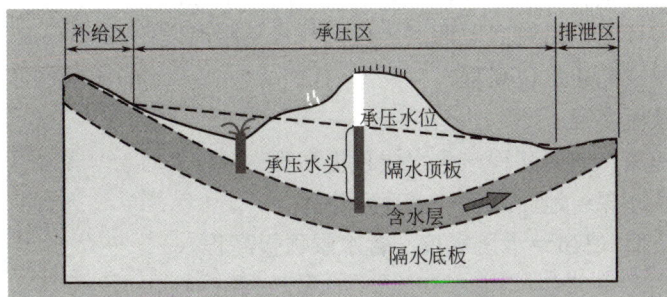

图 5-21　承压水含水层要素图示

承压水位若高出地面，则地下水可以溢出或喷出地表，所以通常又称承压水为自流水。承压水位与隔水层顶板的高程差称为承压水头，若承压水位高于地面，则水头为正且可自流。承压水与潜水相比具有以下特征：

（1）承压水位（测压水位）的连线构成测压水位面，可通过等水压线图表示。

（2）承压水的补给区和承压区不一致。

（3）承压水的水位、水量、水质及水温等受气象水文因素的影响较小。

（4）承压含水层厚度受构造控制，通常较稳定，不受季节变化的影响。

（5）受污染风险较低。

基岩地区承压水的埋藏类型主要决定于地质构造，即在适宜的地质构造条件下孔隙水、裂隙水和岩溶水均可形成承压水。最适宜形成承压水的地质构造有向斜储水构造和单斜储水构造两类。

向斜储水构造又称承压盆地，其规模差异很大，四川盆地是典型的承压盆地。小型的承压盆地一般面积只有几平方千米，它由明显的补给区、承压区和排泄区组成。

单斜储水构造又称承压斜地，它的形成原因主要有两种类型：

断层斜地：由含水层被断层切割所形成，如图 5-22（a）所示。

含水层尖灭构造斜地：由含水层岩性发生相变或尖灭所形成，如图 5-22（b）所示。

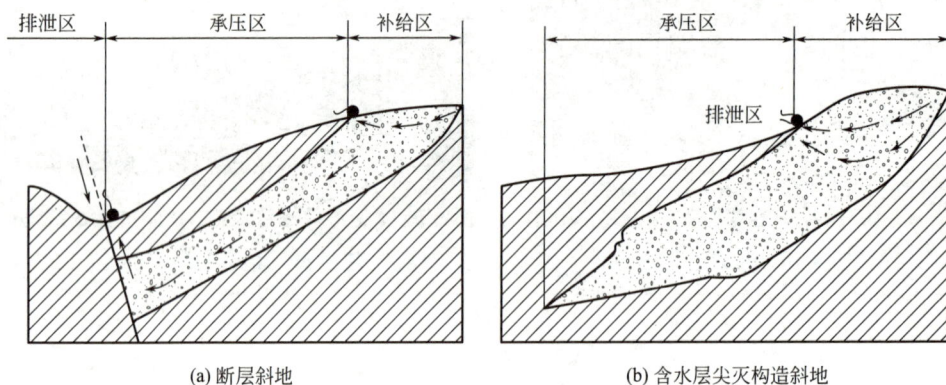

(a) 断层斜地　　　　　　　　　　　　　(b) 含水层尖灭构造斜地

图 5-22　承压斜地

2. 等水压线图

等水压线图是根据同一时期各钻孔的承压水位（测压水位）观测数据绘制的测压水位等高线图，如图 5-23 所示。若在图中叠加含水层顶板等高线，则可实现以下分析：

（1）确定流向：垂直等水压线，自高水位指向低水位。

（2）计算水力坡度：沿流向取两点水位差与水平距离之比。

（3）承压水位（测压水位高程）。

（4）含水层顶板高程。

（5）含水层埋深＝地面高程－含水层顶板高程。

（6）承压水位埋深＝地面高程－承压水位。

（7）承压水头值（H）＝承压水位－含水层顶板高程。

3. 承压水的补给和排泄

承压水主要通过补给区获得水源：当补给区直接出露地表时，大气降水是主要补给来

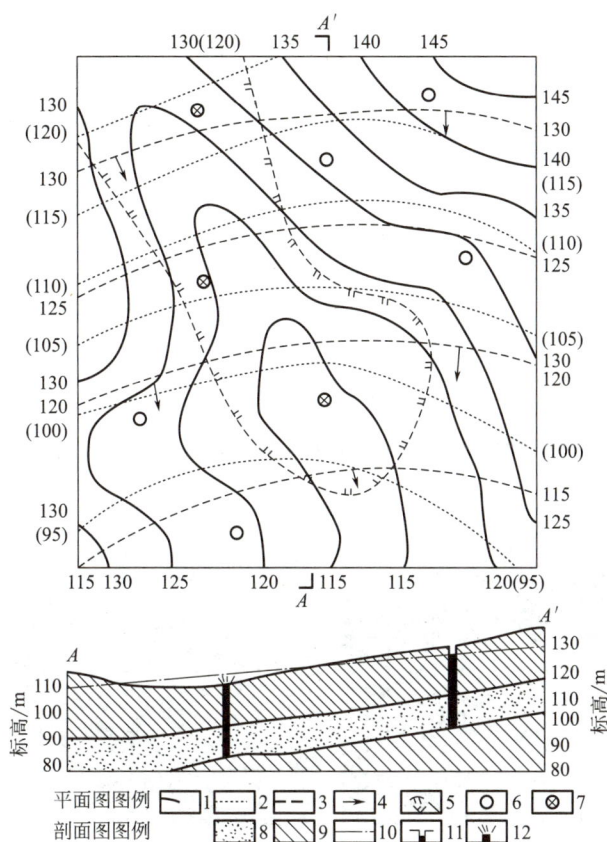

1—地形等高线；2—含水层顶板等高线；3—等水压线；4—地下水流向；5—承压水自溢区；
6—钻孔；7—自喷钻孔；8—含水层；9—隔水层；10—承压水位线；11—钻孔；12—自钻孔

图 5-23　等水压线图

源；若补给区位于河床、湖泊等水体下方，地表水可直接下渗补给；当潜水含水层覆盖于承压含水层之上且潜水位高于承压水位时，潜水通过弱透水层向下越流补给；此外，存在导水断层或含水层天窗时，相邻承压含水层可通过水头差互相补给。

承压水排泄途径包括：

（1）蒸发排泄：仅发生在浅层承压水通过毛细作用上升至包气带或与潜水连通区域。深层承压水因隔水顶板阻隔，通常无法直接蒸发。

（2）蒸腾排泄：植物根系穿透隔水层到达承压含水层（比较少见），或承压水通过越流补给浅层潜水后被植物吸收。本质是"先转化为潜水，再被蒸腾"的间接排泄。

（3）地下径流排泄（泄流）：地下水在天然水力梯度驱动下，沿含水层向排泄区（如河谷、湖盆）的侧向流动。当河流下切至承压含水层顶板，地下水沿河床呈带状渗出。

（4）泉排泄

泉是地下水的天然露头。根据其出流动力机制，主要分为上升泉和下降泉两大类，如图 5-24 所示。

上升泉是指在承压水头压力驱动下，地下水向上顶涌出地表的泉，可分为以下几种类型：

163

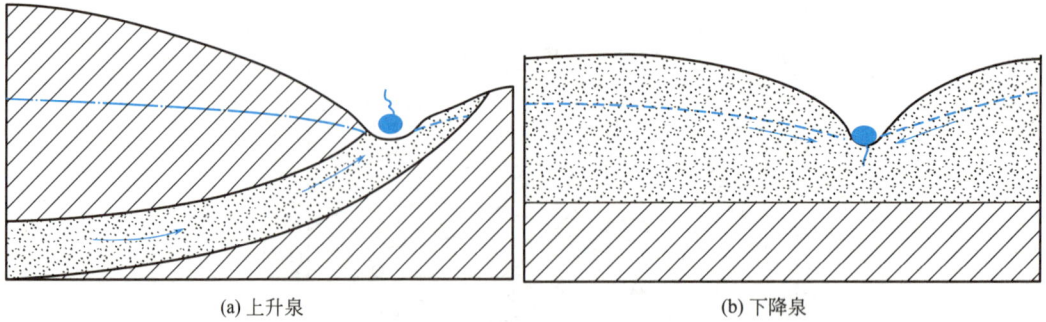

(a) 上升泉　　　　　　　　　　　　　　(b) 下降泉

图 5-24　上升泉和下降泉

侵蚀上升泉：河流下切揭露承压含水层，如黄河峡谷泉群。

断层泉：地下水沿断层破碎带上升，如济南趵突泉（图 5-25）等。

图 5-25　济南趵突泉和敦煌月牙泉

自流泉：通过钻井或天然孔洞，承压水头高于地表时自动喷涌，如河西走廊自流井群。

下降泉是指赋存于潜水含水层（无压水）中的地下水，在重力作用下，从地下自由流出地表的泉。根据出露条件和水流受阻情况，可分为以下几种主要类型：

侵蚀下降泉：由于地表流水侵蚀切割，揭露了潜水含水层，导致地下水沿切割面（如河谷边坡、冲沟壁、洼地边缘等）渗出，如敦煌月牙泉（图 5-25）为风蚀洼地揭露潜水层。

接触泉：当地形侵蚀切割揭露了透水性不同的岩层接触带，地下水流在此受阻或流速发生变化，从而沿接触带集中流出地表。

溢流泉：在特定地形或地质条件下，导致局部潜水面抬升至高于地表，地下水在重力作用下自然涌出地表形成的泉。

（5）越流排泄：通过弱透水层（如黏土）向上下相邻含水层缓慢渗漏。

（6）人工排泄：钻井揭露承压含水层后，地下水在水头压力下自流或泵抽排出。采矿巷道揭露含水层导致涌水（如煤矿突水事故）。

二、按按含水层空隙性质分类

按含水层空隙性质可将地下水分为孔隙水、裂隙水和岩溶水（喀斯特水）。

(一) 孔隙水

赋存于松散沉积物（如砂砾石、黏土）的粒间孔隙中，其储水能力由孔隙度（通常 15%～50%）决定。水流服从达西定律，呈现连续均匀渗流特性，渗透性各向同性，流速缓慢（一般 0.1～10m/d）。此类地下水是主要供水水源，如华北平原孔隙水支撑了 60% 的农业灌溉，其均质特性使开采井布局可规律化设计。

(二) 裂隙水

赋存于坚硬基岩（如花岗岩、砂岩）的构造裂隙或风化裂隙中，储水空间受裂隙密度与连通性控制，孔隙度极低（0.1%～5%）。水流具强烈各向异性，典型问题如隧道工程遭遇的集中涌水，需针对性封堵主裂隙带。

(三) 岩溶水（喀斯特水）

发育于可溶岩（石灰岩、白云岩）的溶蚀管道与溶隙网络中，具双重孔隙介质特征，即同时存在基质微孔隙（低渗透性、高储水性）与溶蚀裂隙/管道网络（高渗透性、低储水性）。水流动态响应极快，暴雨后流量可激增百倍，且易引发地面塌陷。其极端非均质性导致污染难防控。

问题三 地下水有什么运动规律？

地下水在岩石空隙中的运动称为"渗流"或"渗透"。由于受到介质的阻滞，地下水的流动较地表水缓慢。地下水的运动有层流和紊流两种形式，除了在基岩宽大洞隙及卵砾石层的大孔隙中或在水力坡度很大的情况下（如抽水井附近）才会出现紊流运动外，地下水渗流大多数呈现层流运动。

1. **层流**：流体黏性力主导，质点沿平行流线有序运动，层间无宏观掺混【图 5.26 (a)】。

2. **紊流**：流体惯性力主导，质点产生随机脉动和涡旋，流动呈无序掺混状态【图 5.26 (b)】。

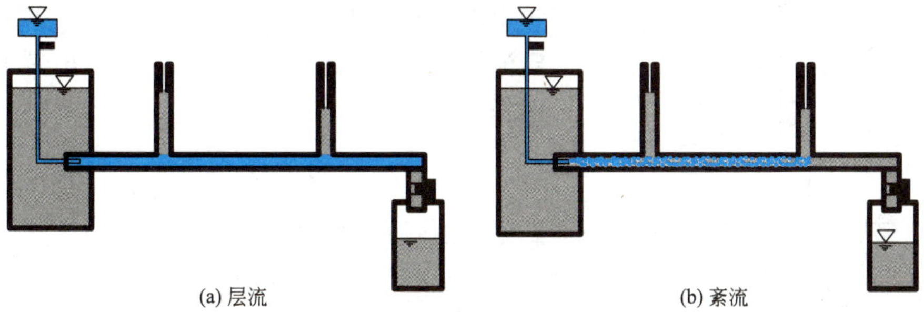

(a) 层流　　　　　　　　　(b) 紊流

图 5-26　层流与紊流

3. 线性渗透定律：

1856 年，法国水力学家达西通过砂柱实验（粒径 0.1～3mm）发现：单位时间内通过多孔介质的渗透流量 Q，与过水断面面积 A、水头差 Δh 成正比，与渗流路径长度 L 成反比：

$$Q = kA \frac{\Delta h}{L} \tag{5-3}$$

式中，Q——渗透流量，m^3/d；

A——过水断面面积，m^2；

Δh——水头差，m；

k——渗透系数，m/d；

L——渗流路径长度，m。

令比值 $\Delta h/L = J$，称水力坡度，也就是渗流路径单位长度内的水头下降值。

又因 $v = Q/A$，则公式（5-3）可写为：

$$v = kJ \tag{5-4}$$

上式表明，渗透流速 v 与水力坡度的一次方成正比，故达西定律又称线性渗透定律。

4. 地下水的涌水量及影响范围计算：

水井是开采地下水的最基本形式之一，可称为集水建筑物。当水井穿过整个含水层而达到隔水底板时，称为完整井；如果仅穿入含水层部分厚度，则称为非完整井。开采潜水含水层的井称为潜水井，开采承压含水层的井称为承压水井（或自流井）。当承压水井内水位降深很大，以致动水位下降到含水层顶板以下，造成井附近承压水转化为非承压水时，则称为承压潜水井。

长期高强度抽取地下水会导致井周围形成特殊的地下水位下降区——降落漏斗。这种漏斗状凹陷以井轴为中心向四周扩散，漏斗边缘水位降幅最小，中心（井壁附近）水位降幅最大。在潜水含水层中，漏斗形态直接反映抽水强度，可通过定期测量潜水位埋深监测其扩展；在承压含水层中，持续开采可能引发多个漏斗叠加，最终形成区域性降落漏斗群，导致水资源衰竭、地面沉降及水质恶化等环境问题。

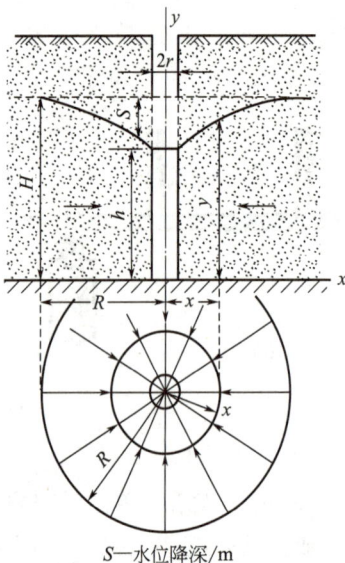

S—水位降深/m

图 5-27　潜水完整井抽水示意图

1863 年，法国水力学家裘布依基于达西定律，研究了均质潜水含水层在等厚、广泛分布、隔水底板水平、天然潜水面水平的条件下，地下水处于稳定流缓变流时的运动规律，首次推导出潜水完整井的稳定流量公式：

$$Q = \pi k \frac{H^2 - h^2}{\ln(R/r)} \tag{5-5}$$

式中，Q——井的出水量，m^3/d；

k——渗透系数，m/d；

H——原始潜水层厚度，m；

h——动水位（在抽水过程中，井孔内水位动态稳定后的实际水面高程），m；

r——井的半径，m；

R——影响半径（假设该处无降深），m。

潜水完整井抽水示意图如图 5-27 所示。

工程地质技能训练营——地下水抽水影响范围计算

在某地区，有一口井正在从承压含水层中抽水。已知该含水层的渗透系数 $k=0.001\text{m/s}$，井的半径 $r=0.1\text{m}$，抽水后的影响半径 $R=100\text{m}$。原始潜水层厚度为 10m，假设在抽水过程中，导致的水位降深（即井中水位相对于含水层原始水位的下降距离）$h=2\text{m}$。请计算该井的流量 Q。

问题四 地下水的地质作用包含哪些类型？

地下水的地质作用是指地下水在运动过程中对岩石、土壤以及地表形态产生的物理和化学改造作用。这些作用贯穿于岩石风化、地貌塑造、沉积物形成及矿产资源富集等地质过程，主要包括以下几类：

一、溶蚀作用（化学侵蚀）

地下水与可溶性岩石（如石灰岩、白云岩）发生化学反应，溶解其中的矿物（如方解石、白云石）。例如，富含 CO_2 的地下水形成碳酸，溶解碳酸盐岩，塑造出形态各异的岩溶（喀斯特）地貌，如石芽、石林、溶洞、天坑、地下河（图5-28）。长期的溶蚀作用会导致岩层中形成空洞，进而可能引发地面塌陷（如重庆岩溶塌陷区）。

二、机械潜蚀作用

地下水流动携带泥沙颗粒，对岩石的孔隙和裂隙进行机械潜蚀。同时，地下水渗透产生的压力能在松散沉积物中掏空细颗粒物质，形成潜蚀空洞（地质学上称为"潜蚀"，如图5-29所示）。其地质表现为扩大岩石裂隙、形成地下管道（如砂岩中的潜蚀通道）；在松散沉积层中形成潜蚀空洞，加剧地面沉降。

图5-28　化学侵蚀

图5-29　机械潜蚀

三、沉积作用

当地下水流动速度降低、温度压力变化或蒸发增强时，其所携带的溶解物质达到过饱和状态而发生沉淀。其地质表现为在岩溶洞穴中形成钟乳石、石笋、石柱等次生碳酸盐沉积。在温泉出口处沉淀形成硅华或钙华，如四川黄龙的钙华池景观（图5-30）。地下水沉淀的矿物（如方解石、二氧化硅）将松散的沉积物颗粒（如沙、砾）胶结固化成坚硬的沉积岩（钙质胶结）。

图 5-30　四川黄龙钙华池

四、热液成矿作用

高温的地下水（热液）在深部循环过程中溶解并携带大量金属元素。当这些热液运移到地壳浅部有利的构造部位（如断裂带、裂隙）时，物理化学条件（温度、压力、pH 值等）发生变化，导致金属元素沉淀、富集，形成矿床。其地质表现为形成热液脉状矿床（如湘西汞矿、云南个旧锡矿）以及与热液活动相关的伟晶岩型矿床（如新疆可可托海锂矿）。

问题五 与地下水相关的工程地质问题有哪些？

一、地面沉降

与地下水相关的工程地质问题中，地面沉降是典型代表。潜水层因埋藏浅、开采成本低，是农业灌溉和生活用水的主要目标层。当潜水层地下水被大量抽取时，地下水位持续下降导致孔隙水压力降低，根据太沙基有效应力原理，土体中有效应力随之增加（图 5-31）。这种应力调整会迫使土颗粒重新排列，孔隙体积减小，进而引发土层压缩与地表沉降（图 5-32）。上海、墨西哥城等地的沉降灾害即源于此机制，其沉降量与潜水层压缩性、水位降幅及抽水量密切相关。上海 1921～2000 年累计沉降的 2.38m 中，约 40% 由承压水开采引起，且沉降具有不可逆性。墨西哥城 1900～2000 年累计的沉降 9m 中，90% 归因于潜水层超采。

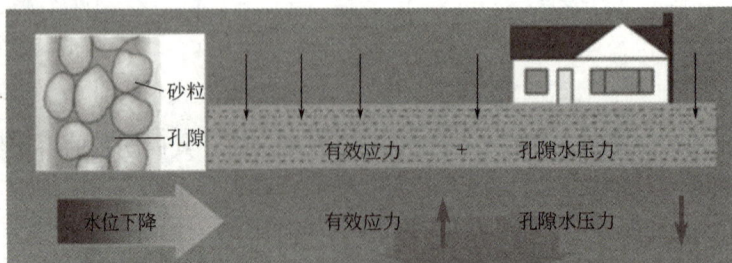

图 5-31　太沙基有效应力原理

图 5-32 地表沉降

涌水量可由前面学过的达西定律或裘布依公式估算，反映抽水井周围地下水渗流场的动态变化；而沉降影响范围则需结合土体压缩性参数，利用分层总和法或数值模型预测。两者均以水位变化为核心变量：长期超采导致水位降幅扩大，不仅直接增加涌水量（因水力梯度增大），还通过扩大有效应力增量区域加剧沉降范围。因此，工程中需联合应用渗流计算与沉降模型，以科学评估抽水活动的环境风险。

二、渗流引发的地质问题

渗流作用可诱发多种地质灾害，其中流沙与管涌是两类最典型的机械潜蚀现象。二者均与渗流力直接相关，但发生机制、土体条件及危害形式存在本质差异。防治需结合达西定律定量分析渗流参数，针对性采取工程措施。

（一）流沙

当渗流方向向上且动水压力超过土的有效重度时，土颗粒群因失去抗剪强度而悬浮流失的现象（图 5-33）。在应用达西定律计算渗流速度后，需进一步计算动水压力（渗流力），再结合土力学平衡条件判断是否达到临界状态。

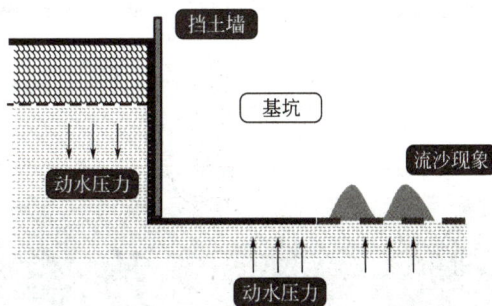

图 5-33 流沙现象及失稳机制

治理流沙时，可采用井点降水法通过抽取地下水降低水头差以减小水力梯度，或打入钢板桩、防渗墙等结构延长渗流路径从而降低实际水力梯度；同时可通过坑底堆载（如砂袋）增加总应力以提高有效应力，增强土体抗剪强度；在特殊工况（如隧道施工）中，还可采用冻结法临时冻结含水层土体，形成不透水屏障彻底阻断渗流路径。

（二）管涌

在渗透水流作用下，土体中的细颗粒通过粗颗粒孔隙被迁移（应用达西定律计算渗流速度，结合细颗粒启动流速判断是否发生迁移），形成贯通的渗流通道，多发生于级配不良的砂砾石层。例如堤坝、水闸地基土壤级配缺少某些中间粒径的非黏性土壤，在江河或水库水位升高，出逸点渗透坡降大于土壤允许值时，地基土体中较细土粒被渗流带走形成管涌。管涌破坏堤防的过程示意图如图 5-34 所示，管涌处置措施如图 5-35 所示。

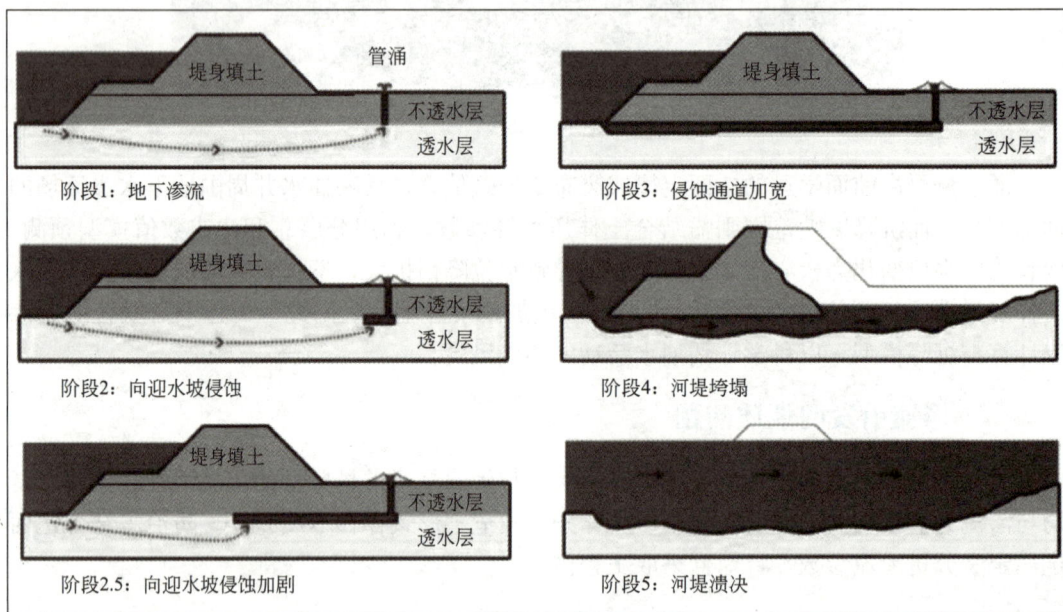

图 5-34　管涌破坏堤防的过程示意图（来源：科普中国）

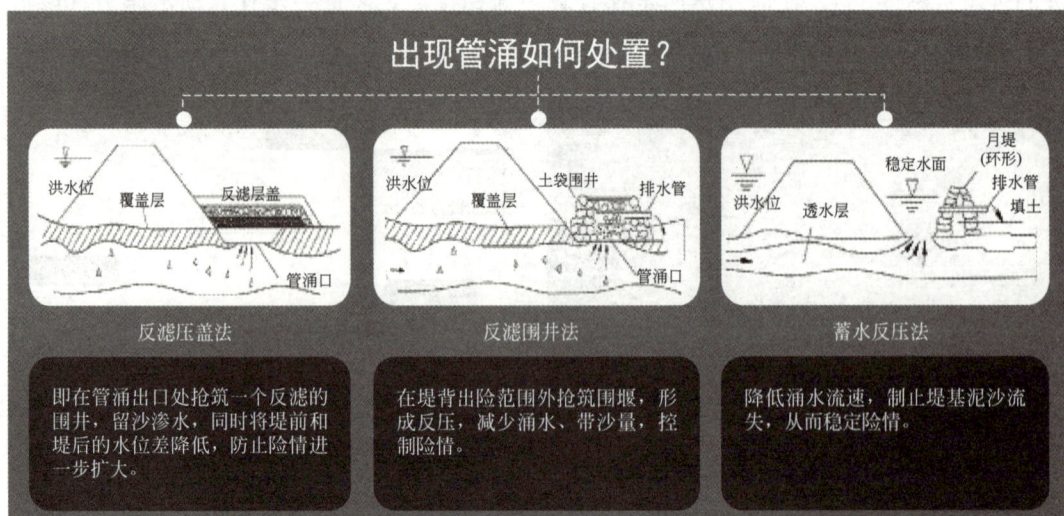

图 5-35　管涌处置措施（来源：南方都市报）

三、隧道突水涌水事故

隧道突水涌水事故多因开挖揭露富水构造（如断层、溶洞）引发。当静水压力超过围岩抗拉强度时，地下水会瞬间突破岩体屏障涌入洞室，导致涌水甚至塌方，尤其常见于岩溶发育带或断层破碎带。涌水量估算需结合裂隙介质特性，优先采用立方定律计算单裂隙流量，或通过数值模拟（如离散元法）分析复杂裂隙网络；达西定律仅适用于孔隙介质初步评估。典型案例包括渝怀铁路圆梁山隧道岩溶突水，其峰值涌水量达 $4.2m^3/s$，造成施工中断。

隧道突水涌水事故治理措施包括：

超前地质预报：综合运用 TSP（地震波法）与地质雷达探测富水体位置及规模。

注浆加固：采用超细水泥—水玻璃双液浆对裂隙进行化学封堵，形成防渗帷幕。

排水降压：通过径向泄水孔释放水压，并设置排水廊道引导水流排出洞室。

四、矿井突水事故

矿井突水事故主要由采掘活动破坏煤层底板隔水层完整性所致，导致高压承压水突入采空区，常伴随泥沙溃入形成次生灾害。风险判据以突水系数（$T_s = P/M$，P 为水压，M 为隔水层厚度）为核心，当 $T_s > 0.06MPa^{-1}$ 时需采取防控措施。典型案例为开滦范各庄矿陷落柱突水，峰值水量达 $34.25m^3/s$，淹井历时仅 21h。治理措施包括：

隔水层安全厚度核验：基于弹性力学理论计算底板破坏深度，确保隔水层厚度满足抗突要求。

疏水降压：通过地面钻井抽排承压水，降低水头压力至安全阈值以下。

监测预警：部署微震监测系统捕捉底板破裂信号，配合孔内水压传感器实现实时预警。

五、污水回灌引发地下水污染

污水回灌过程中，含重金属（如铬、铅）及有机物（如苯系物）的污水通过回灌井进入含水层，沿渗流路径迁移并污染地下水。污染物迁移受对流—弥散作用控制，其中达西定律用于计算渗流速度，纵向弥散度则用于预测污染范围。重金属易被黏土层吸附滞留，而有机物可能随渗流突破防渗层。治理措施需贯穿"源头—路径—受体"全链条：

源头控制：采用活性炭吸附、高级氧化工艺预处理污水，降低污染物浓度。

防渗系统：在回灌井周围铺设 HDPE 膜或膨润土垫层，构建物理屏障。

监测网络：设置多级监测井群，定期检测 COD、重金属等指标，结合同位素示踪技术追溯污染源。

工程实践

请自行组队，每组选择以下两项任务进行深入研究和实践。通过团队合作，旨在加深对水文计算知识点的理解和掌握，并提升解决实际问题的能力。

题目一：家乡河流初探（难度：★）

通过网络或实地观察，完成家乡河流的"基础档案"：

1. 信息收集：查找家乡河流名称、发源地、流经区域、注入的水体。记录河流长度、主要支流。

2. 形态观察：若实地考察，拍摄河流上游（山区）、中游、下游（平原）的典型河段照片，标注地貌特征（如 V 形谷、河漫滩）。若无法实地考察，使用卫星图截取不同河段影像。

3. 简单分析：计算河流某段弯曲系数（Φ＝河长/直线距离），判断其弯曲程度。

提交要求：PPT 或 Word 文档，包含河流基础信息、照片或卫星图及弯曲系数计算结果。

题目二：承压水地质模型制作（难度：★★）

制作典型承压水地质模型，通过结构构建与水流实验，直观呈现上升泉与下降泉的形成机制及水力特征差异。

1. 模型制作

使用蓝色黏土堆砌向斜褶皱基底，中部嵌入塑料薄片作为隔水层，上覆黄色砂质黏土构成承压含水层；在向斜轴部承压区（隔水层顶板处）垂直钻孔插入细塑料管模拟上升泉，在向斜翼部潜水区末端剥露黄色黏土层形成天然出口模拟下降泉。通过分层堆叠清晰展现承压区封闭结构与潜水区开放边界的空间关系。

2. 水力特征观察

用喷壶均匀喷洒模拟降水，观察上升泉和下降泉的水力特征。

上升泉：塑料管持续喷涌水流，注入染色水可见管中水柱上升至一定高度（标记承压水位）。

下降泉：黏土表面间歇性溢流。

提交要求：提交一份承压水模型示意图，标注上升泉、下降泉的位置及水流方向。

题目三：华北平原地下水降落漏斗探究（难度：★★★）

华北平原，作为中国重要的农业和经济区域，长期以来面临着严重的水资源短缺问题。随着人口增长和经济发展，对水资源的需求不断增加，导致地下水开采量急剧上升，进而形成了大规模的地下水降落漏斗。

1. 华北平原地下水降落漏斗的形成机制探究

查阅资料，总结华北平原地下水降落漏斗的历史成因及当前发展状态。结合开采深度与水位动态，判断漏斗主体属于潜水漏斗还是承压水漏斗，并说明理由。

2. 分析地下水降落漏斗对华北平原生态环境的影响

分析地下水降落漏斗给华北平原的自然环境、生物多样性以及人类社会活动所带来的具体生态环境问题。

3. 提出治理措施以缩减漏斗规模

提出科学合理的方案，逐步减小华北平原地下水降落漏斗的面积，恢复地下水资源平衡，同时考虑经济可行性和环境影响。

提交要求：提交一份详细的报告，内容探究华北平原地下水降落漏斗的形成原因、影响及治理措施等。

学习任务单

项目五 水文地质探查	姓名：		
	班级：		学号：
	学生自评	教师评价	导师评价
思考题	是否掌握	评分	评分
描述从降水到径流形成的完整过程。			
绘制扇形与羽形流域示意图。			
河流的侵蚀作用包含哪些类型？			
简述悬移质与推移质的运动机制及粒径差异。			
河流的沉积作用有什么特点？			
地下水如何分类？			
对比潜水与承压水的补给来源、水文特征及开发利用方式。			
描述上升泉与下降泉的出露条件。			
如何确定潜水的流向及水力坡度？			
简述层流和紊流的判别特征。			
简述地下水的运动规律。			
如何计算地下水的涌水量及影响范围？			
简述地下水的地质作用。			
简述流沙和管涌现象的形成原因。			

思政育人案例：地表水和地下水的地质作用
水滴石穿，持之以恒

地表水与地下水以"刚柔并济"之力重塑地表形态，其地质作用既展现了自然界的伟力，也诠释了"水滴石穿，持之以恒"的哲理。

一、地表水：刚柔相济的地貌雕塑家

1. 峡谷地貌（图1）——时间淬炼的深切之痕

峡谷是流水下切地表形成的狭长地貌，如长江三峡、黄河乾坤湾。其形成需两大条件：一是河流具备持续的大流量与落差，赋予水流强大的动能；二是区域地壳抬升与流水侵蚀形成动态平衡。峡谷的陡峭崖壁与深邃河谷，是水流千万年冲击、磨蚀的见证。正如《河中石兽》所言：凡河中失石，……，必于石下迎水处啮沙为坎穴，水流以柔克刚，用时间将坚硬岩石雕琢成雄伟峡谷。

2. 瀑布地貌（图2）——瞬时壮美中的永恒变迁

瀑布是水流从陡坎跌落的动态景观，其形成需地质构造（如断层、裂隙）与水流侵蚀共同作用：软硬岩层差异侵蚀导致崖壁崩塌，形成落差。瀑布后撤现象（如尼亚加拉瀑布年均后退1m）更揭示了"看似静止的地貌实则处于永恒变化中"。

3. 河谷地貌（图3）——从V形到U形的生命积淀

河谷是流水侧蚀与下切共同作用的产物，其横断面从V形向U形的演变，完整记录了河流能量变化与地貌发育阶段。河谷的拓宽与加深，恰似人生积淀——需如流水般持续积累，方能成就深度。

二、地下水：静水深流的生态工程师

1. 岩溶地貌（喀斯特地貌，如图4所示）——溶解与沉淀的千年之功

地下水通过化学溶解塑造石林、溶洞等岩溶地貌，同时以化学沉淀形成钟乳石、石笋、石柱等。这种"破坏-重建"的循环，是地下水以百年为尺度的持续作用。

2. 泉眼与湿地——隐秘而伟大的生命之源

地下水维持着湿地、泉眼等生态系统，其补给—径流—排泄过程启示我们：看似"隐形"的积累往往具有决定性作用。正如《荀子·劝学》所言：不积跬步，无以至千里；不积小流，无以成江海。地下水的每一滴渗透都是对"持之以恒"的践行。

"水滴石穿"的奇迹，源于水流对目标的始终如一。地表水以动能切割山川，地下水以静力重塑岩层，二者共同演绎了"坚持"的两种形态：或轰轰烈烈，或润物无声。作为新时代青年，我们当领悟水之智慧：无论面对何种挑战，只要锚定目标、久久为功，终能如水流般穿透阻碍，成就属于自己的"峡谷"与"钟乳石"。

图1　峡谷地貌

图2　瀑布地貌

图 3　河谷地貌

图 4　喀斯特地貌

模块三　和谐共生

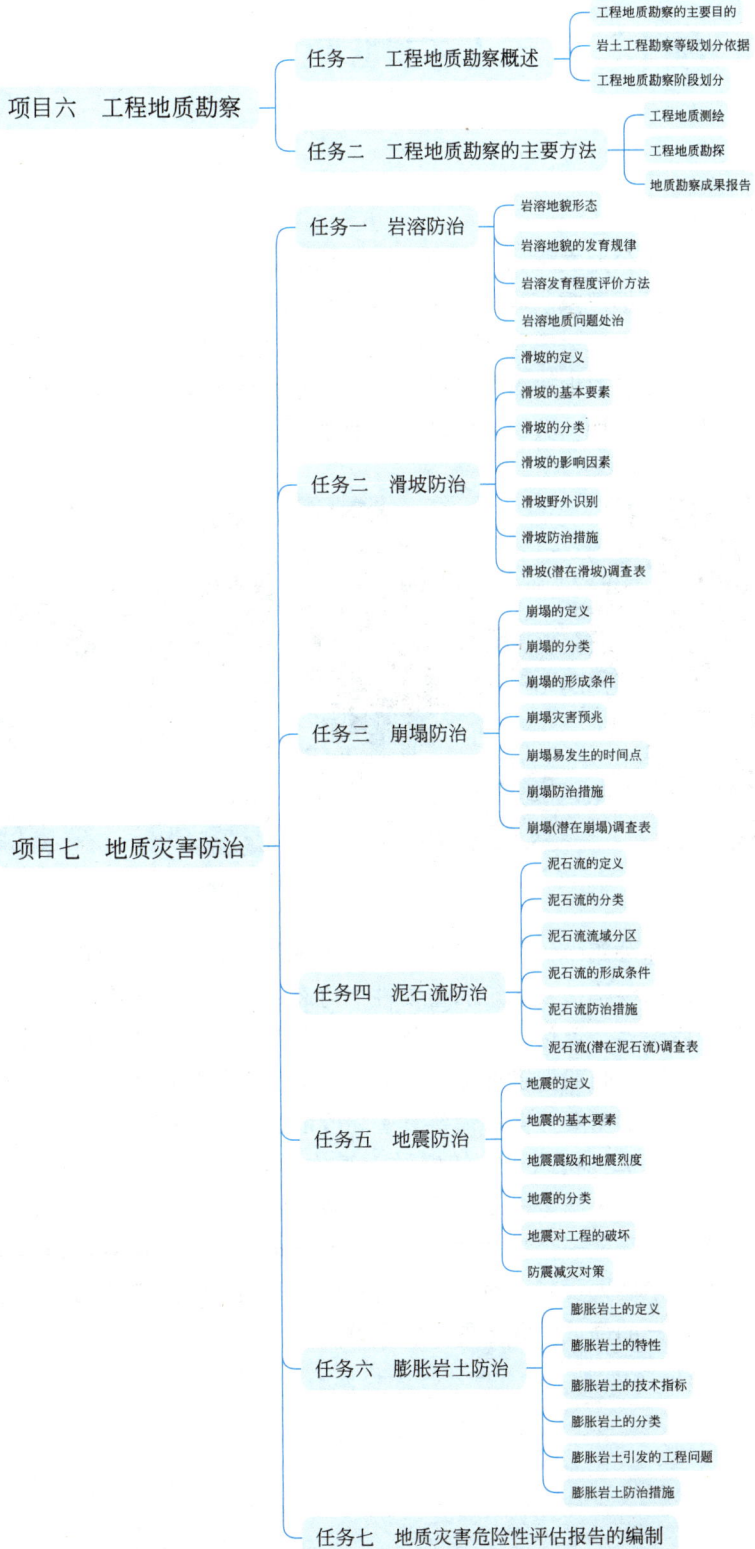

模块三
和谐共生

项目六　工程地质勘察

任务一　工程地质勘察概述
- 工程地质勘察的主要目的
- 岩土工程勘察等级划分依据
- 工程地质勘察阶段划分

任务二　工程地质勘察的主要方法
- 工程地质测绘
- 工程地质勘探
- 地质勘察成果报告

项目七　地质灾害防治

任务一　岩溶防治
- 岩溶地貌形态
- 岩溶地貌的发育规律
- 岩溶发育程度评价方法
- 岩溶地质问题处治

任务二　滑坡防治
- 滑坡的定义
- 滑坡的基本要素
- 滑坡的分类
- 滑坡的影响因素
- 滑坡野外识别
- 滑坡防治措施
- 滑坡(潜在滑坡)调查表

任务三　崩塌防治
- 崩塌的定义
- 崩塌的分类
- 崩塌的形成条件
- 崩塌灾害预兆
- 崩塌易发生的时间点
- 崩塌防治措施
- 崩塌(潜在崩塌)调查表

任务四　泥石流防治
- 泥石流的定义
- 泥石流的分类
- 泥石流流域分区
- 泥石流的形成条件
- 泥石流防治措施
- 泥石流(潜在泥石流)调查表

任务五　地震防治
- 地震的定义
- 地震的基本要素
- 地震震级和地震烈度
- 地震的分类
- 地震对工程的破坏
- 防震减灾对策

任务六　膨胀岩土防治
- 膨胀岩土的定义
- 膨胀岩土的特性
- 膨胀岩土的技术指标
- 膨胀岩土的分类
- 膨胀岩土引发的工程问题
- 膨胀岩土防治措施

任务七　地质灾害危险性评估报告的编制

项目六　工程地质勘察（技能点★★）

【案例导入】

　　某高速公路发生山体崩塌，巨石从山上滚落，砸中行驶中的大车，现场一片狼藉，车辆受损严重。事故发生在高速公路的一段陡坡区域，该区域地质条件复杂，边坡陡峻、山体岩石坚硬性脆、节理裂隙极为发育，在降雨及重力作用下发生崩塌。由于没有对地质条件进行详细的勘察和分析，对山体危岩进行排查、评价，导致山体发生崩塌，公路被毁坏，交通中断，如图 6-1 所示。

图 6-1　某高速山体崩塌现场照片

　　该高速公路山体崩塌案例给我们带来了深刻的启示。首先，工程地质勘察对于路桥、水库等构造物选址的重要性不可忽视。只有通过充分的地质勘察，才能了解工程地质条件，评估地质灾害风险，并制定相应的工程设计和施工方案。其次，工程师们需要增强职业责任感。作为未来的工程师和技术人员，我们将承担着建设国家基础设施的重要任务，需要具备高度的职业责任感，对自己的工作负责，对社会负责。只有真正将职业责任感融入工作中，才能为社会创造更大的价值。与此同时，我们也应该向老一辈地质学家致敬，他们常年奋战在野外，用自己的智慧和勇气攻克了一个又一个科学难题。他们不畏艰险，无私奉献，为国家的发展和人民的福祉做出了巨大贡献。他们的崇高品格和家国情怀应该成为我们学习的榜样，激励我们在自己的领域中做出更大的贡献。

任务一　工程地质勘察概述

任务精讲（微课）
6-1 工程地质
勘察概述

问题一 什么是工程地质勘察，主要目的是什么？

　　工程地质勘察是工程地质学的一个重要分支，它是指在工程建设的规划、设计、施工和运营阶段，对工程场地的地质条件进行系统的调查、测试、分析和评价的工作。工程地质勘察方法包括调查测绘、勘探（物探、坑探、钻探）、工程地质试验、监测等。

　　工程地质勘察的目的主要是查明工程地质条件，分析存在的地质问题，对建设场地和地基做出工程地质评价，为工程建设的规划、设计、施工全过程提供可靠的地质依据，以充分利用有利的自然和地质条件，避开或改造不利的地质因素，保证建筑物的安全和正常使用。

问题二 岩土工程勘察等级如何划分？

　　岩土工程勘察等级划分是根据工程重要性等级、场地复杂程度等级和地基复杂程度等级综合分析确定的。岩土工程勘察划分为三个等级：甲级、乙级和丙级，岩土工程勘察等级划分表见表 6-1。

　　甲级：在工程重要性、场地复杂程度和地基复杂程度中，有一项或多项为一级者定为甲级。

　　乙级：除勘察等级为甲级和丙级外的勘察项目（建筑在岩质地基上的一级工程，当场地复杂程度等级和地基复杂程度等级均为三级时，岩土工程勘察等级可定为乙级）。

　　丙级：工程重要性、场地复杂程度和地基复杂程度等级均为三级者定为丙级。

岩土工程勘察等级划分表　　　　　　　　　　　　　　　　表 6-1

勘察等级	确定勘察等级的因素		
	工程重要性等级	场地复杂程度等级	地基复杂程度等级
甲级	一级	任意	任意
	任意	一级	任意
	任意	任意	一级
乙级	二级	二级	二级或三级
	二级	三级	二级
	三级	一级	任意
	三级	任意	一级
	三级	二级	二级
丙级	三级	三级	三级

一、工程重要性等级划分

　　根据工程的规模和特征以及由于岩土工程问题造成工程破坏或影响正常使用的后果，

可分为三个工程重要性等级，见表6-2。

工程重要性等级划分表 表6-2

安全等级	破坏后果
一级工程	重要工程，后果很严重
二级工程	一般工程，后果严重
三级工程	次要工程，后果不严重

二、场地复杂程度等级划分

场地复杂程度等级可分为一级场地（复杂场地）、二级场地（中等复杂场地）、三级场地（简单场地）三个级别，见表6-3。

建筑场地复杂程度等级划分表 表6-3

场地等级	场地条件
一级场地（复杂场地）	①对建筑抗震危险的地段； ②不良地质作用强烈发育； ③地质环境已经或可能受到严重破坏； ④地形地貌复杂； ⑤有影响工程的多层地下水、岩溶裂隙水或其他水文地质条件复杂，需专门研究的场地
二级场地（中等复杂场地）	①对建筑抗震不利的地段； ②不良地质作用一般发育； ③地质环境已经或可能受到一般破坏； ④地形地貌较复杂； ⑤基础位于地下水位以下的场地
三级场地（简单场地）	①抗震设防烈度小于或等于6度，或对建筑抗震有利的地段； ②不良地质作用不发育； ③地质环境基本未受破坏； ④地形地貌简单； ⑤地下水对工程无影响

三、地基复杂程度等级划分

地基地复杂程度等级可分为一级地基（复杂地基）、二级地基（中等复杂地基）和三级地基（简单地基）三个级别，见表6-4。

地基复杂程度等级划分表 表6-4

地基等级	地基条件
一级场地（复杂场地）	①岩土种类多，很不均匀，性质变化大，需特殊处理； ②严重湿陷、膨胀、盐渍、污染的特殊性岩土以及其他情况复杂，需作专门处理的岩土

地基等级	地基条件
二级场地(中等复杂场地)	①岩土种类较多,不均匀,性质变化较大; ②除一级地基规定以外的特殊性岩土
三级场地(简单场地)	①岩土种类单一,均匀,性质变化不大; ②无特殊性岩土

问题三 勘察阶段如何划分?

工程地质勘察是为工程建设的优化设计和工程施工服务的,必须与设计、施工紧密配合。工程地质勘察按工程开发的工作程序可划分为可行性研究勘察、初步勘察、详细勘察、施工阶段勘察四个阶段。各阶段工作之间要先后衔接,工作范围由面到点逐步深入,工作内容由一般到具体,精度由粗到细。

一、可行性研究勘察(场址选择勘察)

这一阶段工程地质勘察工作的任务是为编制可行性研究报告提供关于建设项目的地形、地质、地震、水文以及筑路材料、供水来源等方面的概略性资料。可行性研究按其工作深度分为预可行性研究和工程可行性研究。预可行性研究中的工程地质工作一般只要求收集与研究有关的文献地质资料;而在工程可行性研究中需进行踏勘工作,对各个可能方案做沿线实地调查,并对隧道、不良地质地段等重要工点进行必要的勘探(如物探),大致探明地质情况,并对拟选场地的稳定性和适宜性进行工程地质评价和方案比较,以选取最优的工程建设场地。

二、初步勘察

工程基本建设项目一般采用两阶段设计,即初步设计和施工图设计。此外,对于技术简单、方案明确的小型建设项目,可采用一阶段(施工图)设计;对于技术复杂而又缺乏经验的建设项目或建设项目中的个别阶段和其他主要工点(如互通式立体交叉隧道等),必要时采用三阶段设计,即在初步设计和施工图设计之间增加技术设计阶段。根据不同设计阶段所要求的工作深度,勘测又分初测和定测两个阶段,相应的工程地质勘察工作也分为初步工程地质勘察(初勘)和详细工程地质勘察(详勘)两个阶段。

初勘的目的是根据合同或协议书要求,在工程可行性研究的基础上,对工程建设场地进一步做工程地质比选工作,为初步选定工程场地、设计方案和编制初步设计条件提供必需的工程地质依据,并对主要工程地质问题作出定量评价。

三、详细勘察

详细勘察工作的目的是根据已批准的初步设计文件中所确定的修建原则、设计方案、技术要求等资料有针对性地进行工程地质勘察工作,为确定工程路线、工程构造物的位置和编制施工图设计文件,提供准确、完整的工程地质资料。

详细勘察工作可按准备工作、沿线工程地质测绘、勘探、试验、资料整理等顺序进行，由于详勘工作需在初勘的基础上进一步查明沿线的工程地质条件和不良地质区段、各构造物场地等主要工程地质问题，因此比初勘工作更为详细、深入。最后提交的资料也包括基本资料和专项资料两个部分，其深度应满足施工图设计的需要。

四、施工阶段勘察

在某些情况下，如果拟建场地工程地质条件复杂，已有资料不能满足要求，或者有特殊施工要求的重大工程地基，可能还需要进行施工勘察，其主要任务包括施工地质编录、地基验槽与监测和施工超前预报，以校核已有的勘察成果资料。

根据工程规模的大小和重要性以及建筑物地区地质条件的复杂程度，以上四个勘察阶段可以进行简化，但是先勘察后设计再施工的基本程序不能变。在具体工作中，上述各阶段勘察工作一般分为准备、野外现场勘察和室内资料整理三个阶段。

工程地质技能训练营——岩土工程勘察等级确定

某工程项目规划总用地面积98095.52m²，规划总建筑面积463724.99m²，主要建设内容为8栋6F多层住宅楼、1栋3F幼儿园以及1F的商铺，地坪设计标高、地下室底板标高为83.0m，采用框架结构，根据现场踏勘，场地地形地貌简单，不良地质作用一般发育，基础位于地下水位以上，对工程建设无影响，根据收集资料，场地主要地层为填土、粉质黏土、中粗砂，下伏基岩为泥岩，填土厚度为5~10m，厚度较大，承载力约80~100kPa。现对本项目进行岩土工程勘察，请根据上述资料判断该项目岩土工程勘察等级。

任务二　工程地质勘察的主要方法

问题一 **工程地质勘察的主要方法有哪些呢？**

工程地质勘察主要方法有工程地质测绘、工程地质勘探（物探、坑探、钻探）、工程地质试验、监测等（图6-2）。随着现代科学技术的进步，许多新技术也在工程地质勘察工作中得到发展和应用。

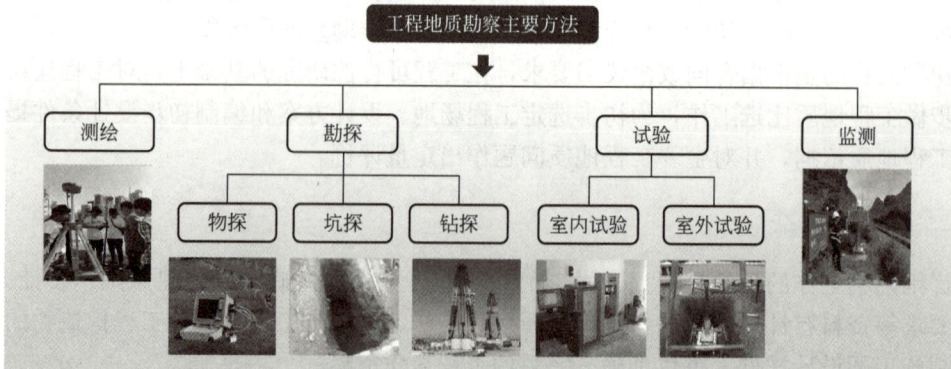

图6-2　工程地质勘察主要方法

一、工程地质测绘

工程地质测绘是工程地质勘察中一项最基本且最重要的方法，通过野外路线观察和定点描述，将岩层分界线、断层、滑坡、崩塌、溶洞、地下暗河、井、泉等各种地质条件和现象按一定比例尺填绘在适当的地形图上，并作出初步评价，为布置勘探、试验和长期观测工作指出方向。

(一) 工程地质测绘主要内容

地貌测绘内容：调查工程场地地貌（必要时包括微地貌）的形态特征和成因类型，确定工程场地所属的地貌单元；分析地貌与地层、岩性、构造、不良地质作用、第四纪地质、新构造运动等的关系。

地层岩性测绘：调查工程场地各地层形成年代、成因类型、岩石名称、颗粒组成、颜色、矿物成分、结构和构造、坚硬程度、完整程度、风化程度、岩层厚度、岩相变化、岩组或层组特征、产状和接触关系等。

地质构造测绘：调查工程场地褶皱和断层的分布、产状、形态、规模、类型、性质、组合形式、交切关系、构造线的走向及其所属大地构造单元或构造体系各类构造的发育程度和分布规律；调查节理的形态、类型和分布密度以及新构造运动和活动断裂的发育情况和活动年代，初步判定其对工程的影响。

水文地质测绘：对工程场地附近泉水、井水及地表水进行测绘，初步确定地下水的类型、地下水位及其动态变化，补给、径流和排泄条件，初步评价地下水对工程和环境的影响。

特殊性岩土测绘：对工程场地特殊性岩土（如填土、软土、膨胀土、红黏土、黄土、冻土等）的年代、成因、厚度、分布规律进行调查，初步分析其对工程建设的影响。

不良地质测绘：对工程场地附近滑坡、崩塌、泥石流、地面塌陷、地裂缝、地面沉降等不良地质现象进行调查测绘，调查不良地质的类型、位置、范围、成因等要素，初步分析其对工程建设的影响。

(二) 工程地质测绘的要求

1. 在进行工程地质测绘前，应先搜集测绘区有关的地形、地质、地貌、气象等资料。根据勘察阶段、工程特性及地形地质复杂程度等确定测绘范围和比例尺。

2. 工程地质测绘应采用不小于工程地质测绘比例尺的符合精度要求的地形图。当地形图比例尺与工程地质测绘比例尺不一致时，应在图上注明实际的测绘比例尺。

3. 工程地质测绘方法应根据比例尺大小和地层、构造的特点确定。对中、小比例尺测绘宜采用穿越法或追索法，或两种方法的组合；对大比例尺测绘宜采用全面查勘法。

4. 工程地质测绘进行实测地层剖面时，应选择在露头好、岩层出露齐全、构造简单、化石丰富的地段；当露头不连续、地层连续性受到构造破坏而需在测绘区以外或不同地段测量地层剖面时，各剖面的连接应有足够证据，必要时应布置勘探点查明。

工程新技术——"3S"技术在工程地质测绘中的应用

"3S"技术是指遥感技术（Remote Sensing，简称 RS）、地理信息系统（Geography Information Systems，简称 GIS）和全球定位系统（Global Positioning Systems，简称 GPS）

的统称。"3S"技术以 RS、GIS、GPS 为基础，将 RS、GIS、GPS 三种独立技术领域中的有关部分与其他高技术领域（如网络技术、通信技术等）有机地构成一个整体而形成的一项新的综合技术，"3S"技术在工程地质测绘中具有重要的应用，我们利用"3S"技术进行场地地形图测量，结合手持 GPS 接收机和遥感影像地图进行工程地质全野外定点勘察，借助 GIS 三维可视化虚拟技术及遥感卫星技术分析场地地形地貌、水文地质，并对场区不良地质现象进行分析，如图 6-3 所示。

图 6-3 "3S"技术在工程地质测绘中的应用

二、工程地质勘探

工程地质勘探是指在工程建设前，对拟建场地的地质条件进行详细调查和分析的过程，目的是为工程设计、施工和运营提供可靠的地质依据，确保工程的安全性和经济性。工程地质勘探的主要方法包括坑探、钻探、地球物理勘探。

任务精讲（微课）
6-2 工程地质
勘探方法

（一）坑探

坑探指为了揭露地质现象而从地表或地下挖掘各类小断面坑道、并进行相应勘察工作的勘探方法，根据挖掘的坑道开挖形状，坑探可以分为探坑、探槽、探井（斜井）等。

图 6-4 野外探坑

探坑：是一种地质勘探方法，涉及垂直向下掘进呈竖井状的坑，通常用来了解覆盖层厚度和性质、滑坡面、断层，观测地下水位及采取原状土样等。探坑的断面一般采用 1.0～1.5m 的矩形或直径为 0.8～1.0m 的圆形，深度一般为 2～3m。探坑在岩土工程勘探中占有一定的地位，与钻探工程相比，其特点是勘察人员能直接观察到地质结构，准确可靠，且便于素描。野外探坑如图 6-4 所示。

探槽：是一种长条形的勘探工程，通过

人工或机械开挖形成沟槽，长度远大于宽度，深度通常较浅（一般小于 5m），主要用于揭露地表以下的地质构造，如断层、岩层界线等线性地质现象。探槽的优点是揭露范围大、直观性强，能够直接观察地质现象并采集岩土样本，适用于大范围地表地质调查和线性构造研究，但开挖量较大，成本相对较高，较深时可能需要简单支护以防止坍塌。野外探槽如图 6-5 所示。

图 6-5　野外探槽

探井：是一种垂直或倾斜开挖的井状勘探工程，深度通常较大（可达数十米），形状多为圆形或方形，主要用于揭露较深部的地层、地质构造以及采集深部岩土样本。探井的优点是能够直接观察深部地质条件并提供原状岩土样本，适用于复杂地质条件下的详细勘探。野外探井如图 6-6 所示。

（二）钻探

钻探是利用钻机在地表钻孔，通过钻头破碎岩土，获取地下岩土样本，并探测地层分布、岩性、构造、地下水位等地质信息的一种勘探方法。主要目的是查明地层分布、岩性、地质构造及水文地质特征，为工程设计、施工和运营

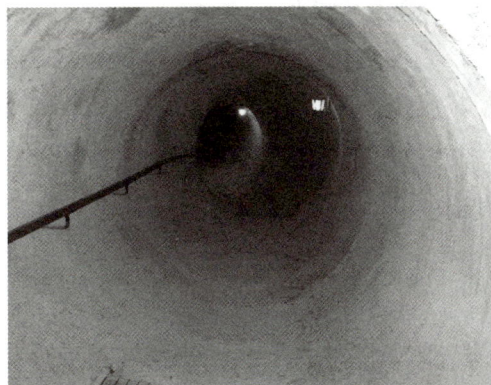

图 6-6　野外探井

提供可靠的地质依据，同时评估地质灾害风险，确保工程的安全性和经济性。

钻探根据钻进方式可以分为冲击钻进、回转钻进、振动钻进、冲洗钻进。

冲击钻进：利用钻具重力和下落过程中产生的冲击力使钻头冲击孔底岩土并使其产生破坏，从而达到在岩土层中钻进的目的。

回转钻进：此法采用底部焊有硬质合金的圆环状钻头进行钻进，钻进时一般要施加一定的压力，使钻头在旋转中切入岩土层以达到钻进的目的。

振动钻进：采用机械动力产生的振动力，通过连接杆和钻具传到钻头，由于振动力的作用使钻头能更快地破碎岩土层，因而钻进较快。

冲洗钻进：利用高压水流冲击孔底土层，使其结构破坏，土颗粒悬浮并最终随水流循环流出孔外的钻进方法。

钻进方式的选择是工程地质勘探中的关键环节，直接影响勘探效率、成本和数据准确性，钻进方式的选择需要综合考虑地层条件、勘探目的、设备条件和经济性等因素。钻探方法选择见表 6-5。

钻探方法选择　　　　　表 6-5

钻探方法		钻进地层					勘察要求	
		黏性土	粉土	沙土	碎石土	岩土	直接鉴别，不扰动试样	直接鉴别，扰动试样
回转	螺旋钻探	++	+	+	－	－	++	++
	无岩心钻探	++	++	++	+	++	－	－
	岩心钻探	++	++	++	+	++	++	++
冲击	冲击钻探	－	+	++	++	－	－	－
	锤击钻探	++	++	++	+	－	++	++
振动钻探		++	++	++	+	－	+	++
冲洗钻探		+	++	++	－	－	－	－

知识链接

挑战极限——深地塔科 1 井揭开地球万米"盲盒"的奥秘？

我国深地工程获得重大突破，首口超万米科学探索井——深地塔科 1 井在地下 10910m 完成钻井任务，成为亚洲第一、世界第二垂深井并创造了多项世界纪录，图 6-7 为深地塔科 1 井施工现场。深地塔科 1 井采用我国自主研制的全球首台 12000m 自动化钻机进行钻探，形成了自主可控的万米关键核心技术体系。在钻探过程中，先后创造全球尾管固井"最深"、全球电缆成像测井"最深"、全球陆上钻井突破万米"最快"、亚洲直井钻探"最深"、亚洲陆上取芯"最深"五大工程纪录，深地塔科 1 井克服超重载荷、井壁失稳、钻具疲劳、工具失效、地层恶性井漏等困难。连续钻穿了塔里木盆地 12 套地层，最终在 10851～10910m 井段钻到能够产生油气的优质岩层，这是全球陆上万米以下首次发现油气，极大地拓展了万米深层油气勘探的新领域。

图 6-7　深地塔科 1 井施工现场

（三）地球物理勘探

地球物理勘探是指用专门仪器来探测各地质体物理场的分布情况，对其数据进行分析解释，从而划分地层，判定地质构造、水文地质条件及各种不良地质现象的一种勘探方法。地球物理勘探的主要原理是基于地球内部不同物质对物理场的响应特性。这些物质在密度、弹性、导电性、磁性、放射性以及导热性等方面存在差异，这些差异会引起相应的地球物理场的局部变化，通过观测和研究这些物理场（如重力场、磁场、电场、地震波场等）的变化，结合已知地质资料进行分析研究，可以推断出地下的地质构造、岩性分布、矿产资源和地热资源等信息。

常用地球物理勘探技术的方法主要包括地震勘探、电法勘探、磁法勘探、重力勘探、声波勘探、地质雷达以及瞬变电磁法等，见表6-6。

常用地球物理勘探技术简介　　　　　表6-6

方法	原理	适用场景	优点	缺点
地震勘探	通过人工激发地震波，分析地震波在地层中的传播特性，推断地下地质结构	石油、天然气勘探，工程地质调查，矿产资源勘探	分辨率高，探测深度大	成本高，数据处理复杂
电法勘探	通过测量地层的电阻率或电磁场变化，推断地下地质构造和岩性	地下水勘探，矿产资源勘探，工程地质调查	设备简单，成本较低	探测深度有限，受地表条件影响大
磁法勘探	通过测量地磁场的异常变化，推断地下磁性矿体的分布和地质构造	铁矿、镍矿等磁性矿产勘探，地质构造调查	快速，覆盖大面积，成本低	仅适用于磁性矿体，分辨率较低
重力勘探	通过测量重力场的微小变化，推断地下密度异常体的分布和地质构造	石油、天然气勘探，矿产资源勘探，地质构造调查	适用于大范围勘探，成本较低	分辨率低，受地形影响大
声波勘探	通过测量声波在地层中的传播特性，推断地下地质结构和岩性	工程地质调查，海底地质勘探	分辨率高，适用于浅层勘探	探测深度有限，受噪声干扰大
地质雷达（GPR）	通过发射高频电磁波，分析反射信号，推断地下浅层地质结构	工程地质调查，考古勘探，地下管线探测	分辨率高，适用于浅层勘探	探测深度浅，受地层电性影响大
瞬变电磁法（TEM）	通过测量瞬变电磁场的变化，推断地下电性异常体的分布和地质构造	矿产资源勘探，地下水勘探，工程地质调查	探测深度较大，分辨率较高	设备复杂，成本较高

工程新技术——WD-5无线智能微动探测系统

WD-5无线智能微动探测系统是一种基于微动探测技术的高精度地球物理勘探设备，主要用于浅层至中深层地质结构的探测。该系统通过采集和分析地表微动信号（如环境振动、人为活动等），推断地下地质构造、岩性分布及异常体位置。WD-5无线智能微动探测系统以其高精度、无线设计和智能化操作，成为现代地球物理勘探的重要工具。WD-5无线智能微动探测系统可以对深层地质情况进行精细探查，在对盾构工程线路进行地质探查，根据基岩面波速度线呈现出明显的起伏变化形态，划分基岩的全、强、弱、微风化界面（图6-8）；此外，WD-5还可以对城市隐伏断层进行探查，如

图 6-9 所示，在深度 50m 的探查过程中，图中显示的低速带明显中断了等值速度线的水平分布，通过这一现象，可以有效推测出隐伏断层的具体位置及其倾向，结果清晰且直观。

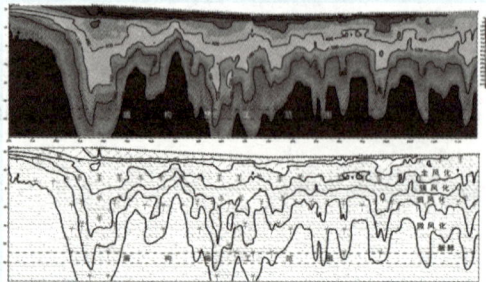

图 6-8　WD-5 在盾构工程地质探查中的应用

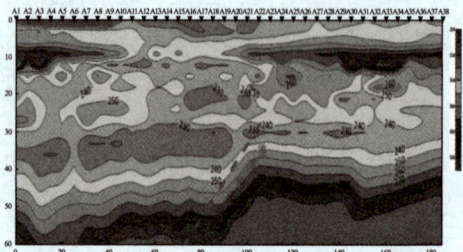

图 6-9　WD-5 探查城市地下隐伏断层

三、工程地质勘察报告的内容

工程地质勘察报告是工程地质勘察工作的总结，主要是根据勘察任务书的要求，结合工程特点及勘察阶段，综合反映勘察地区的工程地质条件和工程地质问题，做出工程地质评价，提出措施建议。勘察成果主要包含文字成果部分和图表附件部分。

（一）文字成果部分

文字成果部分包括如下内容：

1. 任务要求及勘察工程概况；

2. 拟建工程概况；

3. 勘察方法和勘察工作布置；

4. 场地地形、地貌、地层、地质构造、岩土性质、地下水、不良地质现象的描述与评价；

5. 场地稳定性与适宜性的评价；

6. 岩土参数的分析与选用；

7. 提出地基基础方案的建议，工程施工和使用期间可能发生的岩土工程问题的预测及监控、预防措施的建议。

（二）图表附件部分

1. 勘探点平面布置图

勘探点平面布置图是工程地质勘察中的重要图件，展示了勘探点（如钻孔、探井、物探点等）在勘察区域内的平面分布情况（图 6-10）。图中通常标注了勘探点的编号、位置坐标、间距、勘探深度等信息，并结合地形地貌、建筑物轮廓、道路等地理要素，直观反映勘探点的布局和勘察范围，为后续地质分析和工程设计提供基础依据。

2. 工程地质剖面图

工程地质剖面图是反映勘察区域内地质结构、岩土层分布及地下水位等信息的垂直断面图，通常沿勘探线绘制（图 6-11）。图中清晰展示了不同深度地层的岩性、厚度、产状

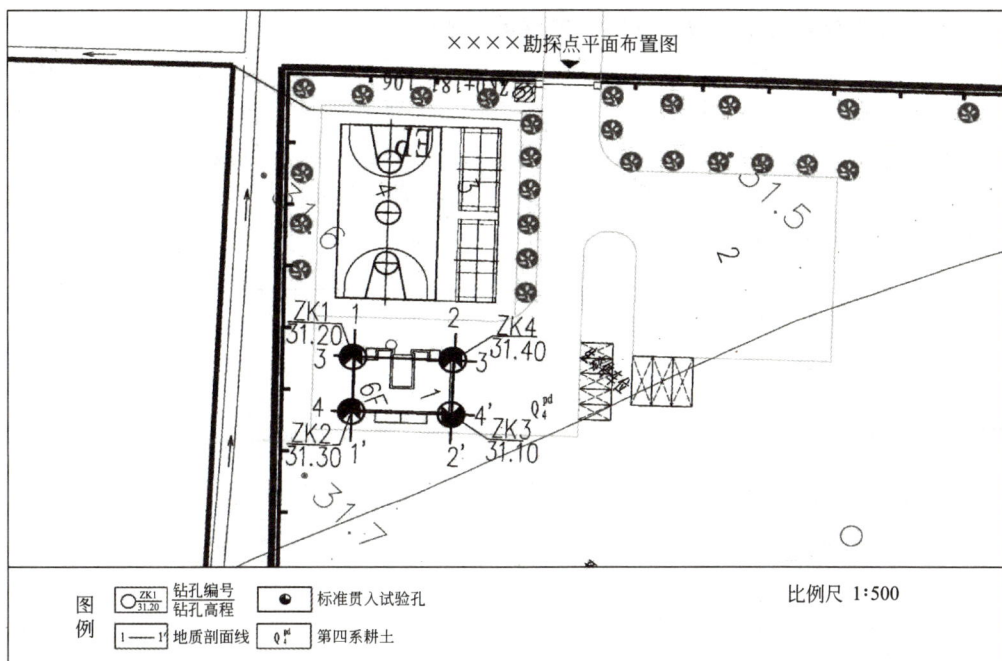

图 6-10 工程地质勘探点平面布置图

工程地质剖面图 水平比例：1:200
垂直比例：1:200

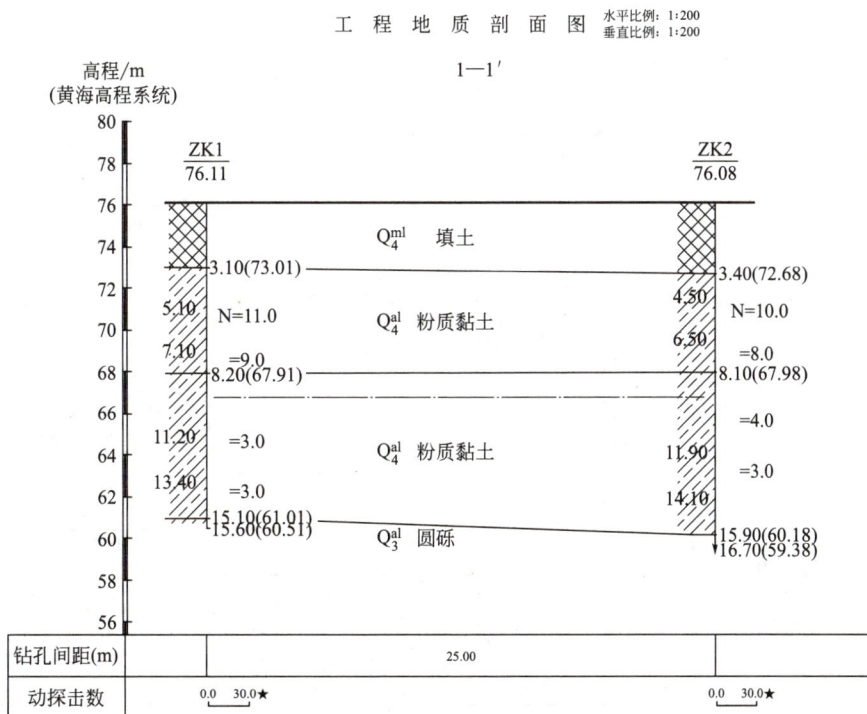

图 6-11 工程地质剖面图

及地质构造特征，并标注了钻孔、探井等勘探点的位置和深度信息，直观揭示地下地质条件的空间变化规律，为工程设计和施工提供重要依据。

3. 工程地质柱状图

工程地质柱状图是单个勘探点（如钻孔或探井）的地层垂直分布图（图 6-12），按深度顺序展示不同岩土层的厚度、岩性、颜色、结构、构造、风化程度及地下水位等信息，并标注各层的地质年代、成因类型及岩土物理力学性质等数据，直观反映该勘探点的地层结构和岩土特征，为工程地质分析和设计提供详细依据。

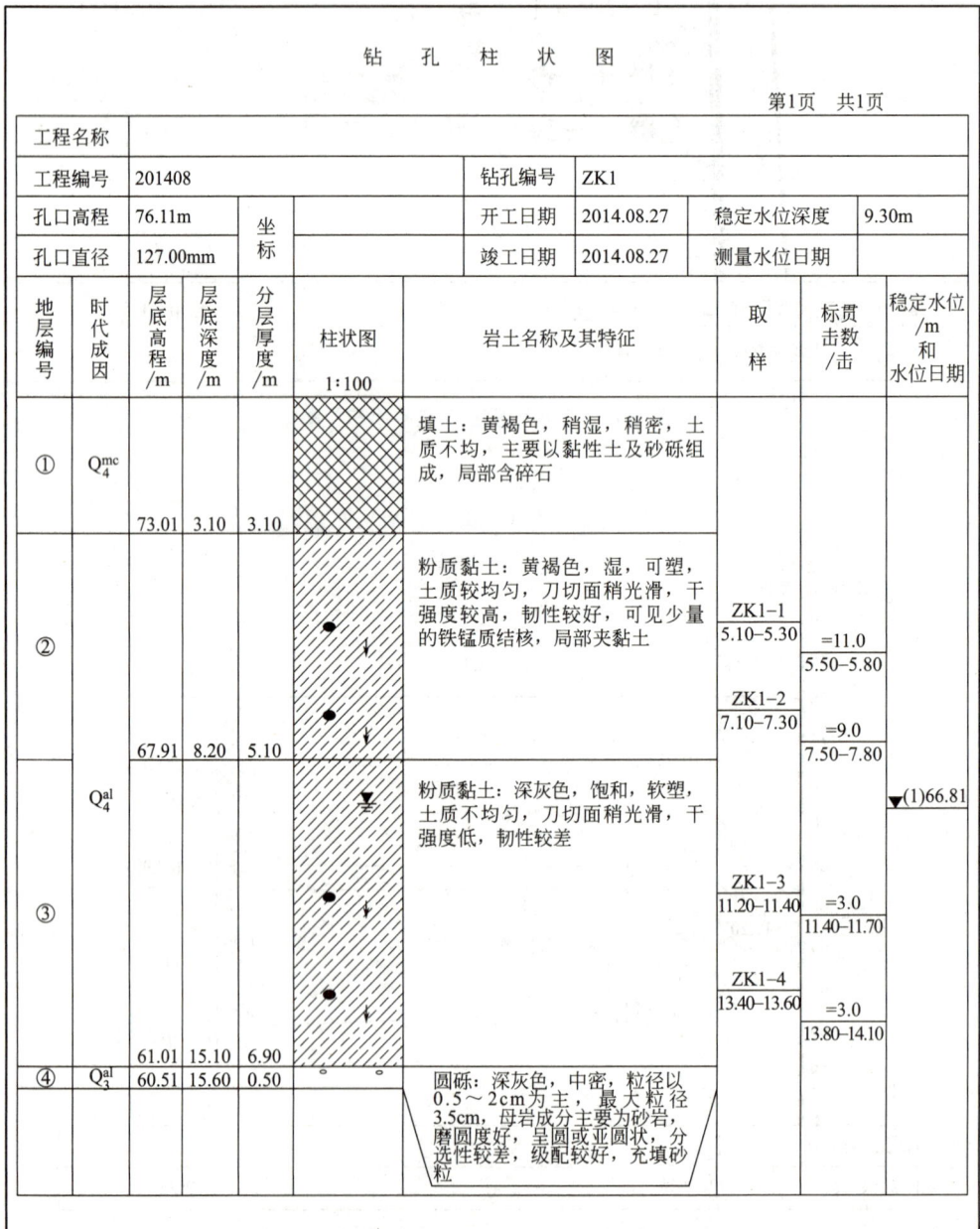

钻 孔 柱 状 图

第1页　共1页

工程名称									
工程编号	201408				钻孔编号	ZK1			
孔口高程	76.11m		坐标		开工日期	2014.08.27	稳定水位深度	9.30m	
孔口直径	127.00mm				竣工日期	2014.08.27	测量水位日期		

地层编号	时代成因	层底高程/m	层底深度/m	分层厚度/m	柱状图 1:100	岩土名称及其特征	取样	标贯击数/击	稳定水位/m 和 水位日期
①	Q_4^{mc}	73.01	3.10	3.10		填土：黄褐色，稍湿，稍密，土质不均，主要以黏性土及砂砾组成，局部含碎石			
②	Q_4^{al}	67.91	8.20	5.10		粉质黏土：黄褐色，湿，可塑，土质较均匀，刀切面稍光滑，干强度较高，韧性较好，可见少量的铁锰质结核，局部夹黏土	ZK1-1 5.10～5.30 ZK1-2 7.10～7.30	=11.0 5.50～5.80 =9.0 7.50～7.80	
③	Q_4^{al}	61.01	15.10	6.90		粉质黏土：深灰色，饱和，软塑，土质不均匀，刀切面稍光滑，干强度低，韧性较差	ZK1-3 11.20～11.40 ZK1-4 13.40～13.60	=3.0 11.40～11.70 =3.0 13.80～14.10	▼(1)66.81
④	Q_3^{al}	60.51	15.60	0.50		圆砾：深灰色，中密，粒径以0.5～2cm为主，最大粒径3.5cm，母岩成分主要为砂岩，磨圆度好，呈圆或亚圆状，分选性较差，级配较好，充填砂粒			

图 6-12　钻孔柱状图

4. 主要成果表格

勘察报告中的主要成果表格是对勘察过程中获取的关键数据和测试结果进行系统化汇总的重要部分，通常以清晰、规范的格式呈现，为工程设计和施工提供可靠的地质依据。主要表格包括勘探点一览表、标准贯入试验成果表、重型圆锥动力触探试验成果表、岩土物理力学性质统计表、室内试验结果表等。勘察成果表格为岩土工程分析、基础设计及施工方案制定提供了科学、准确的数据支持。

工程地质技能训练营——工程地质剖面图分析

某二级公路 K304+431 大桥进行旧桥改造，该桥梁跨越河流，与河流正交，旧桥梁全长 104.0m，桥梁宽度 11.9m，上部结构为刚架拱，下部结构为重力式 U 形桥台，基础为明挖扩大基础；拟拆除改建后桥长为 98.0m，桥宽 12.0m，上部结构采用装配式预应力混凝土简支小箱梁，下部结构采用桩柱式轻型桥台、柱式桥墩，基础为桩基础，对该桥梁进行工程地质勘察，根据钻孔绘制的工程地质勘察剖面图如图 6-13 所示，根据剖面图分析该桥梁的地层岩性，并分析各地层基础持力层的适宜性，选择合适的基础持力层。

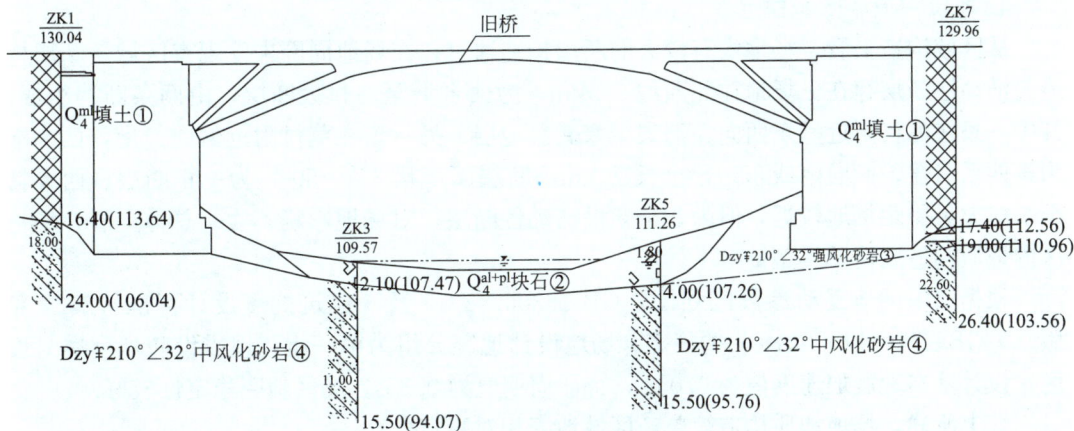

图 6-13 某桥梁工程地质勘察剖面图

工程实践

请自行组队，根据下面某工程勘察报告内容（节选）完成任务，各小组通过团队合作，旨在加深对工程地质勘察的理解和掌握，并提升解决实际问题的能力。

1. 工程概况

本项目规划总用地面积 8095.52m²，规划总建筑面积 3724.99m²，主要建设内容为 8 栋 6F 多层住宅楼、1 栋 3F 幼儿园以及 1F 的商铺。根据勘察任务委书，地坪设计标高 73.0m，基础形式采用浅基础，设计荷载为 200kPa。

2. 地形地貌

场地属侵蚀堆积河谷阶地地貌，原始地形主要为鱼塘，经改造后，现状地形平缓，地形平坦，地面标高 75.70～76.72m，地形坡度小于 5°。现状调查区内主要为草坪及现有厂区道路等。场地地形与地貌类型简单。

3. 地层岩性

本次勘察钻孔深度较小，未揭露基岩情况，只揭露到覆盖层，现分述如下：

①层第四系填土（Q_4^{ml}）：红褐色，稍湿，稍密，土质较均匀，主要以黏性土及砂砾组成，含少量碎石，填土填龄超过12年，密实性较好。分布均匀，所有钻孔均有揭露，揭露厚度7.50～8.20m。

②层第四系粉质黏土（Q_4^{al}）：黄褐色，湿，可塑，土质较均匀，干强度较高，韧性较好，刀切面稍光滑，可见少量的铁锰质结核。该层分布较均匀，揭露厚度4.00～5.10m。

③层第四系粉质黏土（Q_4^{al}）：深灰色，饱和，软塑，土质不均匀，刀切面稍光滑，干强度低，韧性较差。该层分布较均匀，揭露厚度6.90～7.90m。

④层第四系更新统冲积层圆砾（Q_3^{al}）：深灰色，中密，粒径以0.5～2.5cm为主，最大粒径3.5cm，矿物成分主要为石英及长石，磨圆度好，呈圆或亚圆状，分选性差，级配好，充填砂粒。分布较均匀，ZK1、ZK2、ZK3有揭露，揭露厚度0.50～0.80m，该层未揭穿。

各地层岩土分布特征如图6-12和图6-13所示。

4. 地质构造、区域稳定性

从区域构造上看，场地没有较大的断层构造通过，在场地周围未发现有区域性断层构造与活动性断层存在。场地往北西约2.5km，为西乡塘至韦村大断层，由两条断层组成。其中一条在苏村附近呈东西向，消失于寒武系地层。另一条在莫村附近偏向西南，西南端为第四系覆盖，倾向南或东南，全长70km，断层面产状35°～50°，为一正断层。西乡塘至韦村大断层距场地较近，但为非全新世活动性断层，对场地影响不大。总体上看，场地区内地质构造属简单类型。

根据《中国地震动参数区划图》GB 18306—2015及《建筑抗震设计标准（2024年版）》GB/T 50011—2010相关规定，场地设计地震分组为第一组，地震设防烈度属Ⅵ度区，设计基本地震加速度值为0.05g，特征周期值为0.35s，场区地壳稳定性较好。

综上所述，场地地质构造简单，区域地壳相对稳定。

5. 岩土力学参数

岩土物理力学参数推荐值见表6-7。

岩土物理力学参数推荐值　　　　　　　　　　　　　　　　　表6-7

地层代号及岩土名称	天然重度 γ /(kN/m³)	黏聚力 C /kPa	内摩擦角 ϕ /°	压缩模量 E_s /MPa	地基承载力特征值 f_{ak}/kPa
②粉质黏土	18.5	30.1	10.2	7.1	190
③粉质黏土	19.3	3.2	5.6	4.3	110
④圆砾	21.0		28	18	350

任务一：判断该项目的勘察等级（难度：★★）

根据上述勘察报告内容，确定本项目的勘察等级，并分析理由。

任务二：场地地基土均匀性及工程地质评价（难度：★★★）

根据上述勘察报告内容，分析场地地基土的均匀性，并进行工程地质评价。

任务三：地基基础方案分析（难度：★★★★）

根据上述勘察报告内容，确定地基基础持力层，并进行承载力验算。

学习任务单

项目六 工程地质勘察	姓名：		
	班级：	学号：	
	学生自评	教师评价	导师评价
思考题	是否掌握	评分	评分
工程地质勘察的目的与任务是什么？			
勘察等级划分依据是什么？			
工程地质勘察具体划分为几个阶段？			
工程地质勘察主要方法有哪些？			
探坑、探槽、探井三者之间有什么区别？			
钻探根据钻进方式可以分为哪些？			
常用地球物理勘探技术的方法主要有哪些，各种物探技术优缺点分别是什么？			
WD-5无线智能微动探测系统在实际工程中有哪些应用？			
工程地质勘察报告主要包含哪些内容？			
工程地质勘察报告图表附件包含哪些内容？			

思政育人案例：工程地质勘察
筑牢结构物安全之基，培育工程师职业责任感

某地区一座承载着灌溉与发电重任的中型水库，在蓄水不久后却面临坝体渗漏、开裂的严峻挑战，最终不幸溃坝，下游村庄瞬间沦为泽国，人员伤亡与财产损失惨重（图1）。事故调查揭露，这场灾难的根源在于工程地质勘察工作的疏忽，坝基隐伏的断层与软弱夹层未被及时发现，稳定性评估严重失准，从而埋下了溃坝的隐患。

这一案例，犹如一记振聋发聩的警钟，提醒我们工程地质勘察在工程建设中的基石作用。它不仅是探明工程场地地质条件的"慧眼"，更是指导工程设计、施工与运营的科学依据。试想，如果当时能进行详尽而细致的地质勘察，及时发现并处理坝基的隐患，又何至于酿成如此惨剧？

作为未来的工程师与技术人员，我们应当从此案例中汲取深刻教训，将职业责任感深深烙印在心中，体现在行动上。职业责任感，是对工作的敬畏之心，是对社会的担当之责，更是对生命的尊重之情。

水库溃坝的案例，对我们既是一次警醒，也是一次鞭策。它告诉我们，在工程建设的征途中，地质条件绝不容忽视，地质勘察工作必须严谨细致、一丝不苟。作为新时代的青年学子，我们更应继承和发扬老一辈地质学家的崇高品格，将专心事业、无私奉献的精神融入我们的血脉之中，为国家的繁荣富强贡献自己的青春和力量。

图1 某水库溃坝照片

项目七 地质灾害防治（技能点 ★★★）

【案例导入】

在广西壮族自治区天等县的上屯村有一片神奇的水潭，水潭的面积不大，只有篮球场那么大，却有用不完的水。更奇怪的是，水潭的水经常会无缘无故涨起来，涨水多的时候能将周围的农田全部淹没，村民们纷纷传言水底一定有一个水怪在作祟。为此村民定期就会聚集在潭边呐喊，潭水在众人的呐喊声下逐渐消退，潭水就像是受到了惊吓一般，很快就会退潮，一直退到水底干涸掉，所以这个水潭被称作"赶水潭"，大家都说这是因为水怪被吓跑了。这片水潭真的有村民们说得这么神奇吗？为什么水潭里的水取之不尽却会在众人的呐喊声中消失呢？其实，秘密就在藏在岩溶中。

任务一 岩溶防治

岩溶，也称喀斯特。"喀斯特"（Karst）原是南斯拉夫西北部伊斯特拉半岛上的石灰岩高原的地名，意思是岩石裸露的地方，"喀斯特"一词即为岩溶地貌的代称。在1966年我国岩溶学术会议上，决定将"喀斯特"一词改为"岩溶"。中国是世界上对岩溶地貌现象记述和研究最早的国家，早在晋代就有记载，尤以明徐宏祖所著的《徐霞客游记》中的记述最为详尽。

问题一 如何定义岩溶？

凡是以地下水为主、地表水为辅，以化学过程为主、机械过程为辅的对可溶性岩石的破坏和改造作用都叫岩溶作用。这种作用所造成的地表形态和地下形态叫岩溶地貌。岩溶作用及其所产生的水文现象和地貌现象统称岩溶。

岩溶分布在世界各地的可溶性岩石地区，占地球总面积的10%。从热带到寒带、由大陆到海岛都有岩溶地貌发育。广东、广西、云南、贵州、四川、重庆等地的岩溶地貌更为集中和典型，云南石林、贵州荔波、重庆武隆、广西桂林、贵州施秉、重庆金佛山和广西环江七地的岩溶地貌已经以"中国南方喀斯特"的名义被评选为世界自然遗产并入选《世界遗产名录》。典型岩溶照片如图7-1和图7-2所示。

图 7-1　广西桂林象鼻山

图 7-2　广西鹿寨天生桥

问题一　**岩溶会发育哪些地貌形态？**

在岩溶作用下，地表和地下会形成形态各异的岩溶形态。按照空间区域，将岩溶形态分为地表岩溶形态和地下岩溶形态。

一、地表岩溶形态

（一）溶沟、溶槽

地表水沿可溶性岩层表面的裂隙流动，进行溶蚀、冲蚀，使岩层表面形成一些大小不同的沟槽：溶沟是形成于水流集中陡坡区域的狭窄、线状沟槽，深度一般小于 0.5m，如图 7-3 所示。溶槽是形成于水流分散缓坡区域的宽阔、浅平沟槽，如图 7-4 所示。溶槽宽度可达数米，深度可达几米，形态也更为复杂。

图 7-3　溶沟

图 7-4　溶槽

（二）石芽、石林

溶沟、溶槽进一步发展后，沟槽间的石脊遭受切割破坏，残留着顶尖下粗的锥状柱体，称为石芽（图 7-5）；石林是一种非常高大的石芽，石芽之间有很深的溶沟。云南路南石林，高达 20～30m，密布如林，故名石林（图 7-6）。

图 7-5 石芽

图 7-6 石林

（三）漏斗、落水洞、天坑

1. 由于水侵蚀作用，岩层塌陷成碗碟状或倒锥状的形态，口大底小，斗壁和缓，称为漏斗，如图 7-7 所示。其直径一般为数米至数十米，深数米至数十几米，底部常有管道通往地下，起着集水和消水的作用。按成因可分为溶蚀漏斗、塌陷漏斗和沉陷漏斗。

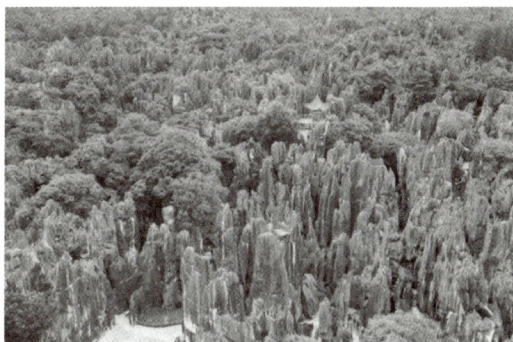

图 7-7 漏斗

溶蚀漏斗：以化学溶蚀作用为主，地表水沿岩石裂隙或面层长期溶蚀，形成漏斗状洼地。形态较规则，边缘圆滑，底部常有溶蚀残余物或落水洞。

塌陷漏斗：地下溶洞或空隙的顶板因重力作用发生塌陷，形成漏斗。边缘陡峭，底部可见塌陷角砾岩或地下河入口，常伴随地震或人为活动触发。

沉陷漏斗：地下膏盐层溶解、矿产采空或土层压缩导致地表沉陷。形态不规则，边缘呈弧形，常见于覆盖型岩溶区。

2. 由岩体中的裂隙受水流溶蚀、机械侵蚀以及塌陷而成的地表通往地下暗河或溶洞的通道，称为落水洞，如图 7-8 所示。落水洞的大小不一，形态各异，呈垂直、陡倾斜或弯折状，宽度一般很少超过 10m，深可达百米至数百米，按形态可分为圆形、井状、裂隙状。

3. 天坑是地下溶洞顶部大规模塌陷形成的巨型深坑，直径和深度通常达百米以上，四壁陡峭，底部常与地下河相连，如图 7-9 所示。重庆奉节小寨天坑深 662m；广西百色

197

乐业大石围天坑深 613m。

图 7-8 落水洞

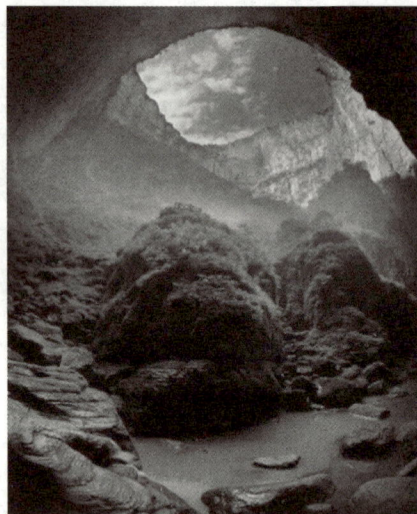

图 7-9 天坑

天坑与普通落水洞、漏斗的区别见表 7-1。

天坑与普通落水洞、漏斗的区别 表 7-1

特征	天坑	普通落水洞	漏斗
规模	极大（深度和直径常超百米）	深度可达百米至数百米	较小（直径数米至数十米）
形态	四壁垂直或近垂直，呈桶状	陡峭深坑，底部可能见碎石	碗状凹陷，边缘平缓
形成速度	长期溶蚀+突发大规模塌陷	突发或渐进塌陷	长期缓慢溶蚀
水文联系	底部常与地下河连通	可能与地下溶洞连通	通常封闭，无直接地下河联系

（四）溶蚀洼地、坡立谷

溶蚀作用而形成盆状洼地，称为溶蚀洼地，周围被石灰岩山丘包围，底部常附生着漏斗，溶蚀洼地也可由许多漏斗逐渐融合而成，如图 7-10 所示。四周边缘陡峭而谷底平坦的封闭洼地称为坡立谷，大多沿断裂带或构造带溶蚀发育而成，其宽度可从数百米到数千米，长度数千米至数十千米，底部平坦，覆盖着溶蚀残余的黄色、棕色或红色黏土，如图 7-11 所示。

（五）峰丛、峰林、孤峰

峰丛：峰丛是指基部相连，且相连部分高度比例大于上部分开部分的山峰群，相对高度在 200~300m，通常呈簇状分布，顶部多呈圆锥状，如图 7-12 所示。

峰林：当峰丛进一步溶蚀，基座被切开，山与山之间变得相对独立散布，则形成峰林。峰林是指成群分布且基部分离，相对高度在 100~200m，坡度一般在 45°以上的岩溶山峰群，如图 7-13 所示。

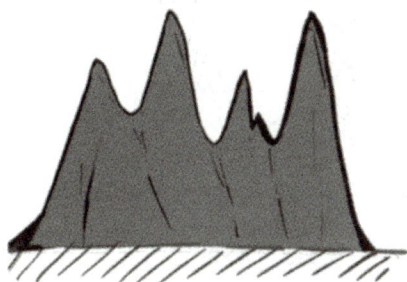

图 7-10　溶蚀洼地

图 7-11　坡立谷

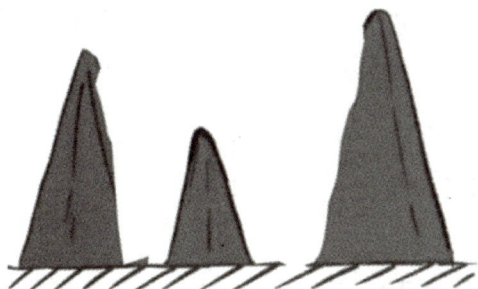

图 7-12　峰丛

图 7-13　峰林

孤峰：当峰林继续溶蚀，许多山峰消失无踪，广袤的平原上会徒留一座山峰，为孤峰，如图 7-14 所示。孤峰是岩溶区的孤立石灰岩山峰，常分布在岩溶平原或岩溶盆地中，相对高度达数十米至百余米。

二、地下岩溶形态

（一）鹅管、石钟乳、石笋、石柱

含有碳酸钙的水溶液从洞顶滴下来时水分蒸发、二氧化碳逸出，使被溶解的钙质又变成固体，久而久之，在洞顶自上而下形成的长条形悬挂物。这些悬挂

图 7-14　孤峰

物中，呈空心管状，直径一般在 $1\sim2cm$，这种形态为鹅管；鹅管慢慢变大，形成乳状沉积物，即石钟乳；洞顶的水滴落在洞底，会在地面上沉积一部分碳酸钙，形成由洞底往上增高形成锥状、塔状及盘状的沉积物，这些碳酸钙如竹笋一样，从地面向上生长，故名石笋；石柱是石钟乳和石笋相对增长，直至两者连接而成的柱状体。鹅管、石钟乳、石笋、石柱形成过程如图 7-15 所示。

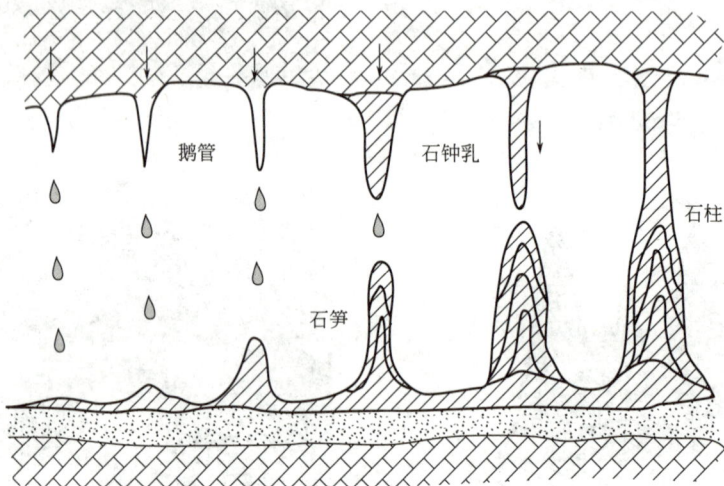

图 7-15　鹅管、石钟乳、石笋、石柱形成过程

（二）石幔、边石堤

石幔：含有碳酸钙的水溶液在洞壁上漫流时，因 CO_2 迅速逸散而产生片状和层状的碳酸钙堆积，其表面具有弯曲的流纹，高度可达数十米，十分壮观，如图 7-16 所示。

边石堤：洞底，特别是底部两边的堤状堆积物。高度不大，约数厘米至数十厘米，又似梯田土埂，排列在洞底缓倾的地面上，由上往下呈阶梯下降，并且呈弧形向外弯曲，堤内积水成池，如图 7-17 所示。

图 7-16　石幔

图 7-17　边石堤

（三）溶蚀裂隙、溶洞、地下河

溶蚀裂隙：被地下水溶蚀扩大了的岩石裂隙，它在某种程度上仍然保持着岩石的裂隙

形态，但缝隙已被溶蚀扩大，相互间的连通性大大加强。

溶洞：冲蚀、潜蚀和塌陷作用而造成的地下洞穴。溶蚀裂隙进一步发展，则成为溶洞，溶洞由长期地下水对石灰岩的溶蚀作用形成，受水和二氧化碳的影响较大。

地下河：由地下水沿可溶性岩石的各种不连续面（如断层、节理、层面裂隙等）流动而形成的地下水流通道。地下河的形成过程涉及地表水和地下水的共同作用，水流在岩石中侵蚀和溶蚀，逐渐形成连续的地下通道。地下河通常具有稳定的流量和水位，是地下水的重要排泄通道。溶蚀裂隙、溶洞、地下河如图 7-18 所示。

图 7-18　溶蚀裂隙（左）、溶洞（中）、地下河（右）

📇 知识链接

岩溶造就了"桂林山水甲天下"

峰林和峰丛是桂林喀斯特地貌的两大主要类型，有学者称赞它是"大陆型塔状岩溶的典型代表，展现了峰林和峰丛岩溶形态的共存和相互作用的桂林模式"。相比之下，峰林中的山峰相对独立，形态各异，景观更加开阔壮观，例如阳朔的十里画廊就是峰林景观的典型代表，这里山峰林立，各具特色，宛如一幅流动的山水画卷；而峰丛中的山峰则紧密相连，形态较为统一，显得更加紧凑密集，例如漓江两岸的连绵山峰就是峰丛景观的典范之作，它们紧密相连形成了一道道壮丽的天然屏障，为漓江增添了无限的风光。

更令人感到惊奇的是，在这些峰林的脚下，隐藏着错综复杂的洞穴及地下河，它们共同"蛀蚀"山体，有时会把石峰破坏得仅剩一副空架子。最著名的当属芦笛岩，这座洞穴长约240m，宽约50～90m，洞高10～18m，在幽深而神秘的洞穴里，石笋林立、钟乳石悬垂，千姿百态，琳琅满目，犹如富丽堂皇的"神仙洞府"。从洞壁上发现的历代墨迹壁书中发现，至少在公元 5 世纪时就已经有人入洞游览了。

问题二　岩溶地貌有何发育规律？

岩溶地貌发育可按幼年期、青年期、壮年期、老年期四个阶段顺序发展。

一、幼年期

在这个阶段，地表水沿着岩层表面的裂隙向下流动，形成了大量的溶沟、石芽和漏斗，有较完整的地表水，如图 7-19 所示。

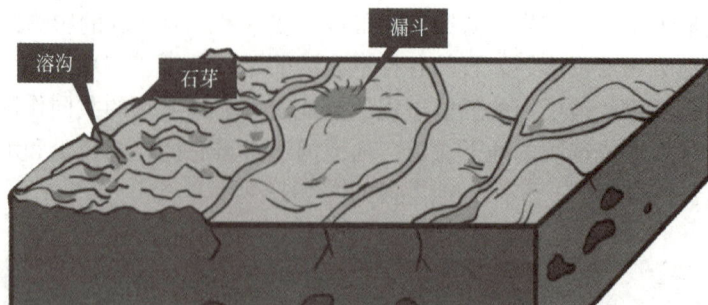

图 7-19 幼年期

对工程建设的影响：地下主要以岩溶裂隙为主，偶见小规模溶洞，对工程建设影响小。

二、青年期

从落水洞下落的地下水发生横向溶蚀，溶洞不断扩大，地表水系逐渐消失。溶洞和落水洞逐渐扩大，地表上布满了不同规模的喀斯特洼地和干谷。除了主要河道外，大部分地表水流都进入地下河道，形成了完整的地下水系。地下岩溶地貌也在这个阶段充分发育，如图 7-20 所示。

图 7-20 青年期

对工程建设的影响：岩体开始趋于不稳定，在工程建设过程中需对这些不稳定的岩体进行处理。

三、壮年期

地表峰林、峰丛林立，地下溶洞彼此贯通，地下暗河十分发育。溶洞进一步扩大，地下河及溶洞的顶部不断坍塌，地面变得破碎。许多地下河变成明流，形成了溶蚀谷、天然桥、岩溶洼地以及峰林，如图 7-21 所示。

对工程建设的影响：岩体已大面积溶蚀，稳定性较差，地下径流强烈，易发生塌方、涌水等工程事故。

图 7-21　壮年期

四、老年期

地下溶洞大量垮塌，逐渐形成岩溶平原，地表仅有一些孤峰突兀于平地，地表水系重新出现。溶洞顶部进一步坍塌，地下河都转变为地表水系，地面高程降低。残留的少数孤峰或残丘，形成了岩溶平原，如图 7-22 所示。

对工程建设的影响：岩体较为破碎，裂隙十分发育，对工程建设的影响依旧显著。

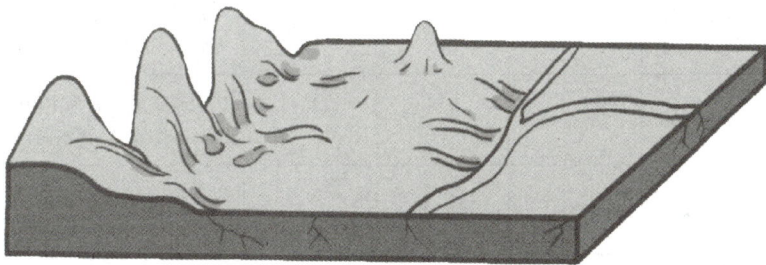

图 7-22　老年期

问题三　岩溶的发育程度如何评价？

在岩溶地区进行工程建设，应了解场地岩溶发育程度，以预测和解决因岩溶而引起的各种工程地质问题。岩溶发育程度可结合地表岩溶发育密度、线岩溶率、遇洞隙率、单位涌水量这 4 个指标进行判别。

一、地表岩溶发育密度

地表岩溶发育密度是指单位面积内岩溶空间形态（塌陷、落水洞等）的个数，单位为个/km^2。

二、钻孔线岩溶率

钻孔线岩溶率是指在钻孔过程中，遇到岩溶现象（如溶洞、溶蚀裂隙等）的进尺长度与钻孔总进尺长度的比值，通常以百分比表示。

三、钻孔遇洞率

钻孔遇洞率是指测量面上遇到的溶洞、溶隙的钻孔数与测面上的总钻孔数的比值，通常以百分比表示。

四、单位涌水量

单位涌水量是指在抽水试验中，井孔内水位每下降一米时的涌水量，其单位为 $L/(s·m)$。它是评估地下水资源的重要指标之一，反映了含水层的出水能力。

五、岩溶发育程度分级

岩溶发育程度可划分为强烈、中等、弱三个级别，同一档次的四个划分指标中，根据最不利组合的原则，从高到低，有 1 个达标即可定为该等级。岩溶发育程度分级表见表 7-2。

岩溶发育程度分级表　　　　　　　　　　　表 7-2

岩溶发育等级	地表岩溶发育密度	钻孔线岩溶率	钻孔遇洞率	单位涌水量	岩溶发育特征
岩溶强烈发育	>5 个/km²	>10%	>30%	>1 L/(s·m)	岩性纯，分布广，地表有较多的岩溶塌陷、洼地、漏斗、落水洞，泉眼、溶洞发育，地下有暗河、伏流
岩溶中等发育	1~5 个/km²	3%~10%	10%~30%	0.1~1 L/(s·m)	以次纯碳酸盐岩为主，地表发育有岩溶塌陷、洼地、漏斗、落水洞，泉眼、溶洞少见
岩溶弱发育	<1 个/km²	<3%	<10%	<0.1 L/(s·m)	以不纯碳酸盐岩为主，地表岩溶形态稀疏，无岩溶塌陷、漏斗、泉眼、溶洞少见

注：1. 按就高原则，同一发育等级中的四个划分指标有 1 个达标即可定为该等级；
　　2. 地表岩溶发育密度是指单位面积内岩溶空间形态（塌陷、洼地、漏斗、落水洞等）的个数。

问题四 如何处理岩溶地质问题？

一、岩溶隧道常见地质问题

岩溶对于隧道工程建设的危害极大，且其存在一定的普遍性。岩溶对隧道的危害主要表现在两个方面：一是岩溶水的影响，岩溶水的存在会改变隧道围岩的物理性质及其水文地质条件，降低围岩强度，增加孔隙水压力，进而降低围岩开挖后的自稳能力，增加隧道开挖难度，此外过大的岩溶水将直接造成隧道涌水、突泥等灾害的发生；另一方面，岩溶裂隙及分布在隧道围岩范围内不同位置、形状、大小的岩溶将围岩切割成不连续的地质体，使围岩强度降低，改变了隧道地层的刚度和应力场，造成隧道开挖后局部应力过度集中，围岩变形量增大，支护结构受力不均，并可能造成隧道局部掉块、坍塌。这不仅对施工人员的生命安全造成严重威胁，也会导致机械设备损坏，无法正常完工，加大施工成本，岩溶隧道常见问题如图 7-23 所示。

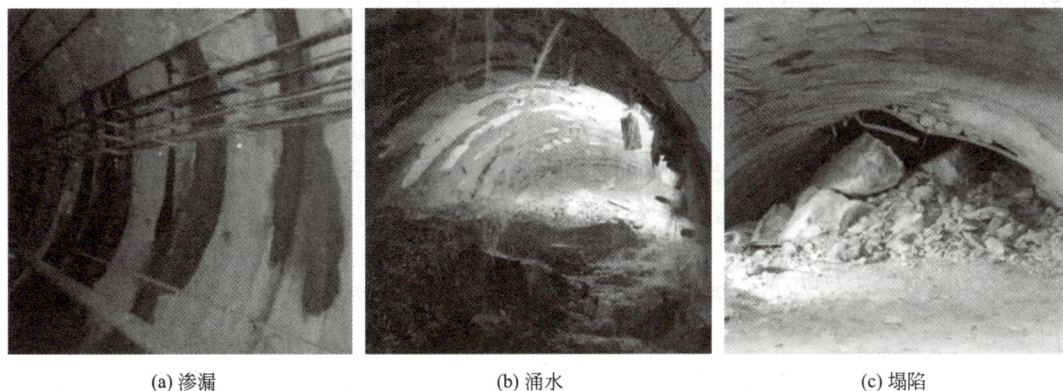

(a) 渗漏 (b) 涌水 (c) 塌陷

图 7-23 岩溶隧道常见问题

二、岩溶地质问题处治

岩溶隧道建设过程中，可根据岩溶发育程度及对隧道影响程度，再结合具体的施工条件采取不同的处理措施。常用的处治方案有超前地质预报、排水、强基和维稳。

（一）超前地质预报

岩溶是影响山区隧道建设最重要的因素，岩溶处治严重制约着隧道施工工期、施工质量、工程造价并对施工人员的安全构成巨大威胁。如何精准判断隧道掌子面前方是否存在溶洞、地下河等不良地质，对岩溶地区隧道施工至关重要。岩溶地区岩石长期被水侵蚀，导致岩石之间存在极大的空隙，使隧道在挖掘的过程中，难以得到有效支撑。加上岩溶地形区地下水丰富，若不能够对地质条件准确勘探，形成完整资料，在施工过程中极易引发隧道内塌方、涌水、涌泥等地质灾害，不仅会造成严重的经济损失，还会给现场人员的生命安全造成严重威胁。为有效保障项目施工安全，进行超前地质预报预测是必不可少的环节和步骤。在复杂的岩溶地质条件下，单一的预报方法难以取得较好的预报效果。因此，岩溶隧道超前地质预报工作需要采用多种方法进行综合探测和分析。

常用的超前地质预报手段有超前水平钻探、TSP、地质雷达和红外线探水，如图 7-24 所示。

超前水平钻探 TSP 地质雷达 红外线探水

图 7-24 超前地质预报

超前水平钻探：在隧道掌子面或掌子面一侧侧壁进行超前水平钻探，通过钻进速度测试、钻孔岩心鉴定等方法来确定掌子面前方地层展布、岩石的软硬程度，岩体的完整性、

205

可能存在的断层、空洞的分布位置，从而进行地质超前预报。

TSP：是一种隧道地震超前预报技术，它利用人工激发的地震波在地下介质中传播的原理，通过对反射波信息的研究和分析，来预报隧道掌子面前方的地质情况。能探测或预测开挖工作面前方围岩工程地质和水文地质情况，获取详细可靠的地质信息，如围岩类别、断层带和破碎带位置、性质、规模、富水等，进行信息反馈。并对探测到的地质情况进行综合分析，做出判断，提出地质预报成果，作为指导施工和优化支护参数、围岩类别变更等动态设计的依据。TSP适用于各种地质条件，对断层、软硬接触面等面状结构反射信号较为明显，每次预报的距离宜为 100～150m，连续预报时，前后两次应重叠 10m以上。

地质雷达：适用于岩溶、采空区探测，也可用于探测断层破碎带、软弱夹层等不均匀地质体，在岩溶不发育地段每次预报距离宜为 10～20m，在岩溶发育地段预报长度可根据电磁波波形确定，连续预报时，前后两次重叠不应小于 5m。

红外线探水：是一种利用红外线技术进行地下水探测的方法。其基本原理是利用水分子对特定波长红外光的吸收特性来探测地下水的存在和分布情况。红外线探水仪可以通过超前探测预报掘进前方 30m 范围内有无含水断层和溶洞，帮助确定隧道前方是否存在含水构造，从而预防突水。

（二）排水

由于大量岩溶水的存在，在隧道施工过程中可能出现涌水、突泥等地质灾害，且岩溶地下水一般都具有侵蚀性，对隧道结构、防水排水工程等的侵蚀作用不可忽视。隧道穿越岩溶区，隧道周围地下水很丰富，给隧道防水排水带来困难。

对于岩溶突水的处理，原则上以疏导为主。在岩溶隧道施工中，当遭遇高压富水充填溶洞时，采用全断面帷幕注浆法进行注浆堵水加固；当溶洞水流无外来补给，可通过爆破实现降压排水，如图 7-25 所示；对于隧道中的溶洞水，可用水管引入隧道边沟或中心排水管排出；溶洞水流有稳定补给水量过大时，可通过平行导坑将水排出洞外，如图 7-26所示。

图 7-25　爆破排水

图 7-26　导坑排水

（三）强基

当隧道底部存在溶洞时，可对基础进行"补强"。对于停止发育、较小无水的溶洞，通过混凝土注浆或回填片石进行处理；溶洞较大较深时，可采用架设桥梁等永久结构跨越，桥梁基础应置于稳固可靠的基岩上，如图 7-27 所示。

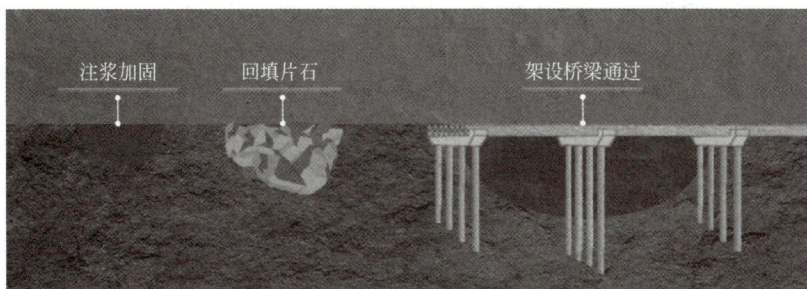

图 7-27 隧道底部"强基"措施

(四）维稳

当隧洞顶部和洞身遇到溶洞时，可采取各种措施来维持洞顶和洞身的稳定。对于隧道顶部的溶洞，可采用锚喷混凝土提高隧道整体稳定性；对于隧道两侧溶洞，可设置挡土墙提高隧道整体稳定性，如图 7-28 所示。

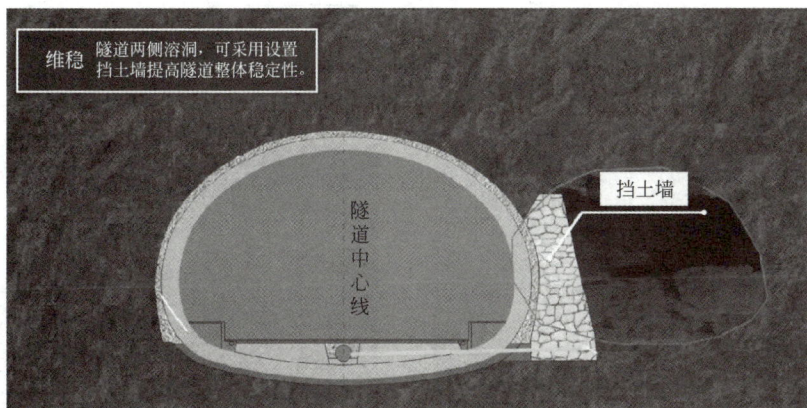

图 7-28 隧道洞顶和洞身"维稳"措施

案例：天峨—巴马高速公路，一条穿越喀斯特地貌的巨龙

天峨—巴马高速公路，天峨至北海公路重要路段，是广西对接贵州的省际通道，也是西部陆海新通道的重要一环。项目主线全长 104.7km，连接线长 28.2km，总投资 251.9 亿元。

整条线路穿越了典型的喀斯特地貌区域，地下暗河密布，溶洞遍布，55 座隧道的修建遭遇了上千个溶洞。其中最为典型的要数某隧道溶洞，岩溶极发育。溶洞与隧道线位大角度相交，K77+420～K77+490 段隧道顶部存在特大型溶洞，顶板岩层厚度约 1～5m，溶洞宽 40～80m，高 30～50m，长 1000m 以上，部分溶洞发育地下河，隧道溶洞分布如图 7-29 所示，典型岩溶形态如图 7-30～图 7-33 所示。

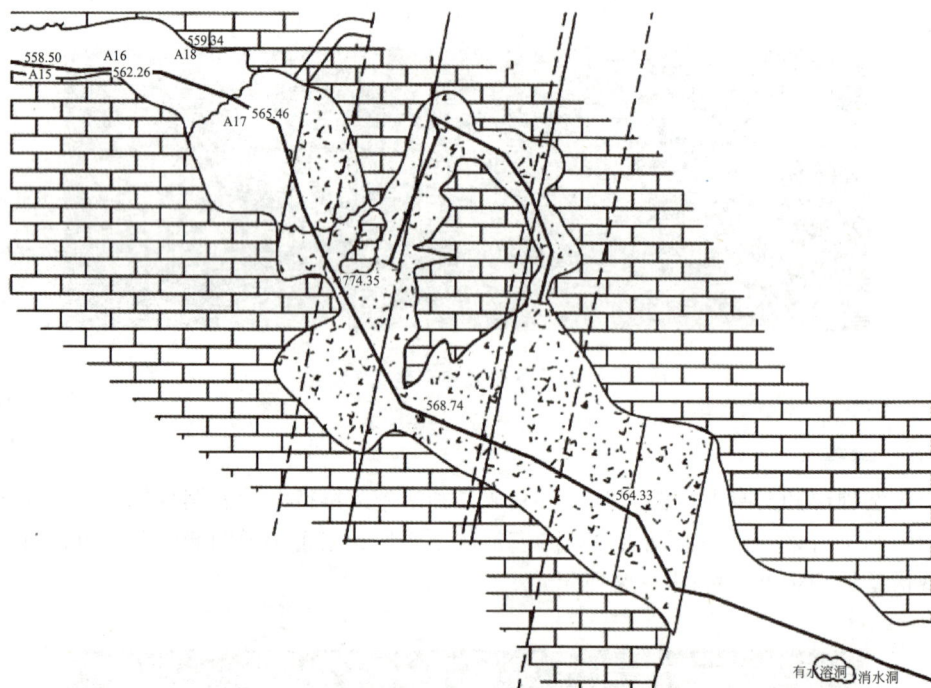

图 7-29　隧道溶洞分布图

图 7-30　厅堂式溶洞

图 7-31　石幔、钟乳石

图 7-32　边石堤

图 7-33　地下河

　　为避免隧道施工因爆破震动影响溶洞腔壁岩体稳定，造成隧道塌方，对隧道顶板进行加固处理，在溶洞底部现浇 1 m 厚钢筋混凝土面板，同时对于左洞顶板岩层厚度较薄段，泵送 C20 混凝土，确保左洞拱顶 C20 混凝土厚度不小于 2m，左洞左侧混凝土分台阶浇筑，台阶宽 2m，高 2m。隧道下穿溶洞段掘进过程中须静态爆破，避免因爆破振动引发顶板岩层塌落。隧道下穿 ZK77＋420～ZK77＋500、K77＋410～K77＋500 段施工时，为避免拱顶岩层掉块，需加强超前支护，采用双环超前注浆小导管，确保施工安全。混凝土浇筑完毕后，在左侧施工一段 60cm×60cm 排水沟，同时开凿 2 处泄水孔，将顶板积水引排至左侧岩溶落水洞内。隧道下穿溶洞施工过程中，需对溶洞洞顶进行锚喷支护或支顶措施，施工和运营期间，加强溶洞监测，确保施工和运营期间安全，溶洞处理如图 7-34 和图 7-35 所示。

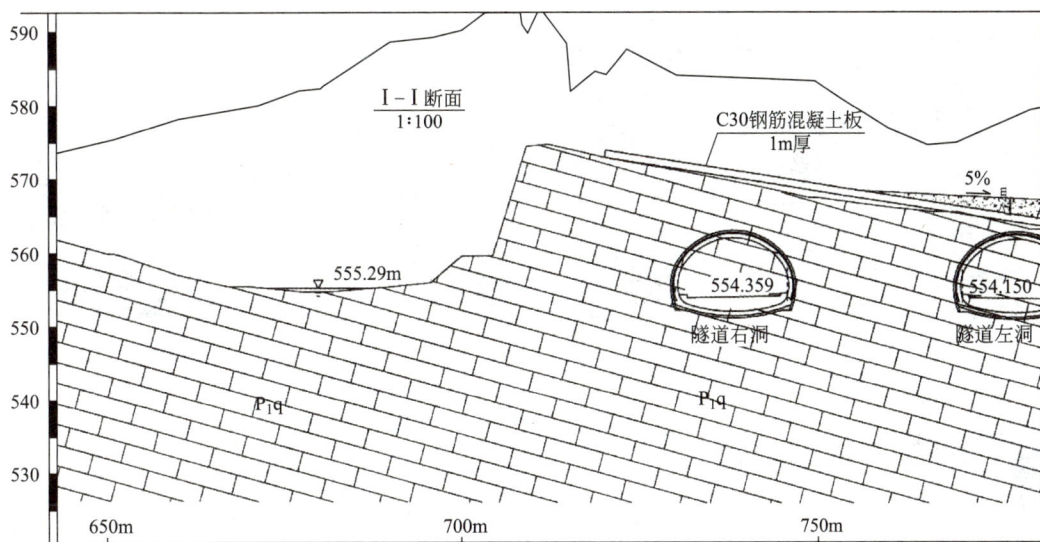

图 7-34　溶洞处理立面图 1

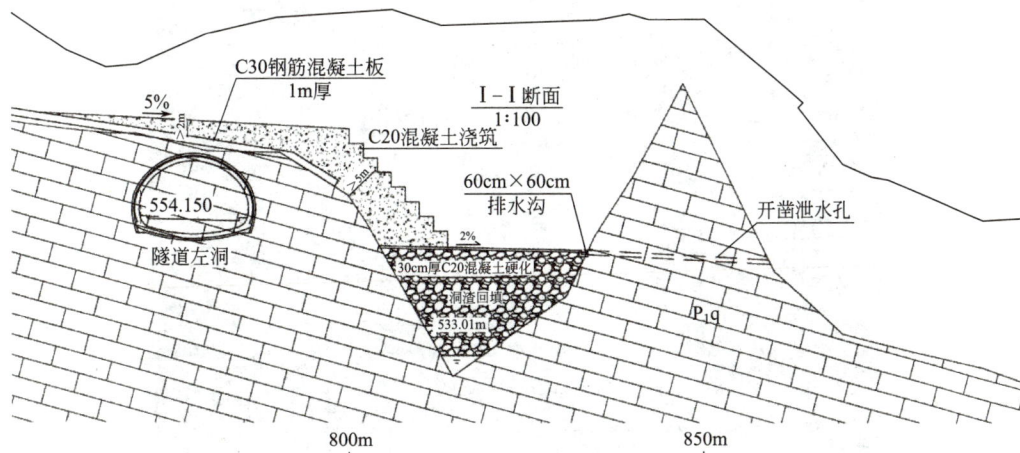

图 7-35　溶洞处理立面图 2

任务二 滑坡防治

在"11·13"浙江丽水山体滑坡事故中，共造成 38 人遇难，27 户房屋被埋，房屋进水 21 户，如图 7-36 所示。2019 年 7 月 23 日，贵州水城区发生一起山体滑坡事故，造成近 1600 人受灾，43 人死亡，直接经济损失 1.9 亿元，如图 7-37 所示。滑坡对工程建设危害重大，常使交通中断，影响公路、铁路的正常运输。大规模的滑坡，会堵塞河道，摧毁公路、铁路，破坏厂矿，掩埋村庄，对山区交通建设危害巨大。

图 7-36　浙江丽水滑坡

图 7-37　贵州水城滑坡

问题一 如何定义滑坡？

滑坡是指斜坡上的部分岩体或土体受自然或人为因素影响，在重力作用下，沿着斜坡内部的软弱面（带）整体以水平方向为主位移的地质现象，如图 7-38 所示。民间俗称"走山""山行""山滑"，生动地反映了岩土体滑动的现象。

图 7-38　滑坡

问题二　滑坡的基本要素包括哪些？

滑坡的基本要素如图 7-39 所示。

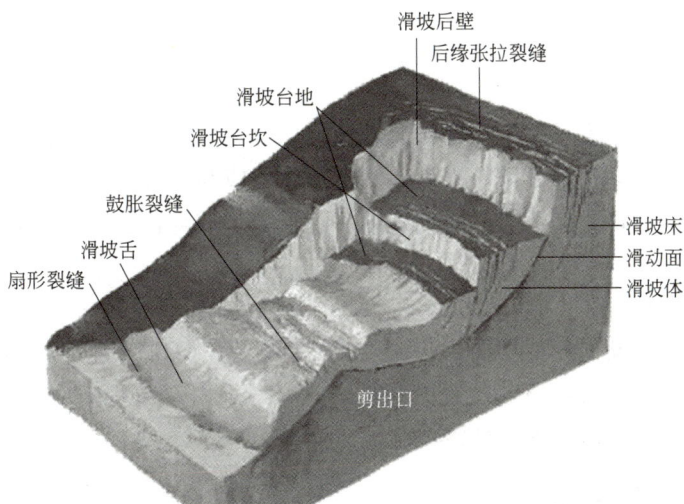

图 7-39　滑坡的基本要素

一、滑坡体

滑坡体是滑坡发生后与母体分离、并沿滑动面向下滑动的变形岩土体。

二、滑动面

滑动面是滑体沿下伏稳定岩土体滑移的依附面，是滑体与滑床的分界面。有的滑坡有一个明显的滑动面，有的有几个。确定滑动面的特性位置是进行滑坡整治的先决条件。

三、滑坡床

滑坡床是滑体滑动所依附的下伏稳定的岩土体。

四、滑坡周界

滑坡周界是滑体与其周围稳定的岩土体在地表面上的分界线。

五、滑坡壁

滑坡体后缘与不滑动岩体断开处形成的高约数十厘米至数十米的陡壁称滑坡壁。平面上呈弧形，是滑动面上部在地表露出的部分。

六、滑坡台地

滑坡体各部分下滑速度差异或滑体沿不同滑面多次滑动，在滑坡上部形成的阶梯状台面称滑坡台阶。

七、滑坡舌、滑坡鼓丘

滑坡体前缘伸出部分如舌状，称滑坡舌。由于受滑床摩擦阻滞，舌部往往隆起形成滑坡鼓丘。

八、滑坡裂隙

滑坡后缘一系列与滑坡壁平行的弧形张拉裂隙称为滑坡裂隙。沿滑坡壁向下的张拉裂隙最深、最长、最宽，称主裂隙；滑坡体两侧周界生成与周界线斜交的剪切裂隙；滑坡体前缘鼓丘上形成与滑动方向垂直的横向裂隙；滑舌处形成与舌前缘垂直的扇形裂隙。

九、剪出口

剪出口是滑坡滑动面（剪切面）与地表或坡脚相交的位置，即滑坡体从稳定基岩（滑床）中剪切滑出、开始脱离原始位置的部位。它是滑坡滑动过程中应力集中释放的通道，标志着滑坡体从变形阶段进入整体滑动阶段。

问题三 滑坡如何分类？

一、按物质组成分类

土质滑坡：以土体为主要物质的滑坡，如堆积土滑坡、膨胀土滑坡、黄土滑坡、填土滑坡等。

岩质滑坡：以岩体为主要物质的滑坡，如破碎岩体滑坡、层状岩体滑坡、块状岩体滑坡等。

土岩混合滑坡：滑坡体由土层与岩层共同组成，且滑动过程中土体和岩体均参与运动的复合型滑坡。土体与岩体混合共存，比例无明显主导。

二、按照滑坡体积分类

按滑坡体积分为小型滑坡、中型滑坡、大型滑坡和巨型滑坡四类，详见表7-3。

按滑坡体积分类   表 7-3

滑坡类型	小型滑坡	中型滑坡	大型滑坡	巨型滑坡
滑坡体积 V/m^3	$V \leqslant 4 \times 10^4$	$4 \times 10^4 < V \leqslant 30 \times 10^4$	$30 \times 10^4 < V \leqslant 100 \times 10^4$	$V > 100 \times 10^4$

三、按力学性质分类

牵引式滑坡：前缘段岩土体发生滑动后，使后缘岩土体失去支撑面滑动形成，如图7-40（a）所示。

推移式滑坡：中后部岩土体变形失稳后，挤压推移前缘段产生滑动形成，如图7-40（b）所示。

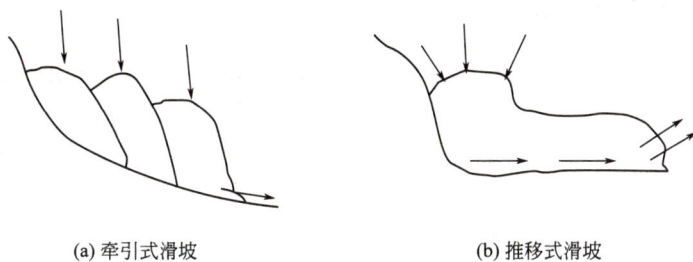

(a) 牵引式滑坡　　　　　　　　(b) 推移式滑坡

图 7-40　按力学性质分类的滑坡

四、按滑动面和地质构造特征分类

顺层滑坡：沿顺坡倾向的层面或软弱带滑动，如图 7-41（a）所示。

切层滑坡：由平缓或反倾层状岩体构成，滑动面切割岩层层面。常沿顺坡倾向的一组软弱面或结构面（带）滑动，如图 7-41（b）所示。

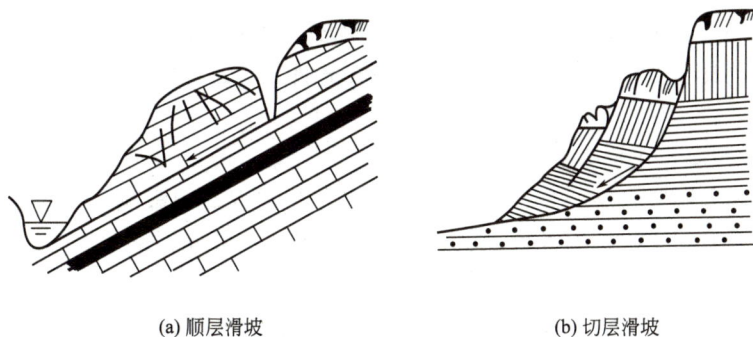

(a) 顺层滑坡　　　　　　　　(b) 切层滑坡

图 7-41　按滑动面和地质构造特征分类的滑坡

五、按滑坡发生的时间分类

新滑坡：人类历史时期（一般指近百年内）发生的滑坡。

老滑坡：全新世（约 1 万年以来至人类历史早期）发生的滑坡。

古滑坡：全新世以前发生的滑坡。

六、按滑动面埋藏深度（滑体厚度）分类

按滑动面埋藏深度（滑体厚度）分为浅层滑坡、中层滑坡、厚（深）层滑坡三类，详见表 7-4。

按滑动面埋藏深度（滑体厚度）分类　　　　　　　表 7-4

滑坡类型	浅层滑坡	中层滑坡	厚(深)层滑坡
滑动面埋深 H/m	$H \leqslant 6$	$6 < H \leqslant 20$	$H > 20$

问题四 滑坡的影响因素有哪些？

滑坡的形成和发展是多种因素共同作用的结果，通常可以分为内在因素和外在因素两大类。

一、内在因素

内在因素是滑坡发生的基础条件，主要包括地形地貌、地层岩性、地质构造和水文地质条件等。

（一）地形地貌

斜坡的高度和坡度与斜坡稳定性有密切关系。通常，边坡越高、越陡，稳定性越差。力学分析表明，开挖边坡在坡顶出现拉应力，在坡脚出现剪切应力集中，边坡越高、越陡，拉应力区域越大，剪切应力集中程度越高。

（二）地层岩性

坚硬、完整岩体构成的斜坡一般不易发生滑坡，只有当这些岩体中含有向坡外倾斜的软弱夹层、软弱结构面，且倾角小于坡面，能够形成贯通滑动面时才能形成滑坡。各种软质岩或第四纪松散沉积物组成的斜坡容易发生滑坡。因为这些岩石和土体的抗剪强度低，多含黏土矿物，具有多种软弱结构面，较易形成贯通滑动面，所以一旦有地下水侵入就更易发生滑坡。

（三）地质构造

断层、节理和倾斜岩层的产状对滑坡的形成有非常重要的影响，有时是决定性因素，多数滑动面是沿有利于滑动的各种倾斜岩层面、节理面及破碎岩带形成的。

（四）水文地质条件

水文地质条件是诱发滑坡的重要因素，主要通过三方面作用：一是力学效应，地下水润滑滑动面、软化岩土体；二是物理化学效应，溶解岩土胶结物，促使黏土矿物膨胀。三是动力作用，渗透压力和动水压力推动滑体位移。

二、外在因素

外在因素是诱发滑坡的直接原因，通常与自然或人类活动相关，主要的外在因素有降雨、地震和人为活动等。

（一）降雨

降雨是诱发滑坡最主要的自然因素（占比超90%），通过增加坡体重量，软化岩土体，抬升地下水位、冲刷坡面等方式直接降低坡体稳定性，甚至可能引发破坏性更强的深层滑坡。

（二）地震

地震通过产生强烈的地面震动，直接破坏坡体的稳定性，诱发滑坡。地震不仅可以直接诱发滑坡，还可能通过改变地形和地质条件，为后续滑坡的发生创造条件，其间接作用主要包括山体开裂、地形改变、岩土体强度降低、地下水系统改变。

（三）人为因素

人为因素是导致滑坡的重要因素之一，主要源于人类工程活动的不当。主要包括过度削坡或开挖坡脚，破坏原有斜坡的稳定性；在斜坡顶部或边缘堆积大量土石或建筑材料，增加坡体负荷；工程建设改变地表径流路径，导致雨水渗入坡体，增加土体含水量；地下水过度抽取；用大爆破方法施工等。

问题五　在野外如何识别滑坡？

野外识别滑坡的主要标志包括地貌地物标志、岩土结构标志、滑坡边界标志和水文地质标志。

一、地貌地物标志

滑坡在斜坡上常呈圈椅状、马蹄状地形，滑动区斜坡常有异常台坎分布，斜坡坡脚挤占正常河床等。滑坡体上常有鼻状鼓丘、多级错落平台，两侧双沟同源。滑坡体上有时还可见到积水洼地、地面开裂、醉林、马刀树、倾斜或开裂建筑物、管线路工程变形等。

滑坡在滑动过程中，滑体上的树木向滑动方向倾斜，叫做醉林（图7-42）；此后滑坡非常缓慢，甚至数年，十多年停止滑动，倾斜树木上部向上直长，形成下部弯、上部直的树干称为马刀树（图7-43）。醉林是新滑坡整体、慢速滑动的标志，且滑坡面一般为直线型或者圆弧型滑动面。马刀树是老滑坡的识别标志，马刀树所在的斜坡，说明此斜坡数年或者数十年以前发生过滑动，滑动速度比较慢。

图 7-42　醉林

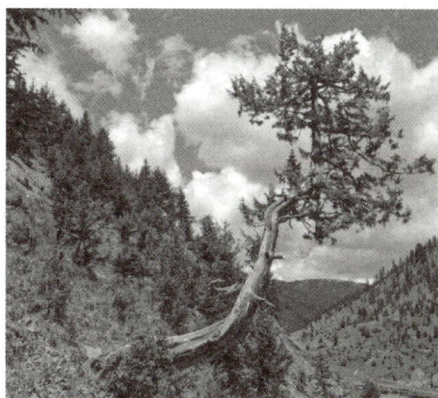

图 7-43　马刀树

二、岩土结构标志

在滑坡体内常可见到岩土体松散扰动现象以及岩土层位、产状与周围岩土体不连续现象。

三、滑坡边界标志

滑坡后缘即不动体一侧常呈陡壁，陡壁只有顺坡向擦痕。滑体两侧多以沟谷或裂缝为界，前缘多见舌状凸起。两侧冲沟呈 V 形交汇于滑坡后壁（双沟同源），是滑坡典型的识别标志。

四、水文地质标志

由于滑坡的活动，使滑体与不动体之间原有的水力联系遭到破坏，造成地下水在滑体前缘成片状或股状渗出。正在滑动的滑坡，其渗出的地下水多为混浊状；已停止滑动的滑坡，其渗出的地下水多为清水，但渗流点下游多有泥砂沉积，有时还生成有湿地或沼泽。

问题六 滑坡如何防治？

对滑坡的防治原则应当是以防为主、整治为辅，查明影响因素，采取综合整治；一次根治，不留后患。在工程位置选择阶段，尽量避开可能发生滑坡的区域，特别是大型、巨型滑坡区域。在工程场地勘测设计阶段，必须进行详细的工程地质勘测，对可能产生的新滑坡采取正确、合理的工程设计，避免新滑坡的产生；对已有的老滑坡要防止其"复活"；对正在发展的滑坡进行综合整治。整治措施应在查明滑动原因、滑动面位置等主要问题的基础上有针对性地提出，遵循"排、挡、减、压、固、监"六字原则。

1. 排：截、排、引导地表水和地下水，开挖排水和截水沟将地表水引出滑坡区；对滑坡中后部裂缝及时进行回填或封堵处理，防止雨水沿裂隙渗入到滑坡中，可以利用塑料布直接铺盖，或者利用泥土回填封闭；实施盲沟、排水孔疏排地下水。排水设施如图 7-44 所示。

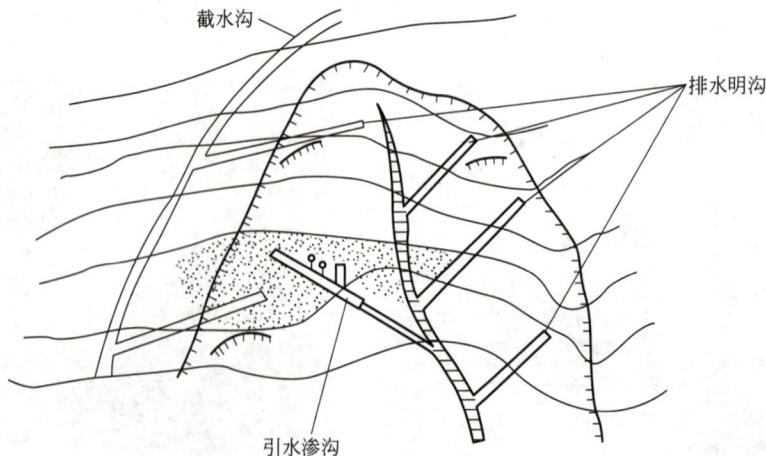

图 7-44　排水设施

2. 挡：采用抗滑桩、挡土墙、锚索、锚杆等对滑坡进行支挡，是滑坡治理中采用最多、见效最快的手段，如图 7-45 和图 7-46 所示。

图 7-45　挡土墙

图 7-46　抗滑桩

3. 减：当滑坡仍在变形滑动时，可以在滑坡后缘拆除危房，设置清除部分土石，以减轻滑坡的下滑力，提高整体稳定性。削方减重如图 7-47 所示。

4. 压：当山坡前缘出现地面鼓起和推挤时，表明滑坡即将滑动，这时应该尽快在前缘堆积土、砂石压脚，抑制滑坡的继续发展，为财产转移和滑坡的综合治理赢得时间，如图 7-48 所示。

5. 固：结合微型桩群对滑带土灌浆提高滑带土的强度，增加滑坡自抗滑力，

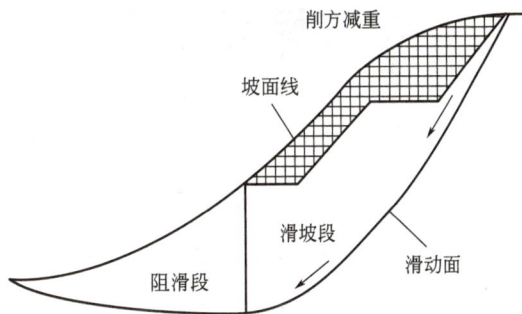

图 7-47　削方减重

常用灌浆方法是把水泥砂浆或化学浆液注入滑动带附近的岩土中，其凝固、胶结作用使岩土体抗剪强度提高。电渗法是在饱和土层中通入直流电，利用电渗透原理疏干土体提高土体强度。焙烧法是用导洞在坡脚焙烧滑带土，使土变得像砖一样坚硬。

6. 监：通过监测实时掌握滑坡体的变化情况，包括地表位移、裂缝扩展、地下水动

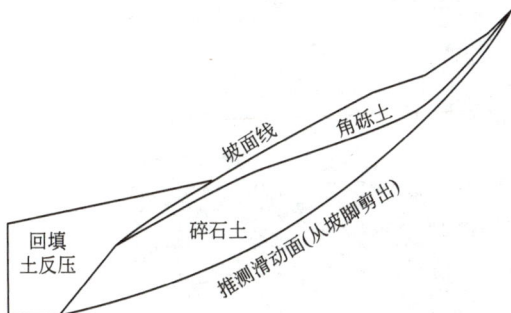

图 7-48　反压

态等关键参数。通过这些数据，可以及时发现滑坡的预兆，提前预警潜在的滑坡风险。在滑坡治理工程中，监测数据为工程设计和施工提供了重要的依据。通过监测滑坡体的变形特征和稳定性状况，可以评估治理方案的可行性和效果。同时，监测数据还可以用于优化治理方案，调整施工进度和方式，确保治理工程的质量和安全。滑坡监测预警如图 7-49 所示。

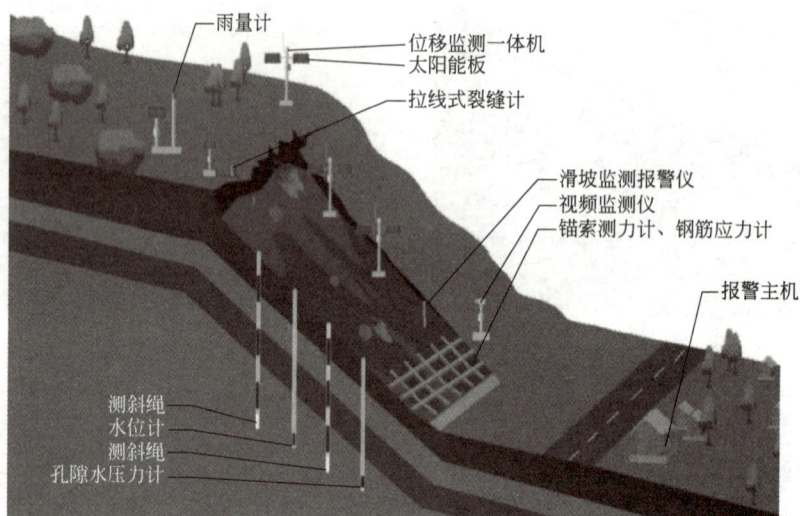

图 7-49　滑坡监测预警

案例：平陆运河高边坡稳定控制

"中华人民共和国成立以来建设的第一条通江达海的运河工程，总投资约 727 亿元""国内设计通航等级最高的运河，可通航 5000t 级船舶""国内土石方工程最大的交通工程，大约是三峡工程的 3 倍"——未见平陆运河真容之前，就已被这样的"大名头"所吸引。而站在该工程第一梯级枢纽——马道枢纽边坡向下望去时，才有了深切体会：曾经横亘东西的分水岭，如今已被开辟为地面以下 60 多米深的巨型基坑，数百台机械设备忙碌作业，正在进行船闸主体结构施工。马道枢纽上游引航道 2 号边坡眼，如图 7-50 所示。

图 7-50　马道枢纽上游引航道 2 号边坡

平陆运河分水岭段劈岭开挖连通沙坪河与旧州江，钦州干流段裁弯取直、加深、加宽开挖，沿线形成高度不等的航道边坡，其中位于分水岭段的马道枢纽上游引航道的2号边坡最高达188m，如图7-51和图7-52所示。马道枢纽上游引航道边坡地层主要有前泥盆纪地槽形沉积、晚古生代地台形沉积、中生代和新生代陆缘活动带盆地形沉积三大类。受隆起运动及构造应力影响，局部坡段原生层面及结构面倾向变化范围较大，局部形成顺坡或倒倾，且层面、结构面发育密集，部分张开、部分夹泥质充填、部分层面间发育成软弱夹层。边坡稳定控制涉及工程投资、坡面防护等系列问题，工程建设采取了多种措施，主要包括优化布置、降低高度、将船闸主体段适当下移、使底高程较高的引航道布置在相对较高地形区域，从而减小边坡开挖高度近40m。开挖自稳、支护保稳，按照"边坡总体坡形开挖基本自稳、浅表坡面防护、深层岩体锚固和加强排水"等原则进行开挖及支护加固，在确保边坡稳定的同时节省投资。

图 7-51 马道枢纽上游引航道 2 号边坡

图 7-52 施工中的马道枢纽上游引航道 2 号边坡

马道枢纽上游引航道 2 号边坡采用实时监测、动态设计，布置了 55 个全球导航卫星系统（GNSS）地表位移监测点、39 个深部位移监测点以及 39 个地下水位监测点，实时监测并跟踪分析边坡变形，其观测点分布图如图 7-53 所示。截至 2024 年 5 月底，马道枢纽上游引航道 2 号边坡地表最大累计水平变形 40mm，深层累计最大变形 6.72mm，并均趋于收敛稳定状态（表 7-5）。

图 7-53　马道枢纽上游引航道 2 号边坡观测点分布图

2 号高边坡位移监测数据　　　　　　　　　　　　　　　　　　　　　表 7-5

监测时间	地表最大累计水平变形/mm	深层累计最大变形/mm
2023 年 5 月	23.00	6.57
2023 年 9 月	32.00	6.55
2023 年 12 月	34.00	6.60
2024 年 3 月	40.00	6.59
2024 年 5 月	33.00	6.72

案例：梅大高速茶阳路段"5·1"滑坡

2024 年 5 月 1 日凌晨 1 时 57 分许，梅州至大埔高速公路（简称"梅大高速"）东延线 K11＋900～K11＋950（营运桩号）路段发生滑坡灾害，往东方向半幅路堤滑坡，导致 23 辆车掉落，造成 52 人死亡，30 人受伤，如图 7-54 所示。经调查认定，这是一起长时间持续性降水与多种因素叠加耦合作用，导致的特别重大人员伤亡的滑坡灾害。

图 7-54　梅大高速茶阳路段"5·1"滑坡现场

调查评估组总结了五个方面的主要教训：一是对高填路基的风险重视不够，对长时间持续性降水的危害性认识不足；二是公路地下水防范意识淡薄，智能监测预警手段严重不足；三是建设管理不到位，一定程度上影响了工程抗灾能力；四是重建设轻管养，日常隐患排查治理流于形式；五是监管职责交叉重叠，没有形成有效的监管压力。

针对这些教训，调查评估组提出五项防范整改措施建议：一是增强应对极端天气的极限思维；二是全面提升路基本质安全水平；三是加强高速公路全生命周期管理；四是提升高速公路风险监测管控能力；五是提高全社会风险防范意识和自救互救能力。

🔍 知识拓展

锚杆和锚索的作用机理

边坡防护中常常用到锚杆和锚索，锚杆与锚索作为关键支护技术，通过不同作用机理协同提升坡体稳定性，如图 7-55 所示。

图 7-55　锚杆（左图）预应力锚索（右图）

一、锚杆：浅层加固与局部稳定

锚杆通过钻孔植入坡体浅层岩土中（通常＜20m），以被动受拉方式提升表层抗滑能力，适用于滑坡前缘局部加固、坡面破碎带治理。锚杆主要工艺如图 7-56 所示，锚杆作用机理如图 7-57 所示。锚杆主要作用机理有悬吊作用、组合梁效应和抗剪加固。

悬吊作用：将浅层松散岩土体锚固至深层稳定层，防止表层滑体脱离母岩。例如，坡面破碎岩块可通过密集短锚杆"悬吊"至完整基岩，避免局部崩落诱发连锁滑动。

组合梁效应：在层状岩质边坡中，锚杆横向约束岩层，增强层间摩擦力，形成抗弯刚度更高的"组合梁"，抑制岩层顺层滑移。

抗剪加固：锚杆垂直或斜穿潜在浅层滑动面，通过杆体抗剪强度限制剪切变形，尤其适用于土质边坡的渐进式浅层滑移防护。

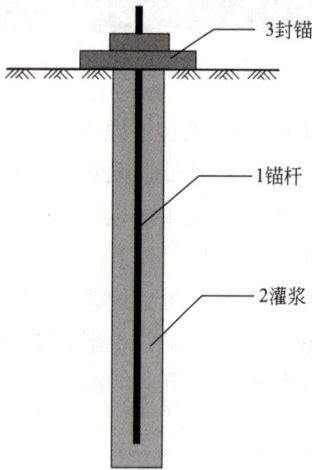

图 7-56　锚杆主要工艺

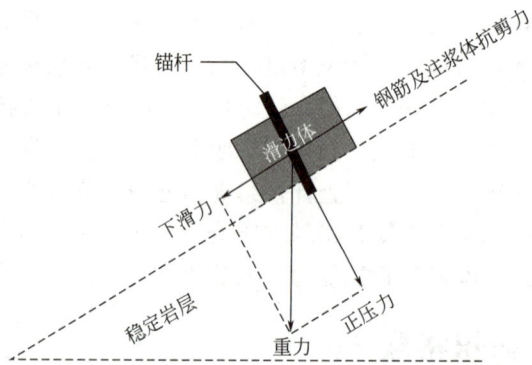

图 7-57　锚杆作用机理

二、锚索：深层锁定与主动抗滑

锚索由多股钢绞线构成，长度可达数十米，通过预张拉主动施加压应力，直接抑制深层滑动，适用于大型深层滑坡、顺层滑坡及"高陡危"岩体的整体稳定控制。锚索主要工艺如图 7-58 所示。锚索主要作用机理有预应力主动加固、深部锚固效应和群锚协同作用，如图 7-59 所示。

预应力主动加固：锚索安装后施加高吨位预应力（数百至数千千牛），在潜在滑面产生法向压力，显著提高滑面抗剪强度。例如，在大型堆积层滑坡中，预应力可抵消滑体沿软弱夹层的下滑力。

深部锚固效应：锚索锚固段嵌入滑床稳定岩层，形成"滑体→锚索→稳定层"传力路径，将下滑力转移至深部，阻止整体滑移。

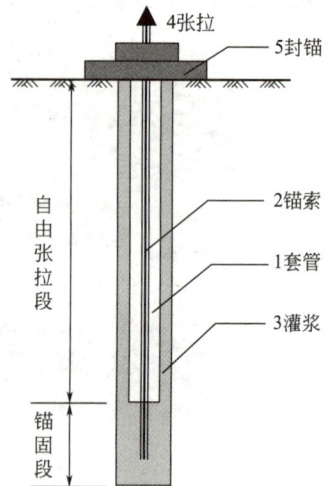

图 7-58　锚索主要工艺

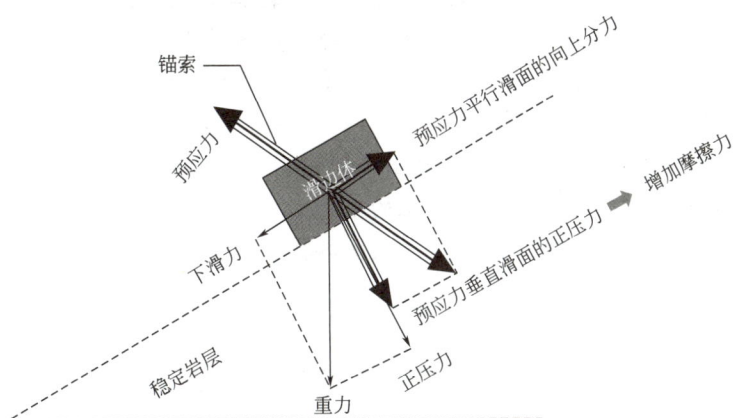

图 7-59　锚索作用机理

群锚协同作用：多排锚索按一定间距布置，形成连续抗滑带，约束坡体深层变形。如三峡库区某滑坡采用锚索群加固，锚固力达 3000kN/根，有效控制滑体沿基岩面的蠕动。

三、联合防护：浅深协同与复合结构

滑坡防护常采用"锚杆＋锚索"复合体系，兼顾浅层与深层稳定性，如图 7-60 所示。

图 7-60　"锚杆＋锚索"复合体系

分层加固：锚杆处理坡面 3～10m 的浅层破碎带，锚索锚固至滑面以下 10～30m 的稳定层，形成分级抗滑结构。

变形协调：锚杆允许坡面微量变形释放应力，锚索通过预应力主动约束深层位移，二者结合提升坡体延性破坏能力。

经济性优化：锚杆成本低，可大面积布设；锚索针对关键滑带重点加固，降低整体工程造价。

工程地质技能训练营：野外调查滑坡要素

滑坡调查范围应包括滑坡体及其邻区，后缘应包括滑坡后壁以上一定范围的稳定斜坡或汇水洼地，前部应包括剪出口以下的稳定地段，两侧应到达滑体以外一定距离或邻近沟谷，涉水滑坡应到达河（库）主流线（沟心）或对岸，一般控制在滑坡边界外50～100m，高位远程滑坡的调查范围应扩大至一级分水岭。同时，应调查可能造成的危害及次生灾害的类型、影响范围、可能产生的危害。滑坡野外调查主要内容包括滑坡区调查、滑坡类型、滑体性质、滑体环境、滑坡基本特征、影响因素和稳定性分析等，具体内容见表7-6。

滑坡（潜在滑坡）调查表　　　　　　　　表 7-6

名称				省　　县(市)　　乡　　村　　社				
野外编号		室内编号		地理位置	坐标/m	X:	标高/m	冠
						Y:		趾
滑坡年代		发生时间						
□老滑坡 □现代滑坡		年　月　日 时　分		经度：°　′　″　　纬度：°　′　″				
周边交通情况								

滑坡类型	□滑动　□侧向扩离　□流动　□复合					滑体性质	□岩质　□碎块石 □土质	

滑坡环境	地质环境	地层岩性			地质构造		微地貌	地下水类型	
		时代	岩性	产状	构造部位	地震烈度	□陡崖 □陡坡 □缓坡 □平台	□孔隙水　□潜水 □裂隙水　□承压水 □岩溶水　□上层滞水	

	自然地理环境	降水量/mm			水文			
		年均	日最大	时最大	洪水位/m	枯水位/m	滑坡相对河流位置	
							□左　□右　□凹　□凸	

	原始斜坡	坡高/m	坡度/°	坡形		斜坡结构类型	控滑结构面	
				□凸形　□凹形 □平直　□阶状			类型	
							产状	

滑坡基本特征	外形特征	长度/m	宽度/m	厚度/m	面积/m²	体积/m³	规模等级	坡度/°	坡向/°
		平面形态				剖面形态			
		□半圆　□矩形　□舌形　□不规则				□凸形　□凹形　□直线　□阶梯　□复合			
	结构特征	滑体特征				滑床特征			
		岩性	结构	碎石含量/%	块度/cm	岩性	时代	产状	
			□可辨层次 □零乱	（体积百分比）					

滑坡基本特征	结构特征	滑面及滑带特征						
		形态	埋深/m	倾向/°	倾角/°	厚度/m	滑带土名称	滑带土性状
	地下水	埋深/m	露头			补给类型		
			□上升泉　□下降泉　□溢水点			□降雨　□地表水　□人工　□融雪		
	土地使用	□旱地　□水田　□草地　□灌木　□森林　□裸露　□建筑						
	现今变形迹象	名称	部位	特征				初现时间
		□拉张裂缝 □剪切裂缝 □地面隆起 □地面沉降 □剥、坠落 □树木歪斜 □建筑变形 □渗冒混水						
影响因素	地质因素	□节理极度发育　□结构面走向与坡面平行　□结构面倾角小于坡角　□软弱基座 □透水层下伏隔水层　□土体/基岩接触　□破碎风化岩/基岩接触　□强/弱风化层界面						
	地貌因素	□斜坡陡峭　□坡脚遭侵蚀　□超载堆积						
	物理因素	□风化　□融冻　□胀缩　□累进性破坏造成的抗剪强度降低　□孔隙水压力高 □洪水冲蚀　□水位陡降陡落　□地震						
	人为因素	□削坡过陡　□坡脚开挖　□坡后加载　□蓄水位降落　□植被破坏　□爆破振动 □渠塘渗漏　□灌溉渗漏						
	主导因素	□暴雨　□地震　□工程活动						
稳定性分析	复活引发因素	□降雨　□地震　□人工加载　□开挖坡脚　□坡脚冲刷　□坡脚浸润　□坡体切割 □风化　□卸荷　□动水压力　□爆破振动						
	目前稳定状况	□稳定性好 □稳定性较差 □稳定性差	已造成危害	毁坏房屋/间	死亡人口/人	直接损失/万元		灾情等级
	发展趋势分析	□稳定性好 □稳定性较差 □稳定性差	潜在威胁	威胁户数	威胁人口/人	威胁资产/万元		险情等级
	影响范围							
	监测现状			防治现状				
	监测建议	□定期目视检查　□安装简易监测设施　□地面位移监测　□深部位移监测						
	防治建议	□群测群防　□专业监测　□搬迁避让　□工程治理				隐患点		□是　□否
群测人员		手机		电话		防灾预案		□有　□无
村长		手机		电话				
主管单位				主管单位地址				

续表

报警方法		值班电话	
预定避灾地点		人员撤离路线	
滑坡示意图	平面图			
	剖面图			
	撤离路线图			

调查负责人： 填表人： 审核人： 填表日期： 年 月 日
调查单位：

任务三　崩塌防治

问题一 **如何定义崩塌？**

我们常常用"山崩地裂"来形容重大的变故，自然界的山崩，称为崩塌。崩塌是指陡峻的山坡上，巨大岩土体在重力作用下突然而迅猛向下倾倒、翻滚、崩落的现象，如图 7-61 所示。崩塌对建筑物、居民点、公路和铁路构成严重威胁，导致其损毁或被掩埋，不仅直接造成人员伤亡和建筑损失，还会导致交通中断，对运输带来重大影响。

图 7-61　崩塌

问题二 崩塌如何分类？

小型崩塌：小于 $1\times10^4\,m^3$。
中型崩塌：大于或等于 $1\times10^4\,m^3$，小于 $10\times10^4\,m^3$。
大型崩塌：大于或等于 $10\times10^4\,m^3$，小于 $100\times10^4\,m^3$。
巨型崩塌：大于或等于 $100\times10^4\,m^3$。

问题三 崩塌形成的条件有哪些？

一、地形地貌条件

江、河、湖、沟的自然岸坡及各种自然边坡、铁路、公路及各类人工高、陡边坡都是有利于崩塌产生的地貌部位。坡度大于 $45°$ 的高陡边坡、上缓下陡的凸坡、凹凸不平的陡坡、孤立山嘴、凹形陡坡以及河流凹岸陡坡段均为崩塌形成的有利地形。

二、岩性条件

岩土是产生崩塌的物质条件。不同类型的岩石所形成崩塌的规模大小不同，通常岩性坚硬的各类岩石，如花岗岩、闪长岩、石灰岩、砂岩、石英片岩等形成规模较大的崩塌；泥岩、页岩、泥灰岩等软弱岩石及松散土层等，往往以坠落和剥落为主，形成的崩塌规模较小。坚硬性脆、软硬互层的岩石也易发生崩塌。

三、地质构造条件

各种构造面，如节理、层面、断层等，对坡体的切割、分离和挤压破坏等，为崩塌的形成提供脱离坡体的边界条件。坡体中的裂隙越发育，越易产生崩塌，与坡体延伸方向近乎平行的陡倾角构造面，最有利于崩塌的形成。

四、水的条件

水是诱发崩塌的主要条件。据统计，崩塌绝大多数发生在雨季，特别是大雨过后不久。渗入地下岩体节理裂隙中的地下水增大了岩体重量，软化了岩体强度，增加静、动水压力，促使节理裂隙扩展、连通，从而诱发了崩塌。

五、其他条件

外界因素如地震、融雪、不合理的人类活动（如开挖坡脚，地下采空，水库蓄水、泄水，堆（弃）渣填土，强烈的机械振动、爆破），冻胀、昼夜温度变化等改变坡体原始平衡状态的因素，都会诱发崩塌灾害。

问题四 崩塌发生前有何预兆？

1. 山坡上有上下贯通的裂缝。
2. 坡体前缘掉块、土体滚落、"小崩小塌"不断发生。
3. 坡面出现新的破裂变形，甚至小面积土石剥落。

4. 岩石内部偶尔发出开裂和挤压的声响。

问题五 崩塌易发生的时间点？

1. 特大暴雨、大暴雨、较长时间连续降雨过程中或稍微滞后。
2. 强烈地震过程中。
3. 开挖坡脚过程中或滞后一段时间。
4. 水库蓄水初期及河流洪峰期。
5. 强烈的机械振动及大爆破后。

问题六 崩塌如何防治？

在采取防治措施之前，必须首先查清崩塌形成的条件和直接诱发的原因，有针对性地采取整治措施，常用的防治措施如下：

一、监测和预警

建立和完善崩塌地质灾害的监测网络，实时监测地质条件变化，通过数据分析和模型预测，提前发出崩塌预警，减少人员伤亡和财产损失。

二、工程措施

1. 排水：在可能发生崩塌的地段上方修建截水沟，不让地表水流入崩塌区域内。崩塌地段地表岩石节理、裂隙可用黏土或水泥砂浆填封，防止地表水下渗。

2. 清除与拦挡、拦截：对于规模小、危险程度高的危岩体可采用爆破或手工方法进行清除，彻底消除崩塌隐患，防止造成危害，如图7-62所示；对中、小型崩塌可修筑拦截建筑物，拦截建筑物有落石平台、落石槽、拦石堤或拦石墙（图7-63）等，还可以利用钢绳网作为主要构成部分来防护崩塌落石危害，具体可细分为主动防护网和被动防护网，如图7-64和图7-65所示。大型崩塌可采用棚洞或明洞等重型防护工程进行拦挡，如图7-66和图7-67所示。

3. 支撑：支撑是指对悬于上方、可能拉断坠落的悬臂状或拱桥状等危岩采用墩、柱、墙或其组合形式支撑加固，以达到治理危岩的目的，如图7-68和图7-69所示。

图7-62　清除危岩

图7-63　拦石墙

图 7-64 主动防护网

图 7-65 被动防护网

图 7-66 明洞

图 7-67 棚洞

图 7-68 支撑墩

图 7-69 支撑柱

4. 护墙、护坡、锚固：在易风化剥落的边坡地段修建护墙，对缓坡进行水泥护坡等。板状、柱状和倒锥状危岩体极易发生崩塌错落，可利用锚杆（索）＋框架梁进行加固处理，防止崩塌的发生。锚固措施可使临空面附近的岩体裂缝宽度减小，提高岩体的完整性，如图 7-70 和图 7-71 所示。

5. 镶补沟缝：对坡体中的裂隙、缝、空洞，可用片石填补空洞，使用水泥砂浆勾缝等以防止裂隙、缝、洞的进一步发展。

图 7-70 喷混凝土＋锚索

图 7-71 锚杆（索）＋框架梁

6. 线路绕避：对可能发生大规模崩塌的地段，即使是采用坚固的建筑物，也经受不了大型崩塌的破坏，故铁路或公路必须设法绕避。根据当地的具体情况对线路进行外移（图 7-72），远离崩塌体，或移至稳定山体内以隧道的方式通过。

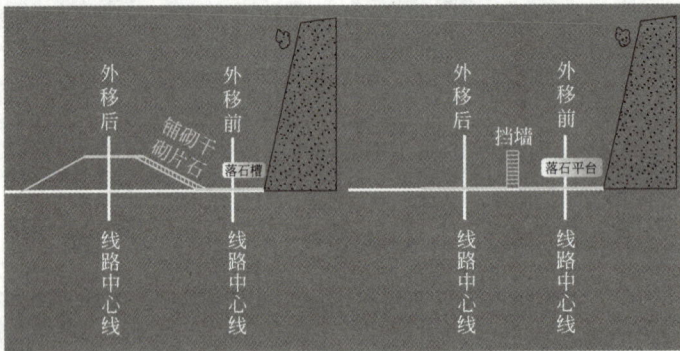

图 7-72 线路外移

工程地质技能训练营：野外调查崩塌要素

崩塌具有突发性，对人类生命财产的危害较大。通过野外调查，可以掌握崩塌的形成机理和发展趋势，从而采取有效的预防措施，减少人员伤亡和财产损失。崩塌的调查范围应包括危岩带及其影响范围，崩塌（潜在崩塌）调查表见表 7-7。

崩塌（潜在崩塌）调查表 表 7-7

名称					省 市 区			街道	
野外编号		斜坡类型	□自然 □人工	地理位置	坐标	X： Y：	标高 /m	坡顶	
室内编号			□岩质 □土质			经度： ° ′ ″ 纬度： ° ′ ″		坡脚	
周边交通情况									

| 崩塌类型 | □倾倒式 □滑移式 □鼓胀式 □拉裂式 □错断式 | | | | | | |

崩塌环境	地质环境	地层岩性			地质构造		微地貌	地下水类型
		时代	岩性	产状	构造部位	地震烈度	□陡崖 □陡坡 □缓坡 □平台	□孔隙水 □裂隙水 □岩溶水

	地理环境	降雨量/mm			水文			土地利用
		年均	最大降雨量		丰水位/m	枯水位/m	斜坡与河流位置	□耕地 □草地 □灌木 □森林 □裸露 □建筑
			日	时			□左岸 □右岸 □凹岸 □凸岸	

崩塌基本特征	危岩体外形特征	坡高/m	坡长/m	坡宽/m	规模/m³	规模等级	坡度/°	坡向/°

	结构特征	岩质	岩体结构				斜坡结构类型	
			结构类型	厚度	裂隙组数	块度[长×宽×高]/m		
			控制面结构				全风化带深度/m	卸荷裂缝深度/m
			类型	产状	长度/m	间距/m		
		土质	土的名称及特征			下伏基岩特征		
			名称	密实度	稠度	时代	岩性	产状	埋深/m
				□密 □中 □稍 □松				

	地下水	埋深/m	露头			补给类型		
			□上升泉 □下降泉 □湿地			□降雨 □地表水 □融雪 □人工		

	现今变形破坏迹象	名称	部位	特征	初现时间
		□拉张裂缝 □剪切裂缝 □地面隆起 □地面沉降 □剥、坠落 □树木歪斜 □建筑变形 □冒渗混水			

	堆积体特征	长度/m	宽度/m	厚度/m	体积/m³	坡度/°	坡向/°	坡面形态	稳定性
								□凸 □凹 □直 □阶	□稳定性好 □稳定性较差 □稳定性差

续表

可能失稳因素	□降雨 □地震 □人工加载 □开挖坡脚 □坡脚冲刷 □坡脚浸润 □坡体切割 □风化 □卸荷 □动水压力 □爆破振动						
目前稳定程度	□稳定性好 □稳定性较差 □稳定性差			今后变化趋势	□稳定性好 □稳定性较差 □稳定性差		
已造成危害	死亡人口/人	损坏房屋	毁路/m	毁渠/m	其他危害	直接损失/万元	灾情等级
		户　间					
影响范围							
潜在危害	威胁人口/人		威胁财产/万元			险情等级	
监测现状			防治现状				
监测建议	□定期目视检查 □安装简易监测设施 □地面位移监测						
防治建议	□群测群防 □专业监测 □搬迁避让 □工程治理				隐患点	□是 □否	
群测人员		手机		电话		防灾预案	□有 □无
村长		手机		电话			
主管单位			主管单位地址				
报警方法			值班电话				
预定避灾地点		人员撤离路线					

示意图	平面图
	剖面图
	撤离路线图

调查负责人：　　　填表人：　　　审核人：　　　填表日期：　　　年　　月　　日

调查单位：

任务四　泥石流防治

2010 年 8 月 7 日夜晚至 8 日凌晨，甘肃省甘南藏族自治州舟曲县突发特大山洪泥石流灾害，造成重大人员伤亡，电力、交通、通信中断。灾害发生之后，国务院决定，2010 年 8 月 15 日为全国哀悼日，哀悼"8·7"甘肃舟曲特大泥石流灾害遇难同胞。

我国是一个多山国家，山区面积达 70％左右，也是世界多泥石流国家，遭到泥石流不同程度危害的省、市、自治区达 23 个。我国泥石流广布于各种气候带和各种高度带的山区，从青藏高原西端的帕米尔高原向东延伸，经喜马拉雅山脉，穿越波密至察隅山地向东南呈弧形扩展，经滇西、川西的横断山区，折向东北，沿乌蒙山北转大凉山、邛崃山，过秦岭东折，经黄土高原南缘及太行山，直达长白山山地。每到暴雨季节，我国广大地区特别是西南山区都面临泥石流的严峻考验，平均每年都会因此造成数百人伤亡和数十亿元的经济损失。青海、甘肃、陕西、四川、重庆、湖南、西藏等都是易发生泥石流灾害的省份和地区。

问题一　如何定义泥石流？

泥石流是一种含有大量泥沙、石块等固体物质的特殊洪流，通常在暴雨集中或积雪迅速融化时突然暴发，具有极强的破坏力。泥石流流体沿着陡峻的山涧、峡谷冲出山外，在沟口平缓处堆积下来，将沿途遇到的村镇房屋、道路、桥梁瞬间摧毁、掩埋，造成严重的自然灾害。

问题二　泥石流如何分类？

一、按固体物质成分

泥石流：由大量黏性土和粒径不等的砂粒、石块组成。

泥流：以黏性土为主，含少量砂粒，黏度大，呈稠泥状。

水石流：由水和大小不等的砂粒、石块组成。

二、按流体性质分类

稀性泥石流：以水为主要成分，黏性土含量少，固体物质占 10％～40％，有很大分散性。水为搬运介质，石块以滚动或跃移方式前进，具有强烈的下切作用。其堆积物在堆积区呈扇状散流，停积后的表面形态类似于"石海"。

黏性泥石流：即含大量黏性土的泥石流或泥流，其特征是黏性大，固体物质占 40％～60％，最高达 80％。水不是搬运介质，而是组成物质，稠度大，石块呈悬浮状态，暴发突然，持续时间短，破坏力大。

三、按流域形态分类

坡面型泥石流：坡面地形，沟短坡时，规模小。

沟谷型泥石流：沿沟谷形成，流域呈现狭长状，规模大。

除此之外还有多种分类方法：如按泥石流的成因分为冰川型泥石流、降雨型泥石流；按泥石流流域大小分为大型泥石流、中型泥石流和小型泥石流；按泥石流发展阶段分为发展期泥石流、旺盛期泥石流和衰退期泥石流等。

问题三 泥石流流域如何分区？

形成区：一般位于泥石流沟的上、中游，又可分为汇水动力区及固体物质供应区，汇水动力区是汇聚和提供水源的地方，物质供应区山体裸露、风化严重、不良地质作用广泛分布，为泥石流储备与提供大量泥沙石块的地方。

流通区：位于泥石流沟的中、下游，多为一较短的深陡峡谷。非典型的泥石流沟可能没有明显的流通区。

堆积区：位于泥石流沟的下游，一般多为山口外地形较开阔地段，泥石流至此速度变缓，大量固体物质呈扇形沉积。

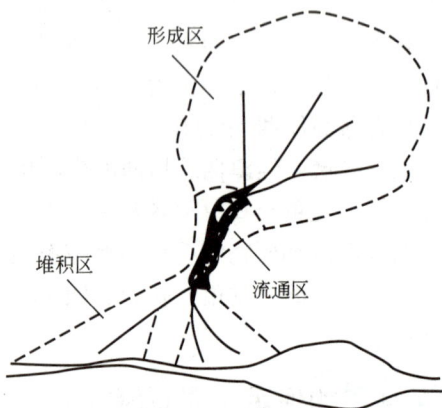

典型泥石流流域分区图如图 7-73 所示。

图 7-73　典型泥石流流域分区图

问题四 泥石流的形成条件有哪些？

泥石流与一般洪流的不同之处在于它含有大量固体物质。泥石流的形成必须具备丰富的松散固体物质、足够的突发性水源和陡峻的地形三个基本条件。另外，某些人为因素对泥石流的形成也有不可忽视的影响。

一、松散固体物质

泥石流沟流域范围内的地质环境条件决定了松散固体物质是否丰富，一般泥石流活跃地区都是地质构造复杂、新构造运动和地震活动强烈、岩石风化碎严重、滑坡和崩塌等地质灾害多发的地区。新构造运动强烈、地震活动频繁、构造断裂发育，岩石破碎，山体失稳，风化加速和地质灾害频繁发生，这为泥石流提供了大的松散固体物质。

二、足够的突发性水源

水是泥石流的组成部分和搬运介质，是发生泥石流的必要条件。水的来源主要是集中的暴雨，也可以是冰雪迅速、大量融化或水库溃决。在季风的影响下，地区降雨量集中在 5～9 月的雨季，雨季降雨量占年降雨量的 60% 甚至 90% 以上。在许多山区，连续几天甚至几小时的暴雨降雨量可达 100～1000mm。

三、陡峻的地形

泥石流的地形条件要求大气降水能迅速汇聚，并拥有巨大动能。一般沟的上游应有一个面积很大、便于汇水的区域，此区域多为三面环山、一面出口的瓢形围谷区地形。

区内山坡较陡，为 30～60°，坡面岩土裸露，植被稀少，沟谷狭窄幽深，沟壁陡峭，沟床坡降大。沟的下游多位于沟口外大河河谷地两侧，地形开阔、平坦，是泥石流的沉积场所。

问题五 如何防治泥石流？

泥石流的常用的防治措施有监测预警、水土保持、拦挡、排导及绕避。

一、监测预警

监测措施是通过科学的监测系统，及时掌握泥石流的动态，发出预警信号，提前采取应急措施，保护人员和财产的安全。

1. 安装泥石流监测设备：如泥位计、位移传感器、降雨监测设备（如雨量计、水位计和流速计等），可以及时监测到泥石流的迹象，提前预警。

2. 建立泥石流监测系统：通过建立远程监测和数据传输系统，实时监测泥石流的情况，及时发布警报，保护周边居民。

二、水土保持

水土保持是泥石流治本措施，通过保持植被覆盖和未破坏的地形地貌来稳定土壤，减少水土流失，从源头上控制泥石流的发生，从而达到减小或抑制泥石流规模的作用。具体手段包括平整山坡、植树造林、保护植被等，需要较长时间才能见效，往往与工程措施配合使用，如图 7-74 所示。

图 7-74 水土保持

三、拦挡

拦挡工程主要修建在泥石流的流通区，主要建筑物是各种形式的坝体，目的是拦截泥石流所携带的石块、树枝等固体物质，使沟床纵坡变缓，过坎下跌消耗泥石流下冲能量，减小泥石流的流速和规模，同时固定沟床，防止下切谷坡，发生坍塌。常见的拦挡工程包括格栅坝（图 7-75）、挡排墙、防护网、谷坊坝（图 7-76）等。

图 7-75　格栅坝

图 7-76　谷坊坝

四、排导

排导工程主要设置在泥石流的堆积区，疏导泥石流使其远离住宅、农田、公路等重要设施，常见的排导设施为排洪道和导流堤。

排洪道是排泄泥石流的工程建筑物，应尽可能布置成直线形，主要用于约束泥石流向固定的排洪道排泄。排洪道出口一般与河流流向呈锐角，有利于河流流水带走泥石流淤积的固体物质。排洪道底部和边坡均应用浆砌片石或混凝土砌筑。

导流堤是一种堤坝工程建筑物，主要用于引导泥石流改变方向，使之不致危害道路、桥梁或厂、矿、村镇的安全。

排洪道和导流堤如图 7-77 所示。

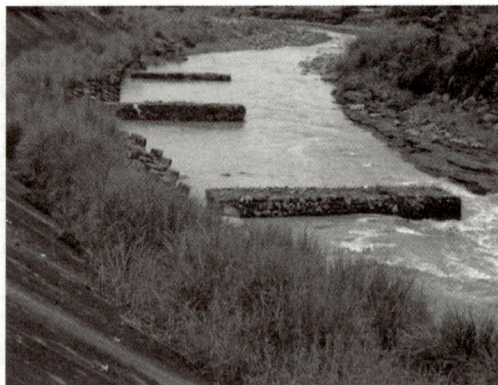

图 7-77　排洪道（左）导流堤（右）

五、绕避

一般来说，公路、铁路通过泥石流发育区域，应遵循以下原则：

1. 优先绕避处于活跃期的特大型、大型泥石流沟谷及泥石流群，特别是冲淤剧烈、主河堵塞风险高的沟道。

2. 线路布设应远离泥石流堵河效应显著的河岸段，保持安全距离不小于 200m。

知识拓展

"7·9"成昆线列车坠桥事故

一场暴雨，致275人遇难，当年发生了什么？

1981年7月8日，位于格里坪的442次列车向着成都缓缓驶去。但当442次列车从尼日站驶离后，值班人员却失去了与442次列车的联系。

从格里坪通向成都的铁路，会经过许多山脉隧道，所以间断性的失联是极为正常的情况。而且此前211次列车刚从前方经过，这就让尼日站的值班人员认为前方并没有什么安全隐患，同时也使得工作人员更加笃定是因为信号不好才导致联系不上442次列车。

为了确认自己的猜测，尼日站的值班人员打算先与下一个站台乌斯河车站取得联系，然而接下来发生的状况使得尼日站的值班人员不禁变得焦灼起来，乌斯河车站始终未向尼日站给予反馈信号。

就在尼日站工作人员为此而感到着急的时候，442次列车正在经过一个名为奶奶包的隧道。正当列车即将驶出隧道，并且驶向隧道出口前方的利子伊达大桥时，列车司机王明儒隐约发现前方的铁路有被损坏的迹象，他当即就拉下了紧急制动。可是列车的行驶速度并不慢，伴随着巨大的惯性，442次列车还是冲出了轨道。

据车内幸存下来的乘务员回忆，当时列车冲出隧道就是利子依达大桥了，可是当列车接近隧道出口时，他们就发现前方的铁轨已经损坏，甚至连大桥都已经断掉了接近一半的长度。在剧烈的晃动过后，随之而发生的便是列车冲出了断桥（图7-78和图7-79）。

图7-78 事故中坠落的火车

图7-79 被冲垮的利子依达大桥

在危难之际，王明儒在生前最后一刻按下了求救信号按钮，将求救信号传达给了附近的车站。最后，442次列车没有发生事故的车厢里的乘客皆获救，不幸的是，这次事故包括司机在内，总共有275人不幸身亡，也致使西南铁路的大动脉成昆铁路中断交通15天。这也是中国历史上最为严重的一次铁路事故。

这次灾难的导火索，正是利子依达沟的泥石流。

利子依达沟所在的大渡河流域，多山多沟，地质条件极为复杂，加上夏季多雨，泥石流的隐患时常威胁着成昆铁路沿线。这条铁路不仅需要克服沿途的高山峡谷，更要随时准备应对大自然的挑战。而此次的泥石流，规模之大、来势之猛，在大渡河流域可以说是罕见的。资料显示，利子依达沟的这场泥石流，其速度达到了 13.2m/s，能量之大令人震惊。而当时泥石流带来的石块更是骇人，直径在 8m 以上的巨石随流而下，整个山谷瞬间变成了一条横冲直撞的"石流隧道"。桥梁在泥石流面前几乎没有丝毫抵抗之力，桥墩瞬间被摧毁，钢筋和混凝土结构犹如纸片般卷入泥流之中。泥石流的冲击力不仅让桥梁彻底报废，也直接将铁路线路撕成了数截（图 7-80）。

图 7-80 利子依达大桥现状（左）奶奶包隧道现状（右）

工程地质技能训练营：野外调查泥石流要素

泥石流的野外调查要点包括：水动力类型、泥砂补给途径、降雨特征值、沟口扇形地特征、地质构造、不良地质体情况、土地利用、防治措施现状、威胁危害对象、影响范围等。泥石流（潜在泥石流）调查表见表 7-8。

泥石流（潜在泥石流）调查表　　　　　　　　　　　　表 7-8

沟名			野外编号			室内编号			
地理位置	E:	行政区位	省　地区（州）　县（市）			高程	最大标高		
	N:		乡（镇）　　　村				最小标高		
水系名称		坐标	X:						
			Y:						
周边交通情况									
泥石流沟与主河关系									
主河名称		泥石流沟位于主河的		沟口至主河道距离/m			流动方向		
		□左岸　□右岸							
泥石流沟主要参数、现状及灾害史调查									
水动力类型	□暴雨　□冰川　□溃决　□地下水			沟口巨石大小/m		Φ_a		Φ_b	Φ_c
泥砂补给途径	□面蚀　□沟岸崩滑　□沟底再搬运			补给区位置		□上游　□中游　□下游			
降雨特征值	$H_{年max}$	$H_{年cp}$	$H_{日max}$	$H_{日cp}$	$H_{时max}$	$H_{时cp}$	$H_{10分钟max}$		$H_{10分钟cp}$

续表

沟口扇形地特征	扇形地完整性/%		扇面冲淤变幅		±		发展趋势	□下切	□淤高
	扇长/m		扇宽/m				扩散角/°		
	挤压大河	□河形弯曲主流偏移	□主流偏移		□主流只在高水位偏移		□主流不偏		
地质构造	□顶沟断层　□过沟断层　□抬升区　□沉降区　□褶皱　□单斜						地震烈度/度		
不良地质体情况	滑坡	活动程度	□严重　□中等　□轻微　□一般			规模	□大　□中　□小		
	人工弃体	活动程度	□严重　□中等　□轻微　□一般			规模	□大　□中　□小		
	自然堆积	活动程度	□严重　□中等　□轻微　□一般			规模	□大　□中　□小		
土地利用/%	森林	灌丛	草地	缓坡耕地	荒地	陡坡耕地	建筑用地		其他
防治措施现状	□有　□无	类型	□稳拦　□排导　□避绕　□生物工程						
监测措施	□有　□无	类型	□雨情　□泥位　□专人值守						
威胁危害对象	□城镇　□村寨　□铁路　□公路　□航运　□饮灌渠道　□水库　□电站　□工厂								
	□矿山　□农田　□森林　□输电线路　□通信设施　□国防设施								
	威胁人口/人		威胁财产/万元				险情等级		
影响范围									

灾害史	发生时间（年/月/日）	死亡人口/人	牲畜损失/头	房屋/间		农田/亩		公共设施		直接损失/万元	灾情等级
				全毁	半毁	全毁	半毁	道路/km	桥梁/座		

泥石流特征	冲出方量/$10^4 m^3$		规模等级		泥位/m	

泥石流综合评判

1. 不良地质现象	□严重　□中等　□轻微　□一般	2. 补给段长度比/%	
3. 沟口扇形地	□大　□中　□小　□无	4. 主沟纵坡/‰	
5. 新构造影响	□强烈上升区　□上升区　□相对稳定区　□沉降区	6. 植被覆盖率/%	
7. 冲淤变幅/m	±	8. 岩性因素　□土及软岩　□软硬相间　□风化和节理发育的硬岩　□硬岩	
9. 松散物储量/$10^4 m^3/km^2$	10. 山坡坡度/°	11. 沟槽横断面	□V形谷(谷中谷、U形谷)　□拓宽U形谷　□复式断面　□平坦
12. 松散物平均厚(m)	13. 流域面积/km^2		
14. 相对高差/m	15. 堵塞程度	□严重　□中等　□轻微　□无	

评分	1	2	3	4	5	6	7	8	9	10	11	12	13	14	15	总分

易发程度	□易发　□中等　□不易发	泥石流类型	□泥流　□泥石流　□水石流
发展阶段	□形成期　□发展期　□衰退期　□停歇或终止期		
监测建议	□雨情　□泥位　□专人值守		
防治建议	□群测群防　□专业监测　□搬迁避让　□工程治理	隐患点	□是　□否

续表

群测人员		手机		电话		防灾预案	□有　□无
村长		手机		电话			
主管单位				主管单位地址			
报警方法				值班电话			
预定避灾地点			人员撤离路线				

示意图（平面图，剖面图，撤离路线图）

调查负责人：　　　　填表人：　　　　审核人：　　　　填表日期：　　　年　　月　　日

调查单位：

任务五　地震防治

我国地处环太平洋与欧亚地震带交汇区，地震活动呈现频度高、强度大、震源浅（70%为浅源地震）、分布广的特征。据历史记载，1556年华州大地震（现陕西渭南），震级8.25级（矩震级），据史料记载，这次地震造成的死亡人数中，官方登记有名有姓的死者为83万人，为世界地震灾害史上最大的灾难；"7·28"唐山地震，震级7.8级，死亡约24.2万人，重伤约16.5万人。

问题一　如何定义地震？

地下深处的岩层由于某种原因突然破裂、塌陷以及火山活动等而产生震动，而以弹性波的形式传递到地表，这种现象称为地震。地震是一种地质现象，是地壳构造运动的一种表现，如图7-81所示。

图 7-81　地震

问题二 地震要素有哪些？

地震要素主要有震源、震中、震中距、震源深度、地震波、极震区和等震线，如图 7-82 所示。

震源：地下岩层发生破裂并首次释放地震能量的空间点。

震中：震源在地球表面的垂直投影点。

震中距：任何一点到震中的距离。

震源深度：震源到地面的垂直距离。

地震波：地震时震源处释放的能量以弹性波形式向四周传播所产生的颤动现象，分为体波和面波。体波：在地壳内部传播的地震波；面波：体波到达地表后，在一定条件激发出的次生波。

极震区：地震中地表烈度最高、破坏最严重的区域。

等震线：将地震后地震烈度值相同的各点连接而成的闭合曲线。

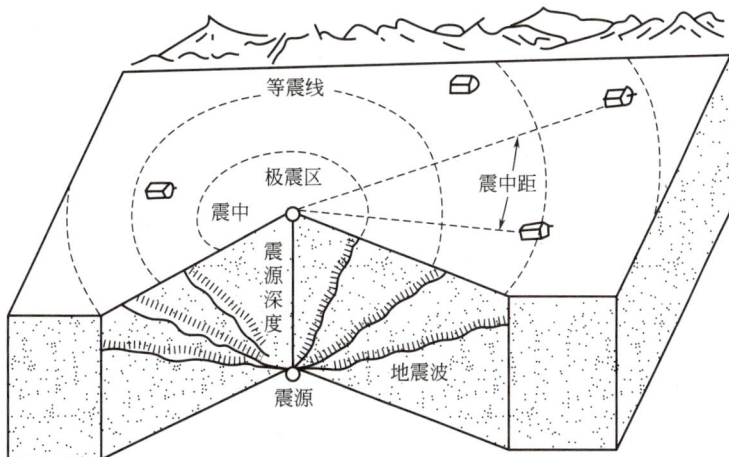

图 7-82　地震要素图

地震震级和地震烈度有何异同点?

地震震级与地震烈度是衡量地震大小的两个不同的概念。若把地震比作炸弹,则震级相当于这个炸弹的炸药量,而烈度就相当于这个炸弹的杀伤力。

地震震级:一次地震本身能量的大小。一次地震只有一个震级,大小可用地震仪测出。里氏震级表是通用的震级标准,最初由地震学家查尔斯·里克特于1935年提出,这个震级表以他的姓氏命名,即里克特震级表,简称里氏震级表(表7-9)。这种简单而实用的震级标准,最初只用于测量南加州当地的地震,但随着日后在全球普及,里克特也名扬天下。

里氏震级表 表7-9

震级	能量/$(E \cdot J^{-1})$	震级	能量/$(E \cdot J^{-1})$
1	2.0×10^5	6	6.3×10^{13}
2	6.2×10^7	7	2.0×10^{15}
3	2.0×10^9	8	6.3×10^{16}
4	6.3×10^{10}	9	3.55×10^{17}
5	2.0×10^{12}	10	3.4×10^{18}

地震烈度:地震发生时某一地区的地面和各种建筑物遭受地震影响的破坏程度。对于同一次地震,震级只有一个,而烈度却可以随地区不同而异。在工程设计上多用烈度等级,而不采用震级。

根据地震的破坏程度和人的感觉,可将地震烈度分为十二个等级。目前,世界各国的地震烈度分类方法不尽相同,表7-10为中国地震烈度简表。

中国地震烈度简表 表7-10

烈度	人的感受	房屋震害	自然环境现象
Ⅰ度	无感	无损坏	无异常
Ⅱ度	室内静止者有感	无损坏	无异常
Ⅲ度	室内多数人有感	门窗轻微作响	悬挂物微动
Ⅳ度	室内普遍有感,室外部分人有感	门窗、器皿作响,墙体微裂	悬挂物明显晃动
Ⅴ度	多数人惊慌逃离	墙体裂缝,抹灰层掉落	不稳定器物翻倒
Ⅵ度	站立不稳	多数房屋轻微损坏:墙体裂缝、瓦片掉落	河岸松土垮滑
Ⅶ度	行动困难	多数房屋中等破坏:承重墙开裂、局部倒塌	土质边坡裂缝
Ⅷ度	行走困难	多数房屋严重破坏:结构损毁、局部倒塌	地下管道破裂、山体裂缝
Ⅸ度	摔倒	多数房屋毁坏:大面积倒塌	山体滑坡、地表裂缝显著
Ⅹ度	抛起	绝大多房屋毁坏	大规模滑坡、地裂成河
Ⅺ度	普遍抛起	房屋普遍倒塌	大规模山崩、地表剧烈变形
Ⅻ度	毁灭性影响	地表建筑几乎全毁	地形巨变、河流改道

震级与地震烈度的关系:震级与地震烈度既有区别又有联系。一次地震只有一个震

级，但在不同的地区，地震烈度大小是不一样的。震级是单次地震能量大小，而烈度是该地区的破坏程度。

有时大地震造成的伤亡小，有时小地震造成的伤亡大，地震的震级（能量）大小与伤亡的大小没有必然的关系。

地震伤亡大小受到各种变量的影响，比如某地区距离震中的距离，建筑房屋的抗震等级和地貌等因素的影响。对于小的地震，如果发生在山区，或人员密集而建筑物抗震等级低的建成区，就容易造成很大的伤亡；如果大的地震发生在人烟稀少的地区，如沙漠、无人区，也不会造成太大的伤亡，例如"11·14"昆仑山地震，震级8.1级，但无人员伤亡报告。

此外，建筑物的结构和材料也影响伤亡情况，例如轻质材料建筑，即使遇到大的地震也很少会因为砸伤、压伤造成过大的伤亡。

问题四 地震如何分类？

一、按形成原因分类

构造地震：地壳运动引起的地震。
火山地震：火山喷发引起的地震。
陷落地震：山崩、巨型滑坡、地面塌陷引起的地震。
诱发地震：人类活动引起的地震，如大水库、核试验、爆破等。

二、按震源深度分类

浅源地震：震源深度＜70km。
中源地震：震源深度70～300km。
深源地震：震源深度＞300km。

三、按震级大小分类

弱震：震级＜3级，人们一般不易觉察。
有感地震：3级≤震级＜4.5级，人们能感觉到，但一般不会造成破坏。
中强震：4.5级≤震级＜6级，可造成器皿倾倒、房屋轻微损坏等。
强震：震级≥6级，可造成地面裂缝、房屋破坏等。
大地震：震级≥7级，可造成房屋倒塌，地面严重破坏，桥梁、水坝损坏等。
巨大地震：震级≥8级，可造成毁灭性破坏。

问题五 地震会对工程建设带来哪些破坏？

一、直接震害

直接震害是指由地震的直接力学作用引起的破坏和损害。这类灾害是地震发生时即刻产生的，主要表现为桥梁、隧道、路基和路面的破坏。其中，桥梁是地震灾害中公路工程损失最大的部分，因此，应特别关注桥梁的抗震设计和关键节点的抗震加固，直接震害如图7-83所示。

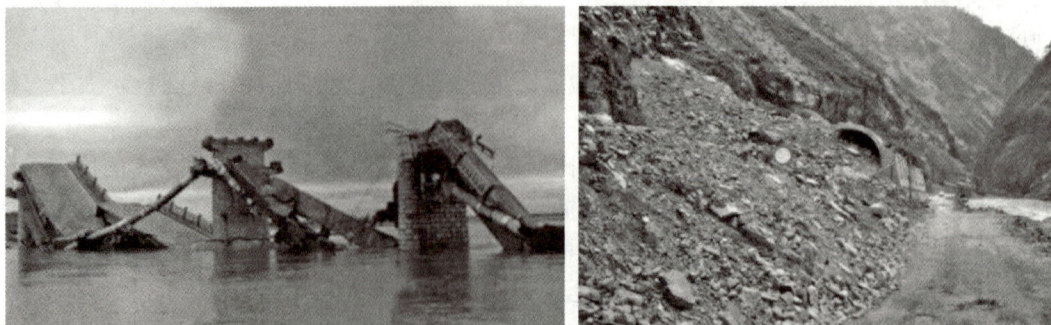

图 7-83　直接震害

二、间接震害

间接震害是指地震引起的滑坡、泥石流、土壤液化等次生灾害，这些次生灾害往往会对公路工程产生严重影响，甚至直接导致道路的中断。因此，公路工程应该加强对这些次生灾害的监测和预警，确保道路运行的安全。

问题六 **防震减灾对策有哪些？**

一、抗震设计

工程建设在设计阶段应考虑到地震的影响，并合理设置抗震设计参数。抗震设计的主要内容包括结构的抗震性能要求、抗震构件设计要求、地震荷载计算等。此外，应加强对地震地质效应的研究，确保公路工程在地震发生时能够保持稳定。

路线：应选择在无地震影响或地震影响小的地段，尽量绕避可能发生特大地震灾害的地段。当路线必须通过地震断裂带时，尽可能布设在断裂带较窄的部位；当路线必须平行于地震断裂带时，应布设在断裂的下盘上。

路基：路基断面型式应尽量与地形相适应，控制边坡坡率，最大限度减少路基工程对山体及自然植被的破坏。对于工程水文地质条件不良路段，其支挡设施要具有足够的抗滑能力，并加强排水措施的设置，以降低地震次生灾害对公路基础设施造成损坏。对于软土、液化土路基，应采取有效措施，加强路基的稳定性和构造物的整体性，以减少地震造成的地基不均匀沉陷。

桥涵：桥涵构造物要选用受力明确、自重轻、重心低、刚度和质量分布均匀的结构型式。优先选用抗震性能好的装配式混凝土结构或钢结构以及连续式混凝土梁桥，并采取措施提高结构的整体性。对于桥梁上部结构的设计、设置，要有切实可行的防止梁体掉落的措施。积极采用技术先进、经济合理、便于修复加固的抗震元件、材料和措施。

隧道：隧道位置应选择在山坡稳定、地质条件较好地段。洞口应避免设在易发生滑坡、岩堆、泥石流等处，并控制路堑边坡和仰坡的开挖高度以防止坍塌等震害造成洞口损坏。对于悬崖陡壁下的洞口，要设置防落石设施，如采取明洞与隧道相接等措施；对于地震断裂带的隧道，要尽量采用柔性或容许变形的结构，以增强其抗震能力。

二、结构加固

对于已建成的公路工程，应通过结构加固来提高其抗震能力。结构加固的方法主要包括增加横向抗震支撑、设置混凝土加固梁、加装防震支架等措施。

三、地基处理

地震地质效应对地基的影响较大，因此应加强地基处理。对于易发生液化的区域，可以采取加固地基、注浆加固等方法，防止土体液化造成的损害。

四、灾害预警

公路工程应建立相应的灾害监测系统，对地质灾害和次生灾害进行实时监测。一旦发现灾害迹象，应及时启动预警系统，做好应急响应。

五、应急预案

公路工程应制定完善的震灾应急预案，明确各种可能的震害情形和相应的处治措施。应急预案应包括抢险救灾、通信联络、应急物资调配等内容，以便在地震发生后能够迅速有效地进行应对。

🔍 知识拓展

"5·12" 汶川地震

汶川地震发生于 2008 年 5 月 12 日 14 时 28 分 04 秒，震级 8.0 级，震中地震烈度高达 11 度。地震波已确认共环绕了地球 6 圈。地震波及大半个中国及亚洲多个国家和地区。"5·12" 汶川地震严重破坏地区超过 10 万 km²，其中，极重灾区共 10 个县（市），较重灾区共 41 个县（市），一般灾区共 186 个县（市）。地震共计造成 69227 人遇难、17923 人失踪、374643 人不同程度受伤、1993.03 万人失去住所，受灾总人口达 4625.6 万人，直接经济损失 8451.4 亿元，是中华人民共和国成立以来破坏性最强、波及范围最广、灾害损失最重、救灾难度最大的一次地震。2009 年 3 月 2 日，经中华人民共和国国务院批准，自 2009 年起，每年 5 月 12 日为全国防灾减灾日。

任务六 膨胀岩土防治

膨胀岩土分布广泛，在世界六大洲的 40 多个国家都有分布，我国的膨胀性岩土广泛分布于广西、河南、广东、安徽、江苏、云南、湖北、四川、陕西等近 22 个省（区），涉及超 3 亿人。膨胀岩土逐渐引起人们的关注，是由于它具有显著的胀缩性，存在较多裂隙，常常给膨胀岩土地区的工程建设造成严重的破坏，给人民的财产造成巨大的损失。在我国，膨胀岩土每年直接经济损失超过百亿元。

膨胀岩土因其显著的吸水膨胀、失水收缩特性，对交通工程构成严重威胁。其反复胀缩易引发路基不均匀沉降、轨道变形和路面开裂，直接影响行车安全；雨季吸水膨胀可能导致边坡滑移或坍塌，破坏桥梁基础和隧道衬砌结构。同时，干湿循环产生的应力会加速混凝土疲劳，显著增加道路维护成本，在集中分布的南方多雨地区和北方干湿交替区尤为突出，严重制约交通基础设施的耐久性和运营可靠性。

问题一 **如何定义膨胀岩土？**

膨胀岩土是同时具有显著的吸水膨胀和失水收缩两种变形特征的岩土体。在自然条件下，一般多呈硬塑或坚硬状态，具黄、红、灰白等色，裂隙较发育，常见光滑面和擦痕，典型膨胀岩土如图 7-84 和图 7-85 所示。

图 7-84　膨胀岩

图 7-85　膨胀土

问题二 **膨胀岩土有哪些特性？**

膨胀岩土吸水之后体积增大，失水之后又收缩，这种现象就被称为胀缩性。这主要是由亲水矿物蒙脱石和伊利石所致，蒙脱石和伊利石（图 7-86 和图 7-87）的吸水性很强，水进入矿物中，造成岩土体的膨胀。岩土体膨胀，地表隆起，给建筑物带来隐患，轻则开裂倾斜，重则破坏倒塌。

图 7-86　蒙脱石

图 7-87　伊利石

随着环境的变化，岩土体内外部的水分蒸发不均，造成岩土体表面的应力集中，裂隙便在岩土表面产生，且随着时间不断向土体内部发展，这便是膨胀岩土的裂隙性。裂隙多数为灰白色黏土充填，宽度一般为1～3mm，裂面具蜡状光泽，常见擦痕。裂隙既削弱了岩土体的强度，又为水进入岩土体内部提供了通道，导致其工程性质恶化。如成昆线、焦枝线、成渝线、南昆线和阳安线等10多条铁路通过较长的膨胀岩土地区，经常发生路基病害和大滑坡，虽花费数亿元之巨，仍屡治不止。

松散的岩土体在外力作用下被压缩的过程，称为固结。膨胀土的超固结性是指其在形成过程中，由于曾经受到过比现在更大的压力作用，导致土壤颗粒排列紧密，孔隙比小，因此具有较高的承载力和较低的压缩性。这种超固结特性是膨胀土在反复胀缩变形过程中，由于上部荷载（土层自重）和侧向约束作用，土体在膨胀压力作用下反复压密所形成的，是膨胀土特有的性质。这让膨胀岩土在施工前往往很密实且坚硬。而一旦开挖，原本的结构被破坏，就很难恢复到原来的状态，导致土的强度变低。因此，开挖后的膨胀岩土边坡往往更容易发生滑坡。开挖回填的膨胀岩土地基，也常常会发生地基隆起、不均匀沉降的事故。

问题三 膨胀岩土有哪些技术指标？

膨胀岩土的胀缩性、多裂隙性、超固结性三者相互作用，共同决定着土体的变形和抗剪强度。

衡量膨胀岩土膨胀率的指标主要有膨胀率和膨胀力，其中膨胀率又分为自由膨胀率和侧限膨胀率。自由膨胀率试验如图7-88所示，侧限膨胀率试验7-89所示。

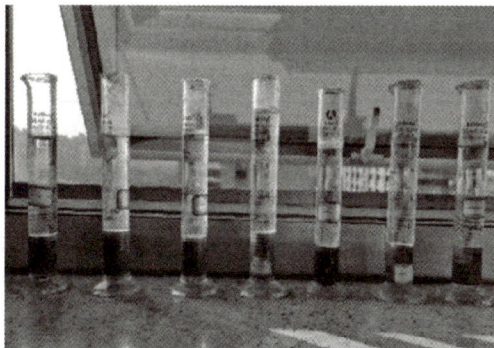

图7-88 自由膨胀率试验

图7-89 侧限膨胀率试验

烘干的松散土颗粒，在水中体积变化的比率，称为自由膨胀率。膨胀岩土的自由膨胀率一般在25％以上，各类膨胀土的判别指标界限值见表7-11。侧限膨胀率指的是一定含水率的土在侧向变形受限的前提下，单一方向的膨胀量与原高度的比值。

各类膨胀土判别指标界限值 表7-11

膨胀土类型	岩性特征	自由膨胀率 δ_{ef}/%	膨胀土初判
A	泥岩、粉砂质泥岩及其风化物	>34	是

膨胀土类型	岩性特征	自由膨胀率 δ_{tf}/%	膨胀土初判
B	碳酸盐岩风化形成的残坡积黏土	＞30	是
C	第四系河流冲积黏土	＞25	是

注：满足上表指标的同时胀缩总率算术平均值大于或等于1.0%者定为膨胀土。

土体在吸水膨胀的过程中，会对外界阻碍其膨胀的因素产生力的作用，这便是膨胀力。膨胀岩土膨胀力的范围较大，从几十千帕到数百千帕不等。

除了自由膨胀率和膨胀力，膨胀土常用的术语还包括大气影响深度、大气影响急剧层深度、线缩率、胀缩总率、相对膨胀率、收缩系数等。

1. 大气影响深度：在自然气候作用下，由降水、蒸发、地温等因素引起土的胀缩变形的有效深度。

2. 大气影响急剧层深度：大气影响特别显著的深度。

3. 线缩率：在失水收缩稳定后，土样减少的高度与原高度之比。

4. 胀缩总率：在50kPa压力下的相对膨胀率与线缩率之和。

5. 相对膨胀率：在一定压力下，浸水膨胀稳定后，土样增加的高度与压缩稳定后的高度之比。

6. 收缩系数：原状土在直线收缩阶段，含水量减少1%时的竖向线缩率。

问题四 膨胀岩土如何分类？

膨胀岩土按膨胀性分为强膨胀岩土、中等膨胀岩土、弱膨胀岩土。膨胀岩土的胀缩性等级划分见表7-12。

膨胀岩土的胀缩性等级划分　　　　　　　　　　　　　表7-12

胀缩总率 δ_{xs}/%	相对膨胀率 δ_{xep50}/%	
	0.0～0.7	＞0.7
＞4.5	中等胀缩岩土	强胀缩岩土
2.5～4.5	中等胀缩岩土	中等胀缩岩土
1.0～2.5	弱胀缩岩土	弱胀缩岩土

注：对某层膨胀岩土的胀缩等级评价时，指标应为同一岩土质单元的算数平均值 δ_{xs}、δ_{xep50}。

问题五 膨胀岩土会带来哪些工程问题？

膨胀岩土在公路工程实践中带来了大量工程地质问题，考验着技术人员的智慧。这些问题主要可以分为膨胀岩土路基问题和膨胀岩土边坡稳定性问题两种。路面开裂、隆起或沉陷，路堤和路堑发生崩塌、滑坡，是常见的膨胀岩土路基问题（图7-90和图7-91）。

问题六 膨胀岩土如何防治？

排水：膨胀岩土边坡的主要影响因素是水，因此，排水是防止膨胀岩土边坡变形的重要措施。可以通过设置各种排水沟，建立地表排水网系，截排坡面水流，防止地表水渗入

图 7-90 路面隆起和开裂

图 7-91 边坡崩解引发崩塌

坡体。同时，对于地下水，也需要采取相应的排水措施，如设置盲沟、渗井等，以尽快汇集并疏导引出地下水。

换填法：解决膨胀岩土问题，最直接的方法就是把膨胀岩土层整体挖去，换成力学性质好的土，但这种方法成本较高。

物理化学改性：通过在膨胀岩土中加入改性剂，如石灰、水泥、粉煤灰等来改良膨胀岩土的性质。这些掺料可以有效地降低膨胀岩土的胀缩性，但施工拌合困难，对生态环境有一定的破坏。

封闭包盖法：引起膨胀岩土问题的主要原因是干湿循环的气候作用。通过上覆土层对膨胀岩土进行封闭，阻隔大气循环作用，能够有效地解决膨胀岩土问题，且造价低、施工便利、环境友好。

如位于广西崇爱高速 K16＋100 处的膨胀岩土堑坡，实施了两种封闭包盖结构：双层袋装膨胀岩土层＋新型土工复合排水网，如图 7-92 所示；单层袋装膨胀岩土层＋土工布＋传统土工格室碎石层，如图 7-93 所示。通过对边坡含水率观测情况，证明这些防渗保湿结构有效保证边坡含水率稳定，经过两个雨季检验，目前边坡稳定性良好，两种封闭包盖结构的边坡含水率监测情况如图 7-94 和图 7-95 所示。

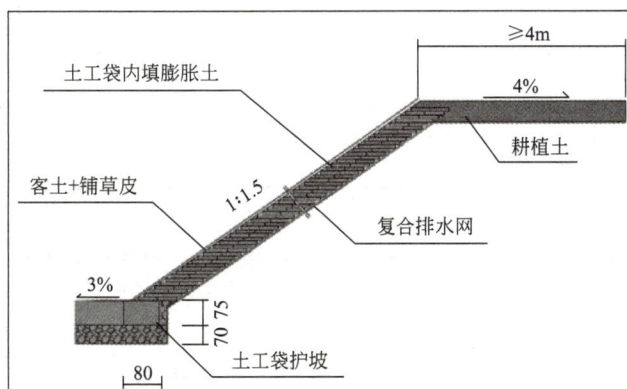

图 7-92 双层袋装膨胀岩土＋新型土工复合排水网

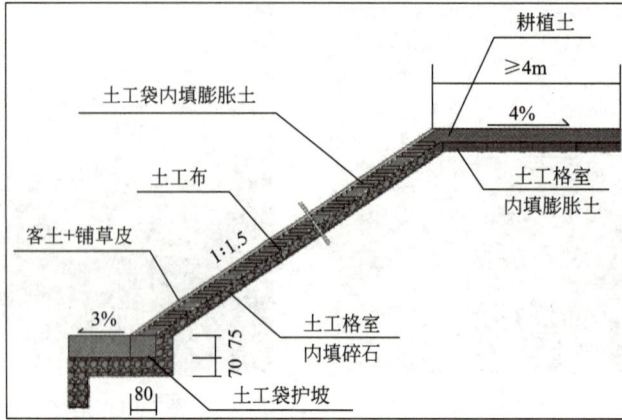

图 7-93　单层袋装膨胀岩土＋土工布＋传统土工格室碎石层

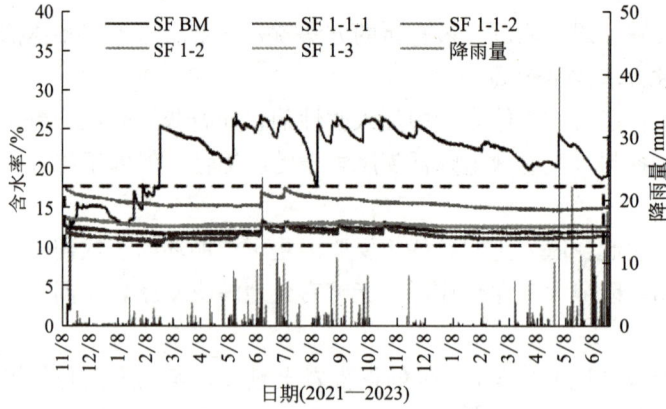

图 7-94　双层袋边坡含水率监测情况

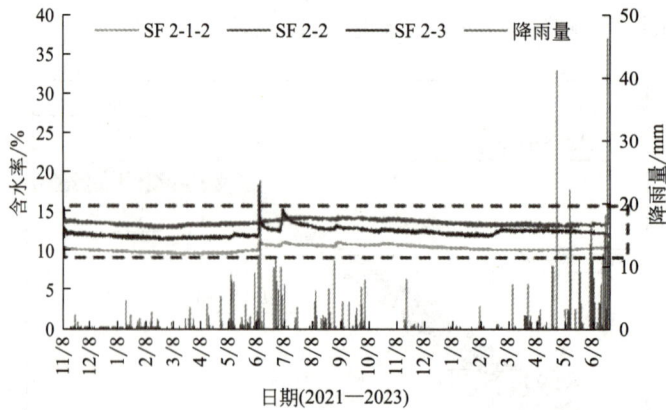

图 7-95　单层袋边坡含水率监测情况

案例：复杂环境下的膨胀岩土滑坡处治

1. 项目概况

本项目为双向四车道高速公路，设计时速120km/h，路基宽度26.5m，荷载等级公路Ⅰ级。项目所在区域地震动峰值加速度0.10g，地震动反应谱特征周期为0.35s。

2. 原设计概述

出现滑坡路段边坡按6m高度分级放坡，边坡坡率1.25～1.75，左侧最高37.0m，右侧最高53.0m，坡面以拱形骨架、支撑渗沟、生态防护为主；右侧第2、3级设预应力锚杆（索），开挖时发生滑坡未实施。原设计平面图如图7-96所示。

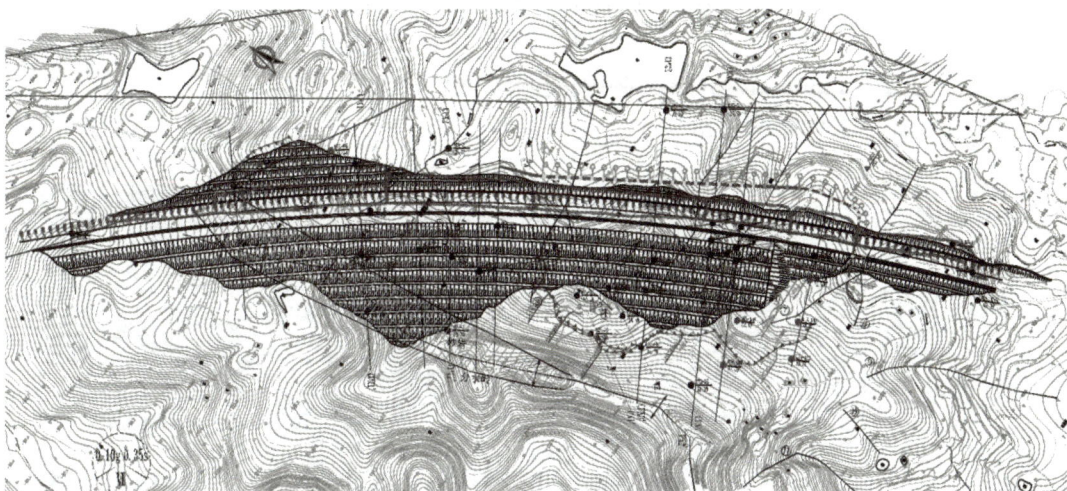

图7-96 原设计平面图

3. 滑坡规模

工程随着开挖陆续出现滑坡，且范围不断扩大，迄今滑坡方量共约25万m³，滑坡平面示意图如图7-97所示。

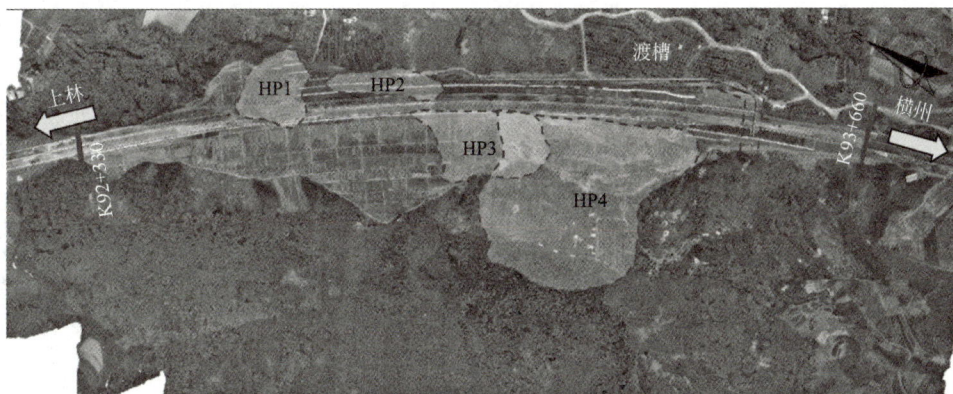

图7-97 滑坡平面示意图

4. 工程地质条件

路线由北至南沿 136°～158°方位穿越，地处低缓丘陵地貌，标高 92.4～171.5m，相对高差 79.1m。自然坡度缓，总体 5°～15°，山脊 20°～30°。场区上覆第四系粉质黏土，下伏基岩为白垩统新隆组的紫红色夹浅灰色碎屑＋化学沉积岩，主要以砂质泥岩、砂岩、泥质粉砂岩为主，石膏、钙芒硝矿层赋存于该地层的下段。

粉质黏土平均自由膨胀率 35.85%，具中等膨胀性；全～强风化砂质泥岩具弱～中膨胀性；岩土体具有高液限、强度低、吸水性强、遇水易软化、崩解性强、抗风化能力极差等特点。膨胀性岩土在空间上呈无规律分布，垂向风化程度差异大。

地表水：坡面植被稀少。无长年性水流，仅在降雨时有地表径流，路线近距离范围内无地表河流分布，开挖后局部产生坡顶高于地表的负地形，形成汇水地带。年均气温 21.6℃，极端最低气温－1.0℃，极端最高气温 39.3℃。年均降雨量约 1408.2mm，80% 保证率的降雨量为 1136mm，3～8 月降雨占全年 71%～80%。

滑坡所揭露岩土体如图 7-98 所示。

图 7-98　滑坡所揭露岩土体

5. 滑坡原因分析

滑坡发生的主要原因是膨胀岩土＋水＋外力的共同作用。

滑坡处岩土体具有弱～中等胀缩性，膨胀岩土遇水膨胀、失水收缩的特性是内在关键因素。在干湿循环过程中，岩土体的结构会被破坏，导致强度降低。滑坡发生前接连降雨，降雨使岩土体吸收大量水分，体积膨胀，使得土体内部产生膨胀力。而干旱时期又会失水收缩，产生裂隙，雨水就更容易进入岩土体内部，反复作用下，岩土体逐渐松散。公路建设开挖坡脚，破坏了山体原有的稳定性，使得山体失去支撑，从而诱发了滑坡。

6. 滑坡治理方案

（1）卸载：左右分级放坡＋削平顶部＋截排水，共卸 213 万方，如图 7-99 所示。

（2）综合挡墙防护技术：加强墙后排水设计，预留膨胀土胀缩变形空间，墙背特别区顶部采用混凝土封闭＋中粗砂＋防渗膜。

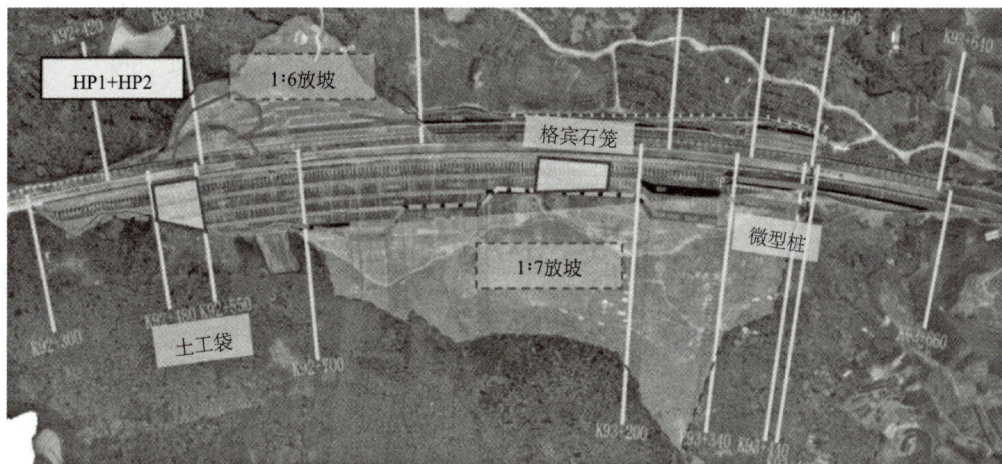

图 7-99 放坡＋削平顶部＋截排水

（3）格宾石笼防护技术：保证地下水渗出点排水顺畅，底部采用复合排水网，如图 7-100 所示。

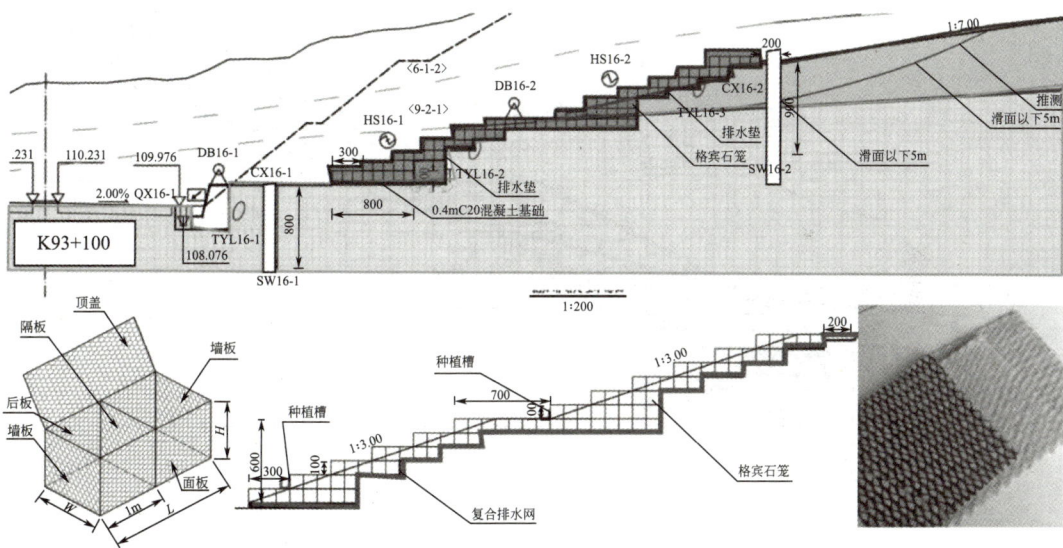

图 7-100 格宾石笼防护技术

（4）膨胀岩土边坡微型桩设计：搭接处避开滑面，增大冠梁边与桩顶距离，注浆考虑充盈（填）系数，如图 7-101 所示。

（5）膨胀岩土边坡加筋土护坡：加筋土采用合格土，注意台阶式底部、坡脚防水排水层质量，加强隐蔽工程验收，如图 7-102 所示。

（6）柔性土工袋：不需要大型机械设备，施工简便方便，适用于各种地质条件。且成本低廉，节省了材料和人力资源。采用天然的膨胀土进行路堑边坡支护，不会对环境造成污染，并且使用寿命较长，如图 7-103 所示。

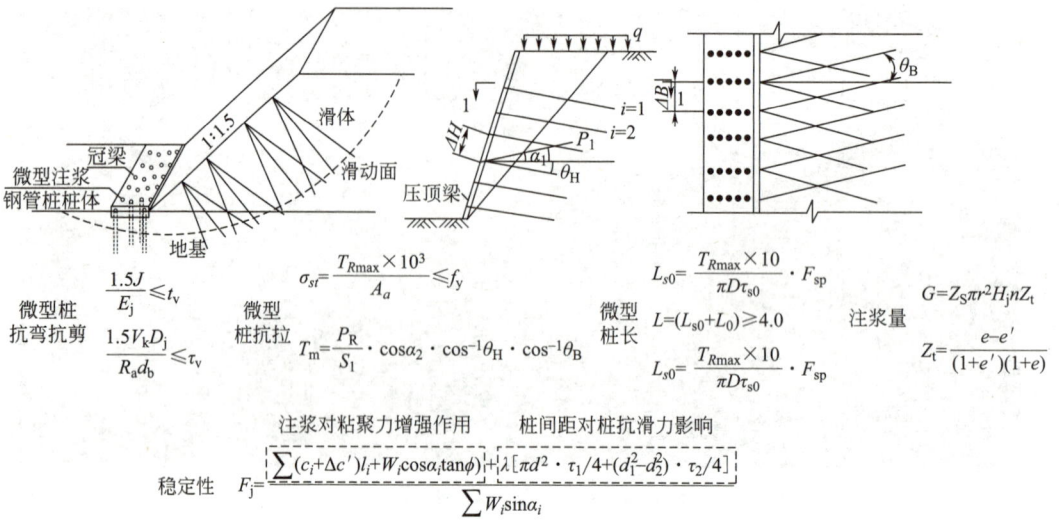

$$\frac{1.5J}{E_j} \leqslant t_v$$

微型桩
抗弯抗剪

$$\frac{1.5V_k D_j}{R_a d_b} \leqslant \tau_v$$

$$\sigma_{st} = \frac{T_{Rmax} \times 10^3}{A_a} \leqslant f_y$$

微型
桩抗拉 $T_m = \frac{P_R}{S_1} \cdot \cos\alpha_2 \cdot \cos^{-1}\theta_H \cdot \cos^{-1}\theta_B$

$$L_{s0} = \frac{T_{Rmax} \times 10}{\pi D \tau_{s0}} \cdot F_{sp}$$

微型
桩长 $L = (L_{s0} + L_0) \geqslant 4.0$

$$L_{s0} = \frac{T_{Rmax} \times 10}{\pi D \tau_{s0}} \cdot F_{sp}$$

注浆量
$$G = Z_S \pi r^2 H_j n Z_t$$

$$Z_t = \frac{e - e'}{(1+e')(1+e)}$$

注浆对粘聚力增强作用　桩间距对桩抗滑力影响

稳定性 $F_j = \dfrac{\sum(c_i + \Delta c')l_i + W_i\cos\alpha_i\tan\phi) + \lambda[\pi d^2 \cdot \tau_1/4 + (d_1^2 - d_2^2) \cdot \tau_2/4]}{\sum W_i\sin\alpha_i}$

图 7-101　膨胀岩土边坡微型桩设计

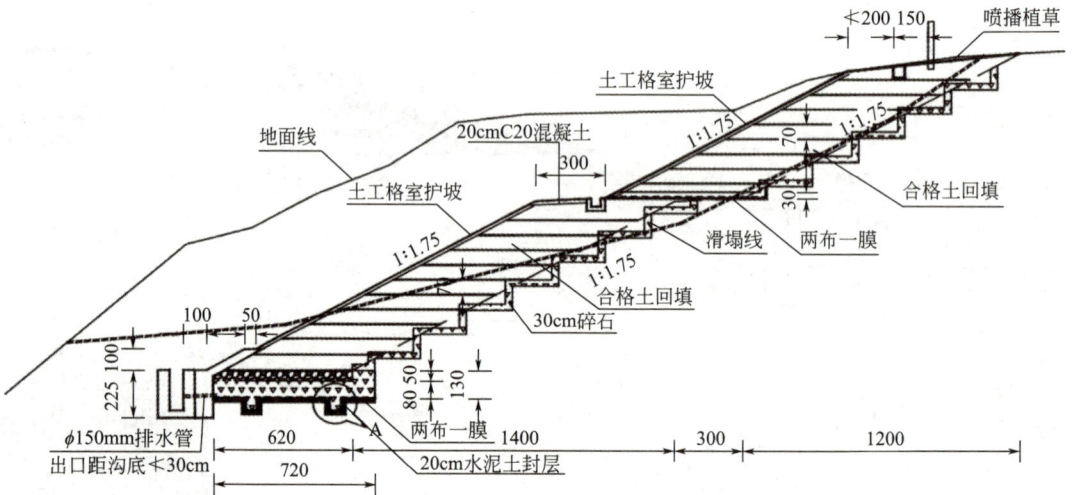

图 7-102　膨胀岩土边坡加筋土护坡

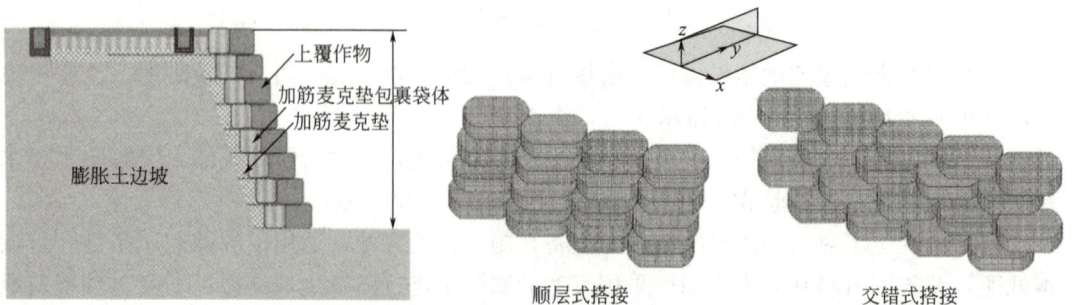

图 7-103　柔性土工袋

任务七　地质灾害危险性评估报告的编制

本任务内容主要参考《地质灾害危险性评估规程》DB45/T 1625—2024，所引用的表格均来自该评估规程。

问题一 **什么是地质灾害危险性评估？**

地质灾害危险性评估是指在查明各种致灾地质作用的性质、规模和承灾对象社会经济属性的基础上，从致灾体稳定性和致灾体与承灾对象遭遇的概率上分析入手，对其潜在的危险性进行客观评价，开展包括现状评估、预测评估、综合评估、建设用地适宜性评价及地质灾害防治措施建议等为主要内容的技术工作。

任务精讲（微课）
实训五：
7-1-1 地质灾害危险性评估报告的编制（一）

问题二 **为什么要做地质灾害危险性评估？**

《地质灾害防治条例》第二十一条规定，在地质灾害易发区内进行工程建设应当在可行性研究阶段进行地质灾害危险性评估，并将评估结果作为可行性研究报告的组成部分。可行性研究报告未包含地质灾害危险性评估结果的，不得批准其可行性研究报告。

任务精讲（微课）
实训五：
7-1-2 地质灾害危险性评估报告的编制（二）

问题三 **地质灾害危险性评估有哪些基本概念？**

1. 地质灾害：不良地质作用引起人类生命财产损失和生态环境损害的现象。

2. 地质灾害易发区：具有发生地质灾害的地质环境条件、容易发生地质灾害的地区。

3. 地质环境条件：与人类生存、生活和工程设施有关的地质要素，包括自然地理、区域地质、地层岩性、地质构造、岩土类型及其工程地质性质、水文地质以及人类活动的影响等。

4. 地质灾害危险性：一定发育程度的地质体在诱发因素作用下发生灾害的可能性及危害程度。

5. 地质灾害发育程度：地质体在地质作用下变形和发展的状态及空间分布特征。

6. 地质灾害危害程度：地质灾害造成或可能造成的人员伤亡、经济损失与生态环境破坏的程度。

7. 地质灾害诱发因素：引起地质体发生变化的自然和人为活动要素。

问题四 **地质灾害危险性评估是否有法可依？**

地质灾害危险性评估所依据的主要法律、法规、规范、规程如下：

1.《地质灾害防治条例》。

2.《国务院关于印发清理规范投资项目报建审批事项实施方案的通知》。

3.《建设用地审查报批管理办法》。

4.《地质灾害危险性评估规范》GB/T 40112—2021。

5.《地质灾害危险性评估规程》DB45/T 1625—2024。

问题五 地质灾害危险性评估评估范围和评估级别如何确定？

评估范围：地质灾害危险性评估范围按地质灾害影响范围、建设项目类型和建设用地或规划用地范围确定。

评估级别：地质灾害危险性，根据评估区地质环境条件复杂程度和建设工程的重要性进行分级，见表 7-13。

地质灾害危险性评估分级表　　　　　　　　表 7-13

类别		地质环境条件复杂程度		
		复杂	中等	简单
建设工程	重要	一级	一级	一级
	较重要	一级	一级	二级
	一般	二级	二级	二级
规划区		一级	一级	二级

注：规划区是指城镇及村庄规划区、城镇开发区、园区，其中园区指政府集中统一规划区域，如工业园区、农业园区、科技园区、物流园区、文化创意产业园区等。

建设工程重要性分类表见 7-14。

建设工程重要性分类表　　　　　　　　表 7-14

建设项目		工程特征及单位	重要建设项目	较重要建设项目	一般建设项目
工业和民用建设工程	居住建筑	层数/层	＞20	＜12～20	≤12
	单建式人防工程	建筑面积/m²	≥20000	≤20000	—
	高耸构筑工程	建筑高度/m	＞100	30～100	＜30
	单层工业厂房或仓库	吊车吨位/t	＞30	＜10～30	≤10
		跨度/m	＞30	＜24～30	≤24
	多层工业厂房或仓库	跨度/m	＞12	＜8～12	≤8
		层数/层	＞6	＜3～6	≤3
	公共建筑、疗养院、度假村、影剧院、礼堂、体育场馆、娱乐场所、客运交通枢纽、学校、医院	—	均按重要建设工程	—	—
市政燃气工程	城市道路	—	城市快速路、主干路、大型互通式立体交叉工程	城市次干路、简单立体交叉工程	城市支路
	桥梁（市政行业）	—	单跨≥40m或总长≥100m	单跨＜40m且总长＜100m	
	隧道（市政行业）	—	均按重要建设工程		
	液化天然气厂站	总储存能力/万 m²	≥3	＜3	—
	城市液化石油气储备站	罐装能力/(瓶/日)	≥4000	1000～4000	＜1000

建设项目		工程特征及单位	重要建设项目	较重要建设项目	一般建设项目
市政燃气工程	汽车加油站	油灌总容积/m³	＞150	＜90~150	≤90
	汽车加气站	LPG灌总容积/m³	＞45	＜30~45	≤30
		LNG灌总容积/m³	＞120	≤60~120	≤60
给水工程	地下水供水水源地	供水量/(万m³/日)	≥5	1~＜5	＜1
	地表水净水厂	供水量/(万m³/日)	≥10	5~＜10	＜5
	给水管网	泵站/(万m³/日)	≥20	5~＜20	＜5
		管道管径/mm	≥1600	1000~＜1600	＜1000
排水工程	处理厂	处理量/(万m³/日)	≥8	4~＜8	＜4
	排水管网	泵站/(万m³/日)	≥10	5~＜10	＜5
		管道管径/mm	≥1500	1000~＜1500	＜1000
道路工程	公路	等级	一级以上公路、新建二级公路	改扩建二级公路、三级公路	四级及以下公路
水利工程	水库	库容/亿m³	≥1	0.1~＜1	≤0.1
	堤防	等级	1级	2、3级	4、5级
		保护人口/万人	≥50	20~＜50	＜20
	灌溉工程	灌溉面积/万亩	≥50	5~＜50	＜5
电力工程	水电工程	装机容量/MW	≥300	50~＜300	＜50
	火电工程	单机容量/MW	≥100	25~＜100	＜25
	风力发电工程	装机容量/MW	≥100	≤100	—
	新能源发电工程	装机容量/MW	≥100	50~＜100	＜50
	送变电工程	电压/kV	≥330	220	≤110
油气储运工程	输油管道	输送能力/(万吨/年)	≥600	＜600	—
		管道长度/km	≥50	＜50	—
	输气管道	输送能力/(亿m³/年)	≥2.5	＜2.5	—
		管道长度/km	≥50	＜50km	—
	原油库	单罐容积/万m³	≥5	＜5	—
	成品油库	单罐容积/万m³	≥2	＜2	—
	天然气库	单罐容积/万m³	≥0.5	＜0.5	—
	液化天然气库	单罐容积/万m³	≥5	＜5	—
油气开采工程	油田开采	投资额/万元	≥10000	＜10000	—
	气田开采	投资额/万元	≥15000	＜15000	—
环境工程	生活垃圾填埋场	处理量/(吨/日)	≥800	300~＜800	＜300
	生活垃圾运转站	处理量/(吨/日)	≥450	150~＜450	＜150
	危险废物处理处置	处理量/(吨/日)	≥20	＜20	—
	生活污水处理厂	处理污水量/(吨/日)	≥50000	10000~＜50000	＜10000
	工业废水治理	处理污水量/(吨/日)	≥5000	1000~＜5000	＜1000

续表

建设项目		工程特征及单位		重要建设项目	较重要建设项目	一般建设项目
港口工程	集装箱	沿海	吨级	≥100000	10000～<100000	<10000
		内河	吨级	≥1000	500～<1000	<500
	散货	沿海	吨级	≥50000	10000～<50000	<10000
		内河	吨级	≥1000	500～<1000	<500
	原油	沿海	吨级	≥50000	10000～<50000	<10000
		内河	吨级	≥1000	<1000	—
墓园			占地面积(公顷)	≥25	10～<25	<10
核电、放射性设施、军事和防空设施、民航、铁路、轨道交通			—	均按重要建设工程	—	—

注：1. 新建村庄集镇按较重要工程。

2. 地表水净水厂取水，如需处理才可供水，按净水厂规模确定；如不需处理，直接取地表水，按泵站规模确定。

3. 新能源发电工程包括太阳能、地热、垃圾、秸秆等可再生能源发电工程。

4. 建设工程有 2 个选项的，满足其中 1 项按就高判定。

5. 汽车加油站柴油罐容积折半计入油罐总容积。

6. 表中未列出的其他建设工程，按国家、行业相关标准的规定，大型、中型、小型项目或一级、二级、三级项目分别对应为重要、较重要、一般建设工程。

地质环境条件复杂程度分类表见表 7-15。

地质环境条件复杂程度分类表　　　　　　　　表 7-15

序号	地质环境条件	类别		
		复杂	中等	简单
1	区域地质背景	区域地质构造条件复杂，建设场地有全新世活动断裂，地震基本烈度＞Ⅷ度，地震动峰值加速度＞0.20g	区域地质构造条件较复杂，建设场地附近有全新世活动断裂，地震基本烈度Ⅶ至Ⅷ度，地震动峰值加速度0.10～0.20g	区域地质构造条件简单，建设场地附近无全新世活动断裂，地震基本烈度≤Ⅵ度，地震动峰值加速度0.05g
2	地形地貌	地形复杂，相对高差＞200m，地面坡度以＞25°为主，地貌单元3种以上	地形较复杂，相对高差50～200m，地面坡度以8～25°为主，地貌单元2种	地形简单，相对高差＜50m，地面坡度＜8°为主，地貌单元1种
3	地层岩性和岩土工程地质性质	岩土体工程地质性质差，岩体以碎裂、散体结构为主，坡体有外倾软弱夹层，岩溶强发育；土体以多层结构为主，坡体有强膨胀岩土或厚度≥1m软弱土层分布	岩土体工程地质性质较差，岩体以薄层、中厚层结构为主，坡体有近水平软弱夹层，岩溶中等发育；土体以双层结构为主，坡体有中等膨胀岩土或厚度＜1m软弱土层分布	岩土体工程地质性质良好，岩体以厚层至块状结构为主，岩溶弱发育；土体以单层结构为主，坡体无强/中等膨胀岩土或软弱土分布
4	地质构造	地质构造复杂，3组或3组以上断裂相互切割，断裂、褶皱和侵入接触面大于每千米3条	地质构造较复杂，2组断裂相互切割，断裂、褶皱和侵入接触面每千米2～3条	地质构造简单，断裂没有相互切割，断裂、褶皱和侵入接触面小于每千米2条

续表

序号	地质环境条件	类别		
		复杂	中等	简单
5	水文地质条件	地下水位年际变化大于10m,地下水对地质灾害或工程建设影响大	地下水位年际变化5~10m,地下水对地质灾害或工程建设影响较大	地下水位年际变化<5m,地下水对地质灾害或工程建设影响小
6	地质灾害及不良地质现象	发育强烈,危害大	发育中等,危害中等	发育弱或不发育,危害小
7	人类工程活动对地质环境的影响	人类工程活动强烈,对地质环境的影响、破坏严重,存在土质坡高大于15m或岩质坡高大于30m的挖填方边坡,采空区及其影响带占建设用地面积的10%以上	人类工程活动较强烈,对地质环境影响、破坏较严重,存在土质坡高8~15m或岩质坡高15~30m的挖填方边坡,采空区及其影响带占建设用地面积的小于10%	人类工程活动一般,对地质环境影响、破坏小,存在土质坡高<8m或岩质坡高<15m的挖填方边坡,无采空区及其影响带分布

注：按"就高不就低"的原则确定，有1项条件符合该类别则为该类别。

问题六 地质灾害危险性评估的工作方法主要有哪些?

方法一：资料的收集与分析

1. 搜集评估区的自然地理和地质环境条件等基础背景资料,如地形图、交通图、气象、水文、地形地貌、地层岩性、水文地质、区域构造（断裂、地震）等,尽可能收集遥感和航测资料。

2. 收集评估区地质灾害发育状况、地质灾害区划、地质灾害防治规划等灾害资料（特别注意收集建设用地及周边的地质灾害资料）。

3. 收集建设工程的规划资料。

方法二：实地调查法

实地调查是地质灾害危险性评估的主要工作之一,根据已确定的评估种类进行详细的调查,主要采用追索法、穿越法以及访问调查,根据需要可采用钻探、槽探及物探等勘察手段。为了保证评估结论的真实性和有效性,必须确保野外调查成果资料的准确性、完整性和权威性（图7-104）。

图 7-104　实地调查

问题七 地灾评估工作程序有哪些?

地灾评估流程按图 7-105 进行。地质灾害危险性评估成果,应按自然资源主管部门有关规定,并经专家审查通过后,方可提供使用。

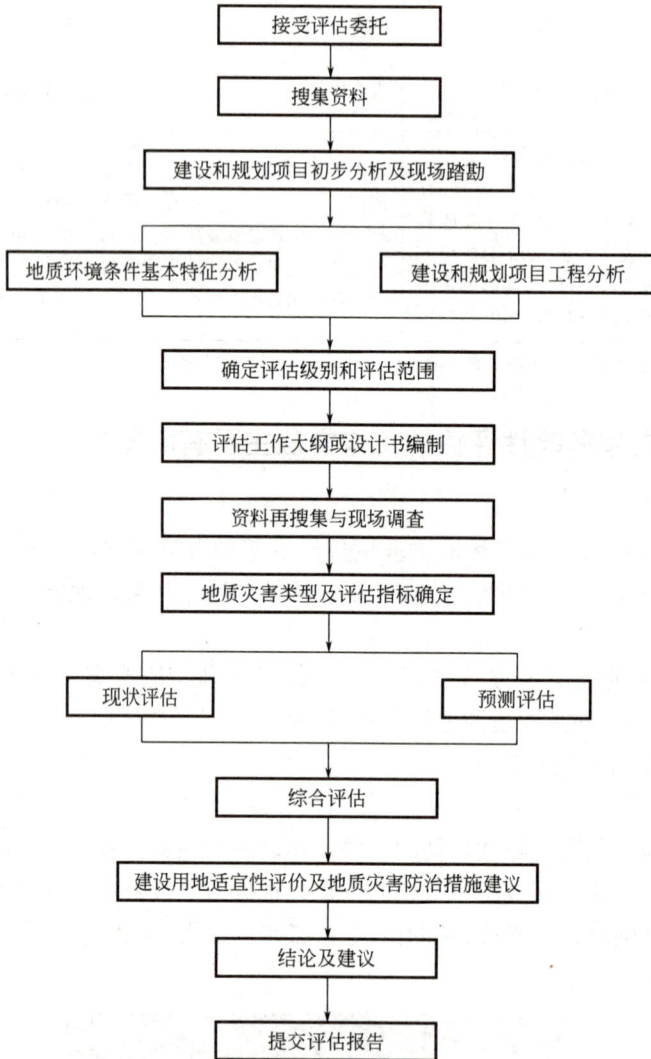

接受评估委托

搜集资料

建设和规划项目初步分析及现场踏勘

地质环境条件基本特征分析 | 建设和规划项目工程分析

确定评估级别和评估范围

评估工作大纲或设计书编制

资料再搜集与现场调查

地质灾害类型及评估指标确定

现状评估 | 预测评估

综合评估

建设用地适宜性评价及地质灾害防治措施建议

结论及建议

提交评估报告

图 7-105 地灾评估流程图

问题八 地灾评估报告具体如何编制?

报告内容包括文字和图件两部分:要点是对野外调查成果、试验、探测结果及各类资料进行综合整理、分析和研究。在此基础上进行现状评估、预测评估及综合评估。

提纲编制要点:评估报告应包括项目工程概况、评估级别的确定、地质环境特征、地质灾害危险性评估、防治措施建议以及结论,其中地质灾害危险性评估必须包含现状评估、预测评估和综合评估等,如图 7-106 所示。

图 7-106 地质评估报告封面及主要章节

一、工程概况编制要点

项目接受委托情况、任务要求、项目评估工作时间等；建设工程概况，包括位置、规模、用地范围、项目类型、建筑物结构与布局等（一般应附建设工程规划图）；线性工程需附工程分布图及相关技术要求。交通位置图如图 7-107 所示。

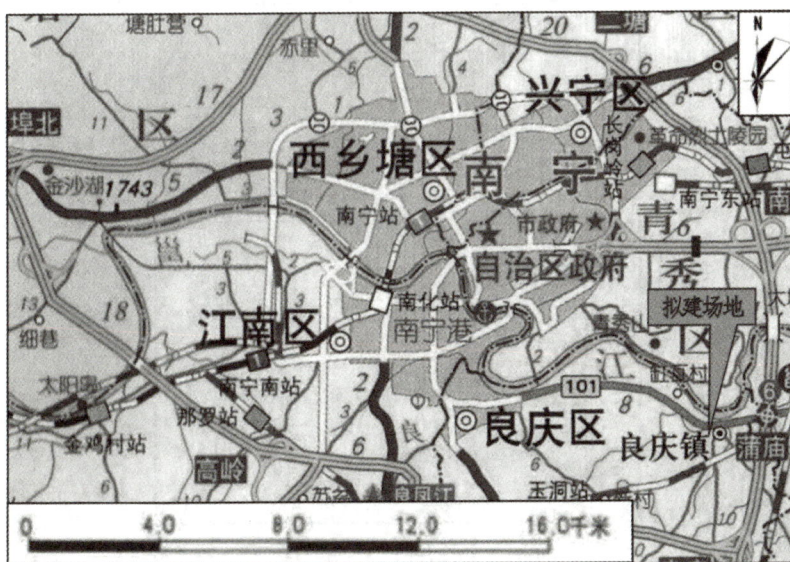

图 7-107 交通位置图

路基标准横断面图、平面布置图分别如图 7-108 和图 7-109 所示。

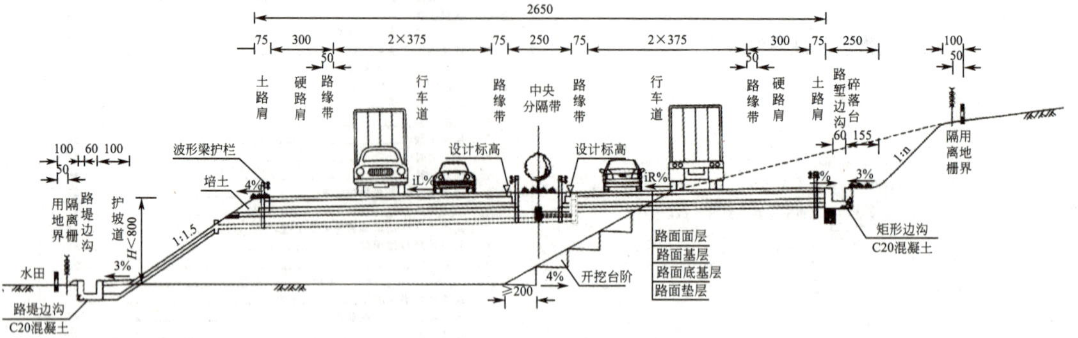

图 7-108　路基标准横断面图

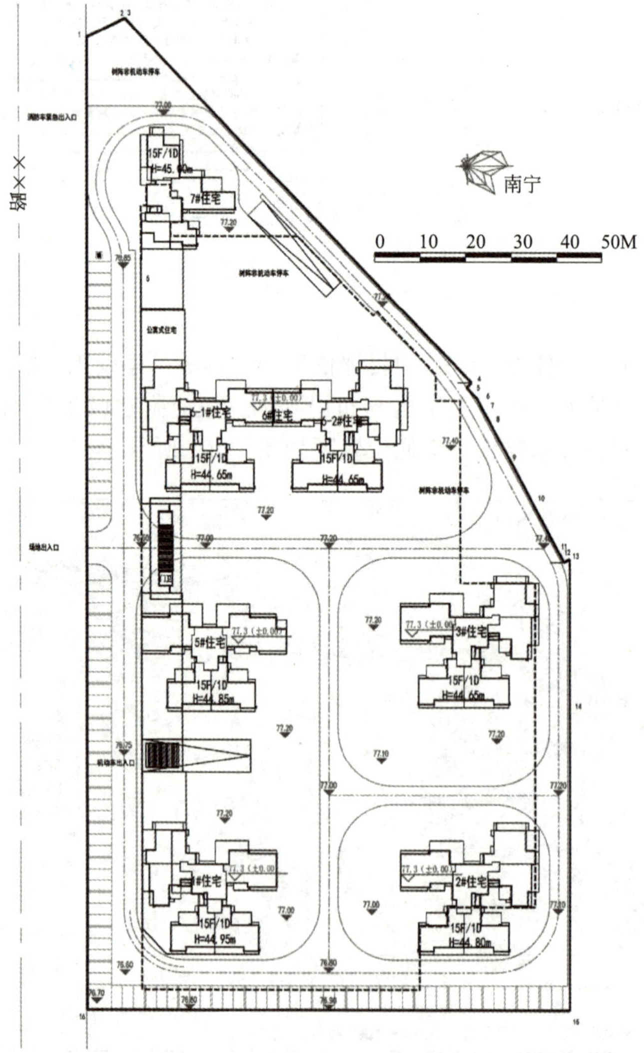

图 7-109　平面布置图

建筑物概况一览表见表 7-16。

建筑物概况一览表 　　　　　　　　　　　　　　　　　　　　　　表 7-16

序号	建筑(构)物名称	层数	标高/m	占地面积/m²	备注
1	综合楼	5	21.00	798	—
2	食堂＋活动中心	2	21.00	1288	—
3	材料库、机修车间	—	21.00	1386	—
4	加油站	—	21.00	362.88	—
5	应急水池	—	21.00	2992.63	—
6	危废间	—	21.00	48	—
7	门卫	—	21.00	24	—
8	洗矿尾泥堆棚	—	21.00	9090	储存18000t,储存11d
9	洗矿循环水泵房	—	21.00	240	—
10	选矿循环水泵房、变电所	—	21.00	656	—
11	浓密池	—	21.00	1963.5×3	ϕ50
12	原矿堆棚	—	21.00	13720.08	—
13	选矿车间	—	21.00	2400	—
14	细砂堆棚	—	21.00	1800	储存4500t,储存14d
15	选矿尾砂堆棚	—	21.00	1320	储存3500t,储存18d
16	光伏精砂脱水储存车间	—	21.00	9600	储存64000t,储存32d

二、评估级别确定编制要点

评估级别：主要根据建设工程的重要性和地质环境条件的复杂程度进行确定；建设工程重要性一般划分为三级：重要、较重要和一般；地质环境复杂程度也划分为三级：复杂、中等和简单。地质灾害危险性评估分级详见表 7-17。

案例说明：某项目重要性划分为重要建设工程，地质环境复杂程度属于复杂，结合分级表，应该属一级评估；如果地质环境复杂程度属于中等，属一级评估；但如果地质环境复杂程度属于简单，评估级别应当属于二级。

地质灾害危险性评估分级 　　　　　　　　　　　　　　　　　　　　表 7-17

类别		地质环境条件复杂程度					
		复杂		中等		简单	
建设工程	重要	一级		一级		二级	
	较重要	一级		一级		二级	
	一般	一级		二级		二级	
规划区		一级		一级		二级	

注：规划区是指城镇及村庄规划区、城镇开发区、园区，其中园区指政府集中统一规划区域，如工业园区、农业园区、科技园区、物流园区、文化创意产业园区等。

三、地质环境条件编制要点

地质环境条件的编制应包括评估区域地质背景、气象、水文、地形地貌、地层岩性、地质构造、岩溶发育特征（若有）、岩土类型及工程地质性质、水文地质条件、人类工程活动对地质环境的影响和其他地质环境问题。地质环境条件章节主要内容如图 7-110 所示。

图 7-110　地质环境条件章节主要内容

四、地质灾害危险性评估编制要点

1. 现状评估编制要点：此部分为评估报告的重点内容，是确定建设用地适宜性与否的主要依据。在地质灾害调查的基础上，应对滑坡、崩塌、危岩、泥石流、岩溶塌陷、采空塌陷等单体地质灾害的发育程度、危害程度、危险性进行现状评估，如图 7-111 所示。地质灾害诱发因素按表 7-18 确定，危害程度按表 7-19 确定，根据单体地质灾害的发育程

第三章　地质灾害危险性现状评估

一、地质灾害类型特征

根据搜集的《广西南宁市地质灾害调查与区划报告》及现场调查，评估区位于南宁市三塘镇，评估区地所处地貌单元为垄状低丘亚区，地形稍有起伏，以缓丘地貌为主，地面标高 80.0～100.0m，高差约 20m，主要为坡地，苗圃用地、菜地、水塘及延安支流溪沟等，其中坡地，苗圃用地、菜地，地形平缓，坡度 5°～10°，溪沟岸坡深 5~10m，坡度 10°～20°，局部地段形成 1~2m 的小陡坎。水塘深 2~3m，水深 1~1.5m，岸坡 50°～60°。拟建道路南面金仑路、北仑路已修至与本道路的交叉路口。道路西段北面 50m 外为良球坡村屯，道路终点处分布有花木交易市场及苗圃，有少量简易结构的棚房，用地占用范围将被拆迁。

拟建线路沿线，场地原地形地貌形态大部分没改变。评估区内未发现有滑坡、崩塌、泥石流、岩溶塌陷、采空塌陷、危岩、不稳定斜坡等各种地质灾害点分布。

二、地质灾害危险性现状评估

拟建线路沿线，场地原地形地貌形态大部分没改变。评估区内未发现有滑坡、崩塌、泥石流、岩溶塌陷、采空塌陷、危岩、不稳定斜坡等各种地质灾害点分布。

评估区现状地质灾害不发育，危险性小。

三、现状评估结论

评估区现状地质灾害不发育，危害程度小，危险性小。

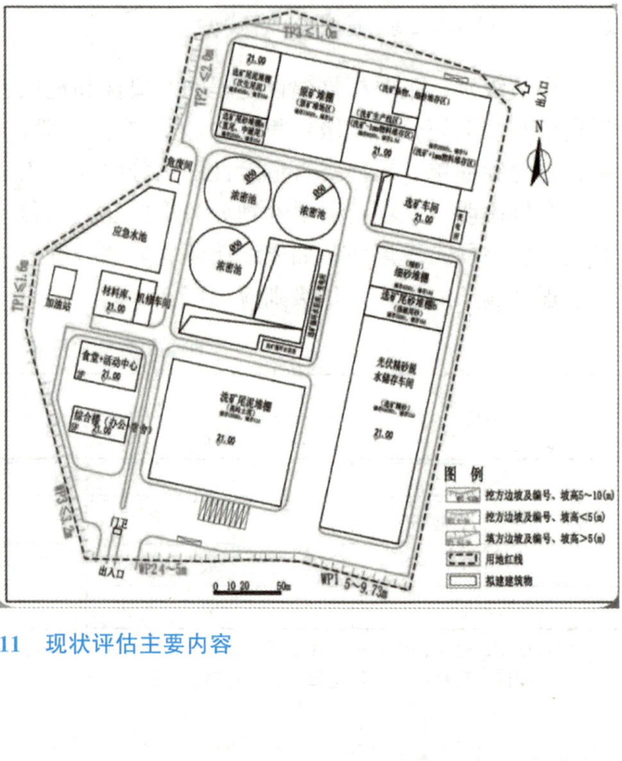

图 7-111　现状评估主要内容

度、危害程度，按表 7-20 进行单体地质灾害危险性现状评估。线性工程和规划区可根据单体地质灾害的规模、发育程度、发育数量，结合地质环境条件，采用定性半定量方法，按表 7-21 对评估区地质灾害易发程度进行分级，划分高易发、中等易发、低易发三个级别。

地质灾害诱发因素分类表　　　　　　表 7-18

地质灾害类型	滑坡	崩塌（危岩）	泥石流	岩溶塌陷	采空塌陷
自然因素	地震、降水、融雪、融冰、地下水位上升、河流侵蚀、新构造运动	地震、降水、融雪、融冰、温差变化、河流侵蚀、树木根劈、雷击	降水、融雪、融冰、堰塞湖溢流、地震	地下水位变化、地震、降水	地下水位变化、地震
人为因素	开挖扰动、爆破、振动、加载、抽排水、灌水、灌浆、采矿、沟渠溢流或渗水	开挖扰动、爆破、机械振动、加载、抽排水、灌水、灌浆、采矿	水库溢流或垮坝、弃渣加载、沟渠溢流、植被破坏	开挖扰动、爆破、机械振动、加载、抽排水、灌水、灌浆、采矿、水库浸没	开挖扰动、振动、加载、抽排水、灌水、采矿

注：不稳定斜坡的诱发因素根据其变形破坏方式参照滑坡、崩塌地质灾害进行分析。

地质灾害危害程度分级表　　　　　　表 7-19

危害程度	灾情		险情	
	死亡人数/人	直接经济损失/万元	受威胁人数/人	可能直接经济损失/万元
大	＞10	＞500	＞100	＞500
中等	3～10	100～500	10～100	100～500
小	＜3	＜100	＜10	＜100

注：
1. 灾情：指已发生的地质灾害，采用"死亡人数""直接经济损失"指标评价。
2. 险情：指可能发生的地质灾害（地质灾害隐患），采用"受威胁人数""可能直接经济损失"指标评价。
3. 危害程度采用"灾情"或"险情"指标评价。

地质灾害危险性现状评估分级表　　　　　　表 7-20

危害程度	发育程度		
	强	中等	弱
大	危险性大	危险性大	危险性中等
中等	危险性大	危险性中等	危险性中等
小	危险性中等	危险性小	危险性小

评估区地质灾害易发程度分级表　　　　　　表 7-21

易发程度分级	评价指标		
	单体地质灾害发育程度	单体地质灾害规模	地质灾害发育数量/（点/km²）
高易发	以强发育为主	中、大型为主	多（＞5）
中等易发	以中等发育为主	小、中型	中等（2～5）
低易发	以弱发育为主	小型为主	少（＜2）

注：按就高原则，有 2 项指标符合较高级别则判定为该级别。

2. 预测评估编制要点：预测评估分为工程建设引发地质灾害危险性评估和遭受已存在地质灾害危险性预测评估两个内容。

工程建设引发地质灾害危险性评估：根据评估区地质环境条件，结合工程建设的特点，进行工程建设引发地质灾害危险性预测评估。建设工程与地质灾害的位置关系按表 7-22 确定，工程建设引发地质灾害的可能性分级按表 7-23 确定，工程建设引发地质灾害危险性预测评估分级表见表 7-24。

建设工程与地质灾害的位置关系确定表　　　　　　　　　　　　表 7-22

建设工程与地质灾害的位置关系	判别依据
位于地质灾害的影响范围内	建设工程位于地质灾害体可能威胁到的边界内
临近地质灾害的影响范围	建设工程位于地质灾害影响范围的边界外，距灾害点中心至影响边界的最大距离 2 倍的区域
位于地质灾害的影响范围外	建设工程位于临近地质灾害影响范围之外

工程建设引发地质灾害的可能性分级表　　　　　　　　　　　　表 7-23

建设工程与地质灾害的位置关系	工程活动影响程度		
	建设工程活动对地质灾害的稳定性影响大	建设工程活动对地质灾害的稳定性影响中等	建设工程活动对地质灾害的稳定性影响小
位于地质灾害的影响范围内	可能性大	可能性大	可能性中等
临近地质灾害的影响范围	可能性大	可能性中等	可能性小
位于地质灾害的影响范围外	可能性中等	可能性小	可能性小

注：危岩影响范围指危岩崩落的影响范围，宜根据落石最大滚落距离计算确定。

工程建设引发地质灾害危险性预测评估分级表　　　　　　　　　　表 7-24

可能性	发育程度	危害程度	危险性
可能性大	强发育	危害大	危险性大
	中等发育		危险性大
	弱发育		危险性中等
	强发育	危害中等	危险性大
	中等发育		危险性大
	弱发育		危险性中等
	强发育	危害小	危险性大
	中等发育		危险性中等
	弱发育		危险性小

续表

可能性	发育程度	危害程度	危险性
	强发育		危险性大
	中等发育	危害大	危险性大
	弱发育		危险性中等
	强发育		危险性大
可能性中等	中等发育	危害中等	危险性中等
	弱发育		危险性中等
	强发育		危险性中等
	中等发育	危害小	危险性中等
	弱发育		危险性小
	强发育		危险性大
	中等发育	危害大	危险性中等
	弱发育		危险性小
	强发育		危险性中等
可能性小	中等发育	危害中等	危险性中等
	弱发育		危险性小
	强发育		危险性中等
	中等发育	危害小	危险性小
	弱发育		危险性小

遭受已存在地质灾害危险性预测评估：对建设工程在建设中、建成后遭受已存在地质灾害的危险性进行预测评估，分析建设工程或规划区所处的地质环境条件和现状已存在的地质灾害。

按表7-25确定遭受已存在地质灾害的可能性。阀室场站、储油气库、码头、船坞等建设工程遭受已存在地质灾害危险性预测评估分级参照表7-26确定，引（输）水线路建设工程遭受地质灾害危险性预测评估分级参照表7-27确定。

3. 综合评估编制要点：在现状评估和预测评估的基础上，采用定性、半定量的方法综合评估地质灾害危险性程度，确定地质灾害危险性级别，对建设用地的适宜性作出评估。

遭受已存在地质灾害的可能性分级表　　　　　　　表7-25

可能性	判别特征	
	工程建设	规划区
大	位于地质灾害的影响范围内	位于地质灾害影响范围内的规划地段
中等	临近地质灾害的影响范围	临近地质灾害影响范围的规划地段
小	位于地质灾害的影响范围外	位于地质灾害影响范围外的规划地段

阀室场站、储油气库、码头、船坞等建设工程遭受已存在地质灾害危险性预测评估分级表

表 7-26

遭受地质灾害的可能性	发育程度	危害程度	危险性
可能性大	强发育	危害大	危险性大
	中等发育		危险性大
	弱发育		危险性大
	强发育	危害中等	危险性大
	中等发育		危险性大
	弱发育		危险性大
	强发育	危害小	危险性大
	中等发育		危险性大
	弱发育		危险性中等
可能性中等	强发育	危害大	危险性大
	中等发育		危险性大
	弱发育		危险性中等
	强发育	危害中等	危险性大
	中等发育		危险性中等
	弱发育		危险性中等
	强发育	危害小	危险性大
	中等发育		危险性中等
	弱发育		危险性小
可能性小	强发育	危害大	危险性大
	中等发育		危险性中等
	弱发育		危险性中等
	强发育	危害中等	危险性大
	中等发育		危险性中等
	弱发育		危险性小
	强发育	危害小	危险性大
	中等发育		危险性中等
	弱发育		危险性小

引（输）水线路建设工程遭受已存在灾害危险性预测评估分级表　　　表 7-27

遭受地质灾害的可能性	发育程度	危害程度	危险性
可能性大	强发育	危害大	危险性大
	中等发育		危险性中等
	弱发育		危险性中等

遭受地质灾害的可能性	发育程度	危害程度	危险性
可能性大	强发育	危害中等	危险性大
	中等发育		危险性中等
	弱发育		危险性小
	强发育	危害小	危险性中等
	中等发育		危险性中等
	弱发育		危险性小
可能性中等	强发育	危害大	危险性大
	中等发育		危险性中等
	弱发育		危险性中等
	强发育	危害中等	危险性大
	中等发育		危险性中等
	弱发育		危险性小
	强发育	危害小	危险性中等
	中等发育		危险性小
	弱发育		危险性小
可能性小	强发育	危害大	危险性大
	中等发育		危险性中等
	弱发育		危险性中等
	强发育	危害中等	危险性中等
	中等发育		危险性中等
	弱发育		危险性小
	强发育	危害小	危险性中等
	中等发育		危险性小
	弱发育		危险性小

　　地质灾害危险性综合评估应根据地质灾害危险性现状评估和预测评估的结果综合确定，按"就高不就低"的原则综合判定评估分区（段）的地质灾害危险性等级，当评估区（评估分区）有一种及以上地质灾害种类危险性为大时，该区的地质灾害危险性级别确定为大；当评估区（评估分区）有一种及以上地质灾害种类危险性为中等时，该区的地质灾害危险性级别确定为中等；当评估区（评估分区）所有地质灾害种类危险性为小，该区的地质灾害危险性级别确定为小。

　　地质灾害危险性分区应采用不同代号和颜色表示，亚区（段）代号应以分区代号加阿拉伯数字下标表示。地质灾害综合评估危险性分区代号应符合表 7-28 要求，分区颜色符合插图（地质灾害危险性评估主要图例）的要求。不同亚区代号说明主要的地质灾害类型及其危险性。

地质灾害综合评估危险性分区代号　　　　表 7-28

危险性	分区代号	分区色标
危险性大	Ⅰ	浅紫红色
危险性中等	Ⅱ	浅黄色
危险性小	Ⅲ	浅绿色

地质灾害防治分区可根据综合评估的地质灾害危险性大、危险性中等和危险性小的区（段），对应划分重点防治区（段）、次重点防治区（段）和一般防治区（段）。地质灾害防治措施一般可分为避让措施、工程措施、生物措施、监测预警措施等，可根据地质灾害类型、地质灾害发育程度和危害程度等提出具体的防治措施建议。

建设用地适宜性由地质环境条件复杂程度、工程建设引发和建设工程遭受地质灾害的危险性、地质灾害防治难度三方面确定，按表 7-29 分为适宜、基本适宜、适宜性差三个等级。

建设用地适宜性分级表　　　　表 7-29

适宜性级别	分级说明
适宜	地质环境复杂程度简单，工程建设引发和建设工程遭受地质灾害危险性小，综合评估地质灾害危险性小，地质灾害防治难度小，防治工程措施简单
基本适宜	不良地质现象中等发育，地质构造、地层岩性变化较大，工程建设引发和建设工程遭受地质灾害危险性中等，综合评估地质灾害危险性中等，地质灾害防治难度不大，可采取措施予以处理
适宜性差	地质灾害发育强烈，地质构造复杂，软弱结构面发育，工程建设引发和建设工程遭受地质灾害危险性大，综合评估地质灾害危险性大，防治难度大，防治工程措施复杂

五、防治措施编制要点

防治措施编制要点有：一、地质灾害防治分级；二、已存在地质灾害和隐患防治措施建议；三、各地灾灾害种类的防治措施建议。这部分内容一定要有针对性，要结合项目实际的特点，提出针对性的防治的措施，不能泛泛而谈。

六、结论和建议编制要点

结论是对前面报告内容进行的归纳和总结，结论要涵盖建设工程评估级别的确定，主要的地质灾害类型的确定。有些初次参与地质灾害评估报告编写的技术人员，往往忽视结论部分的编写，使之过于简单，不能全面反映评估报告的结论性内容。在实际工作中，结论部分的编写是非常重要的，应该是整个评估报告内容的浓缩和提炼，报告中所有结论性的内容都应该反映到结论中。因此，在报告编写过程中应重视结论部分的编写。

建议是根据结论涉及的地质环境问题提出的建设性意见。结论和建议主要内容示例如图 7-112 所示。

七、附图和附件编制要点

1. 附图：主要包括综合评估图、剖面图、柱状图和评估区照片，如图 7-113～图 7-116 所示。

2. 附件：主要包括项目的委托书、合同、前期专题的批复等。

第七章　结论与建议

一、结论

1. 南宁市石埠镇改扩建工程项目扩建堤防长度为12.8km，防洪工程为大型工程，建设场地用地红线范围619173.3165m²（折合928.76亩），项目类别为大型水利工程，根据评估规程附录B，表B.1 项目类别为大型水利工程，因此确定本项目属重要建设项目。

2. 评估区区域地质构造条件较复杂，评估区50km范围内有鹅活动断裂，地震基本烈度为Ⅵ度区，地震动峰值加速度为0.10g，区域地质背景复杂程度为中等；评估区1种地貌单元，地貌简单，地形简单，地势起伏小，相对高差<15m，地形坡度以<5°为主，评估区地形地貌复杂程度为简单；评估区附近有断层经过，断裂有相互切割，岩石结构面为单斜构造，岩石节理裂隙不发育，地质构造为简单；评估区整体以薄层状结构的泥岩、粉砂岩为主，土体为多层结构为主，中等膨胀土分布，评估区地下水位年变幅3~5m，地下水及邕江水系系密切，对基础施工建设影响较大，水文地质条件为简单；评估区现状地质灾害及不良地质现象不够发育；评估区内人类工程活动较强烈，对地质环境影响、破坏较严重，人类工程活动对地质环境的影响程度为中等，因此，评估区地质环境条件复杂程度为复杂。

3. 根据《评估规程》4.3.2.2条中的评估分级标准，本项目为重要建设项目，地质环境条件复杂程度为复杂，确定地质灾害危险性评估级别为一级评估。

4. 现状评估表明：评估区内未发现地质灾害，评估区现状地质灾害不发育，危险性小。

二、建议

1. 地质灾害防治应贯彻"以防为主，防治结合"的原则，建设方应按防治措施从源头上做好地质灾害的防治工作，对预测可能发生的地质灾害采用合理有效的工程及技术措施，防止地质灾害发生，将地质灾害的危害减少到最低限度。

2. 履行地质环境治理责任，加强地质灾害监测预报工作。在工程建设过程中和建成后，都应对地质环境和地质灾害进行监测，发现有地质灾害及其隐患时，应及时向主管部门报告，并对其进行防治处理，消除地质灾害隐患。

3. 按《地质灾害危险性评估规程》（DB45/T 1625—2017）有关规定，本评估报告不替代工程地质勘察及有关的评价工作，建议按有关要求做好建设项目的各项勘察或评价工作。

4. 本项目如在工程建设中、建成后填土地基引发的填方边坡引发滑坡、崩塌等地质环境问题，需按有关行业要求、专业标准进行评估、专项勘察、设计、施工，以预防或减轻上述地质环境问题产生危害。

图7-112　结论和建议主要内容示例

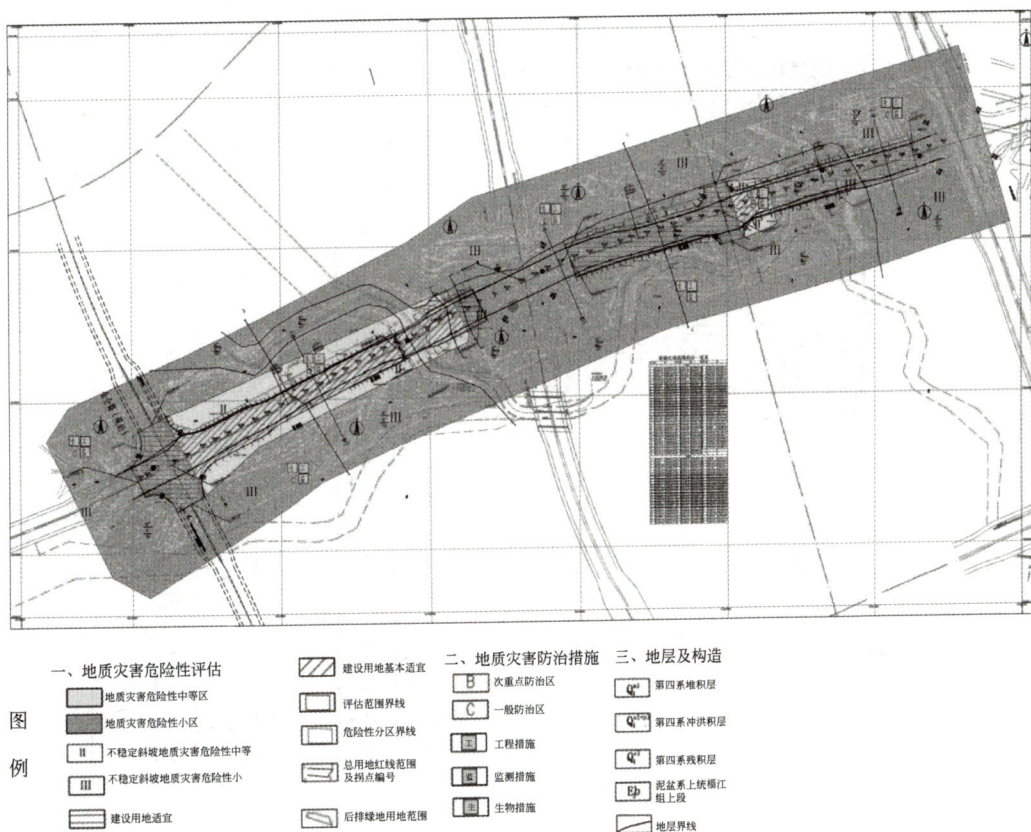

图7-113　综合评估图

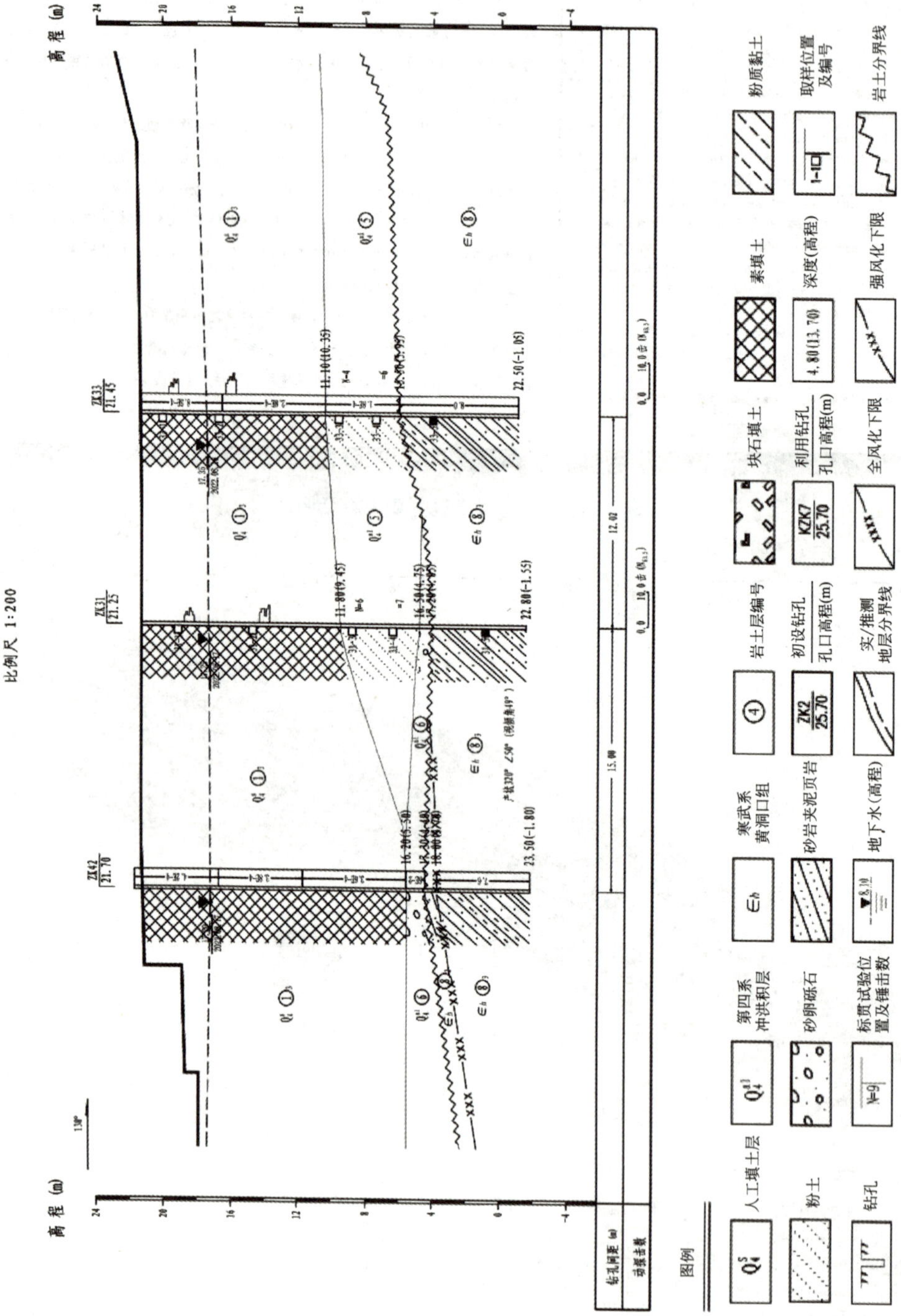
比例尺 1:200
高程(m)
ZK42
21.70
ZK31
21.25
ZK33
21.45
钻孔间距(m)
15.00
12.02
图例
人工填土层
第四系冲洪积层
寒武系黄洞口组
岩土层编号
块石填土
素填土
粉质黏土
粉土
砂卵砾石
砂岩夹泥页岩
初设钻孔 孔口高程(m)
利用钻孔 孔口高程(m)
深度(高程)
取样位置及编号
钻孔
标贯试验位置及锤击数
地下水(高程)
实/推测地层分界线
全风化下限
强风化下限
岩土分界线

图 7-114 剖面图

钻 孔 柱 状 图

工程名称	一					
工程编号	2024.7.2		钻孔编号	ZK1		
孔口高程/m	5.39	坐标 /m	X=655356.46	开工日期	2024.6.19	稳定水位深度/m	3.70
孔口直径/m	127.00		Y=2399752.93	竣工日期	2024.6.20	测量水位日期	

地层编号	时代成因	层底高程/m	层底深度/m	分层厚度/m	柱状图 1:200	岩土名称及其特征	取样	标贯击数/击	稳定水位/m和水位凹期
①	Q_4^{ml}	3.145	2.20	2.20		杂填土：杂色，松散，稍湿，主要成份为砖块、混凝土块等，有粘性土充填，经调查堆积时间3-5年，未经压实			
②	Q_4^m	1.185	4.20	2.00		淤泥质粉质黏土：灰色-灰黑色，软塑，部分夹有机质，无摇振反应，稍有光滑，干强度低，韧性低，有腐臭味		-2.00 3.15-3.45	001.685
③		-0.415	5.00	1.60		中风化石灰岩(破碎)：灰色-灰黑色，隐晶质结构，厚层状构造，主要由碳酸盐矿物组成，节理裂隙发育，岩芯呈块状，局部短柱状，一般块径5-10cm，岩心采取率80%，RQD=10	岩1 7.80-8.10		
③	C_1h	-6.615	12.00	6.20		中风化石灰岩：灰色-灰黑色，隐晶质结构，厚层状构造，主要由碳酸盐矿物组成，节理裂隙较发育，岩芯呈短柱状、柱状，一般节长10-20cm，最长35cm，岩心采取率90%，RQD=40			

图 7-115　柱状图

(a) 评估区俯拍图

(b) 评估区北部地形地貌(镜向310°)

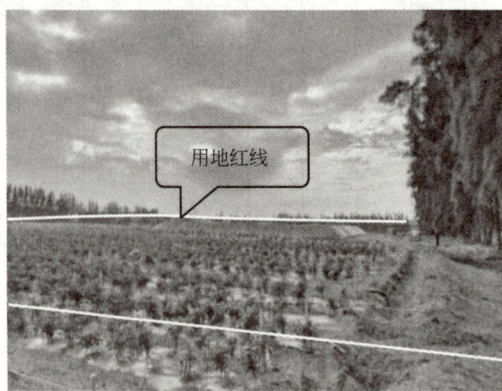

(c) 评估区南部地形地貌(镜向240°)

图 7-116 评估区照片

工程实践

请自行组队，每组选择以下两项任务进行深入研究和实践。通过团队合作，旨在加深对地质灾害知识点的理解和掌握，并提升解决实际工程问题的能力。

题目一：高速公路边坡失稳灾害研究——以梅大高速滑坡为例（难度：★★★★）

1. 案例对比

收集梅大高速滑坡、新滩滑坡等国内边坡灾害案例，对比工程地质条件（地形地貌、地层岩性，地质构造、地下水分布类型）、触发因素（施工扰动、极端天气）及防治措施差异，总结边坡稳定性治理的关键要点。

2. 边坡加固模拟实验

利用砂土、黏土、塑料板等材料搭建边坡模型，模拟降雨或振动下的失稳过程，尝试设计加固方案，记录实验数据并验证效果。

提交要求：提交研究报告＋模型成果，最终以小组汇报＋互动答辩形式展示，需体现团队分工与创新点。

题目二：岩溶塌陷与交通建设的矛盾（难度：★★）

1. 地质模型制作

通过 3D 建模或实物模型展示高速公路岩溶塌陷的形成过程，标注出在交通建设中诱发岩溶塌陷的关键因素。

2. 科普宣传方案

针对高速公路沿线岩溶区居民，设计一套通俗易懂的防灾宣传方案（如海报、短视频、社区讲座脚本），重点普及预警信号和避险措施。

提交要求：提交模型＋科普宣传方案，最终以小组汇报＋互动答辩形式展示，需体现团队分工与创新点。

问题三：地震次生灾害防范与应急响应——以汶川地震为例（难度：★★★）

1. 次生灾害链案例分析

研究汶川地震触发的滑坡（如唐家山堰塞湖）、崩塌、泥石流等次生灾害链，分析其对交通、救援的影响，总结"防—避—救"一体化策略。

2. 高速公路防震减灾方案设计

某高速公路路基从一活动断裂带上经过，请结合"避让优先、柔性适应、实时监测、应急兜底"原则，提出防震减灾方案设计，结合全生命周期管理，最大限度降低断裂所引发的地震对高速公路安全的威胁。

提交要求：提交一份详实的报告，内容包括次生灾害链分析和高速公路防震减灾方案设计。分析应合理科学，防震减灾方案应可行有效，需体现团队分工与创新点。

项目七 地质灾害防治	姓名：		
	班级：		学号：
	学生自评	教师评价	导师评价
思考题	是否掌握	评分	评分
岩溶会发育哪些地貌形态？			
岩溶的形成条件有哪些？			
岩溶常见的病害及防治措施有哪些？			
在野外如何识别滑坡？			
滑坡的防治措施有哪些？			
崩塌和滑坡异同点？			
崩塌的防治措施有哪些？			
泥石流如何分类？			
泥石流的形成条件有哪些？			
泥石流的防治措施有哪些？			
比较崩塌、滑坡、泥石流的特点和危害。			
地震如何分类？			
地震波有哪些类型？			
地震对工程建设的破坏有哪些？			
地震震级与地震烈度之间的关系是什么？			
膨胀岩土有什么特征？			
膨胀岩土的防治措施有哪些？			

思政育人案例：地质灾害防治
绿水青山就是金山银山——绘就人与自然和谐共生的最美画卷

"绿水青山"指的是优质的生态环境，它蕴含了巨大的生态价值和生态效益，是人类社会持久永续发展的基础。"金山银山"则代表了丰富的物质财富和社会物质生活条件，是人类开发利用自然资源过程中产生的经济价值和经济资本。这一理念深刻揭示了生态环境保护与经济发展之间的辩证关系，强调了二者并非对立关系，而是可以相互促进、和谐共生的统一体。

2010 年 8 月 7 日 22 时许，甘南藏族自治州舟曲县突降强降雨，县城北面的罗家峪、三眼峪泥石流下泄，由北向南冲向县城，造成沿河房屋被冲毁，泥石流阻断白龙江、形成堰塞湖。舟曲特大泥石流灾害遇难 1557 人，失踪 208 人（图 1）。

如此悲惨的灾难事件，究其原因一方面是当地为了经济发展而砍伐大量森林植被，导致水土流失极为严重，加之这次暴雨，终于酿成了大灾。有"陇上小江南"之称的甘南舟曲县向来以山清水秀闻名于世，滔滔白龙江横穿全县，宛如飘逸的哈达，穿林海，越深谷，增色不少。然而，随着社会生产活动的加剧，舟曲县水土流失日趋严重，白龙江流域的自然生态环境发生了恶性变化，由此诱发的洪水、滑坡、泥石流灾害不断，严重威胁着

图1　舟曲泥石流

当地居民的生存安全。

　　灾害发生后舟曲县牢固树立"绿水青山就是金山银山"理念，完整准确全面践行新发展理念，坚持生态优先、绿色发展，生态基底不断夯实、绿色产业加速崛起、低碳生活引领风尚。突出"和谐共生"，筑牢"最严"生态红线。坚持"在发展中保护、在保护中发展"，协同推进降碳、减污、扩绿、增长，着力构建绿色低碳循环的经济体系，实现经济高质量发展和生态环境高水平保护的协调统一，舟曲县现状如图2所示。

图2　舟曲县现状

　　经济发展不是对资源和生态环境的竭泽而渔，生态环境保护也不应是舍弃经济发展的缘木求鱼，而是要坚持在发展中保护、在保护中发展。发展是硬道理，但绝不能不考虑或者很少考虑环境的承载能力，绝不能一味索取资源。我们种的"常青树"就是"摇钱树"，良好生态本身蕴含着无穷的经济价值，能够源源不断创造综合效益，实现经济社会可持续发展。我们应该怀着敬畏之心与自然和谐相处，减少自然灾害的发生。"山水林田湖草沙"是一体的，它们相互依存又相互影响，共同构成和谐美丽的地球家园，只有与大自然和谐共生，才能创造更美好的未来。

插图

地质灾害危险性评估主要图例

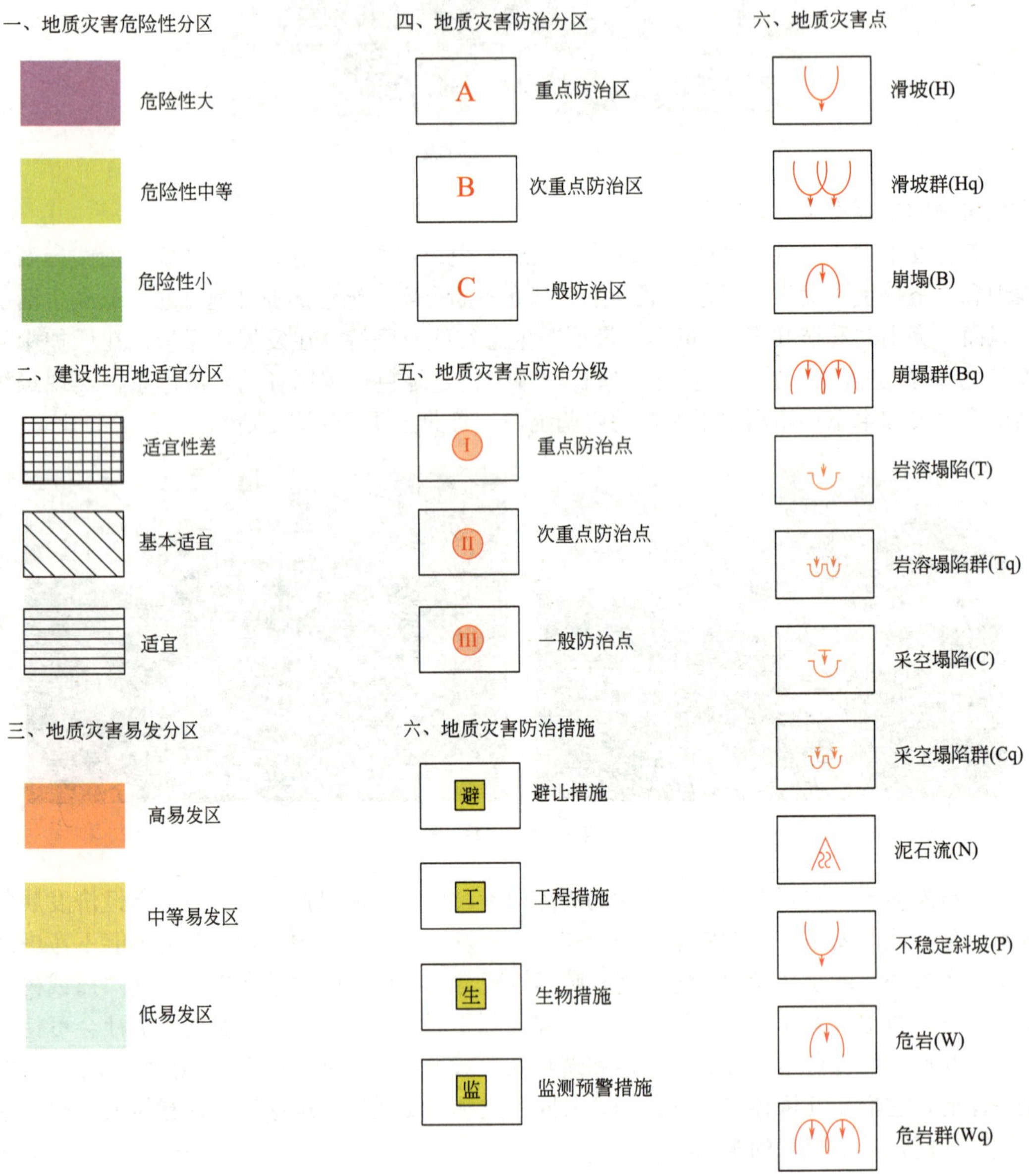

一、地质灾害危险性分区

危险性大

危险性中等

危险性小

二、建设性用地适宜分区

适宜性差

基本适宜

适宜

三、地质灾害易发分区

高易发区

中等易发区

低易发区

四、地质灾害防治分区

A	重点防治区
B	次重点防治区
C	一般防治区

五、地质灾害点防治分级

I	重点防治点
II	次重点防治点
III	一般防治点

六、地质灾害防治措施

避	避让措施
工	工程措施
生	生物措施
监	监测预警措施

六、地质灾害点

滑坡(H)

滑坡群(Hq)

崩塌(B)

崩塌群(Bq)

岩溶塌陷(T)

岩溶塌陷群(Tq)

采空塌陷(C)

采空塌陷群(Cq)

泥石流(N)

不稳定斜坡(P)

危岩(W)

危岩群(Wq)

参考文献

[1] 盛海洋. 工程地质与水文 [M]. 3 版. 北京：科学出版社，2023.

[2] 杨晓丰，李鲲. 工程地质与水文 [M]. 北京：人民交通出版社，2005.

[3] 李忠，郝娜娜，王京. 构造地质学 [M]. 成都：西南交通大学出版社，2019.

[4] 唐辉明，晏鄂川. 工程地质学原理与方法 [M]. 北京：科学出版社，2014.

[5] 周志芳. 地下水动力学 [M]. 北京：科学出版社，2013.

[6] 王念秦. 工程地质灾害防治技术 [M]. 北京：科学出版社，2019.

[7]《工程地质手册》编委会. 工程地质手册 [M]. 5 版. 北京：中国建筑工业出版社，2018.

[8] 舒国明. 桥涵水利水文 [M]. 4 版. 北京：人民交通出版社 2019.

[9] 中华人民共和国住房和城乡建设部. 工程勘察通用规范：GB 55017—2021 [S]. 北京：中国建筑工业出版社，2021.

[10] 中华人民共和国交通运输部. 公路工程地质勘察规范：JTG C20—2011 [S]. 北京：人民交通出版社，2011.

[11] 中华人民共和国自然资源部. 滑坡防治设计规范：GB/T 38509—2020 [S]. 北京：中国标准出版社，2020.

[12] 中华人民共和国交通运输部. 公路滑坡防治设计规范：JTG/T 3334—2018 [S]. 北京：人民交通出版社，2019.

[13] 中华人民共和国交通运输部. 公路膨胀土路基设计与施工技术规范：JTG/T 3331—07—2024 [S]. 北京：人民交通出版社，2024.

[14] 中华人民共和国交通运输部. 公路岩溶隧道设计与施工技术规范：JTG/T 3373—2024 [S]. 北京：人民交通出版社，2024.

[15] 中华人民共和国自然资源部. 地质灾害危险性评估规范：GB/T 40112—2021 [S]. 北京：中国标准出版社，2021.

[16] 中华人民共和国住房和城乡建设部. 建筑工程地质勘探与取样技术规程：JGJ/T 87—2012 [S]. 北京：中国建筑工业出版社，2012.

[17] 中华人民共和国工业和信息化部. 工程地质测绘规程：YS/T 5206—2020 [S]. 北京：中国计划出版社，2020.

[18] 广西壮族自治区市场监督管理局. 地质灾害危险性评估规程：DB45/T 1625—2024 [S]. 北京：中国地质大学出版社，2024.